高等职业教育“十四五”规划教材

动物解剖

张凡建　孙　健　主编

中国农业大学出版社
·北京·

内 容 简 介

全书共有 14 个项目，内容包括绪论、细胞和基本组织、运动系统、消化系统、呼吸系统、泌尿系统、生殖系统、心血管系统、淋巴系统、神经系统、感觉器官、内分泌系统、被皮系统以及家禽的解剖。本书各项目附有知识目标、能力目标和素质目标；各任务附有学习任务单，明确学习目标、学习资源和学习任务；在各项目后附有测试题，引导学生提高自学能力，有助于对教材知识的全面认识和掌握。本书可供高等职业院校动物医学、畜牧兽医、动物防疫与检疫、宠物医疗技术等畜牧业类相关专业学生使用，也可供广大畜牧兽医科技工作者阅读参考。

图书在版编目(CIP)数据

动物解剖 / 张凡建，孙健主编. —北京：中国农业大学出版社，2021.12
ISBN 978-7-5655-2657-2

Ⅰ.①动… Ⅱ.①张… ②孙… Ⅲ.①动物解剖学 Ⅳ.①Q954.5

中国版本图书馆 CIP 数据核字(2021)第 243388 号

书　　名　动物解剖
作　　者　张凡建　孙　健　主编

策　　划	张　玉　郭建鑫	**责任编辑**	郭建鑫
封面设计	郑　川		
出版发行	中国农业大学出版社		
社　　址	北京市海淀区圆明园西路 2 号	**邮政编码**	100193
电　　话	发行部 010-62733489，1190		编辑部 010-62732617，2618
	出版部 010-62733440		读者服务部 010-62732336
网　　址	http://www.caupress.cn	**E-mail**	cbsszs@cau.edu.cn
经　　销	新华书店		
印　　刷	北京溢漾印刷有限公司		
版　　次	2021 年 12 月第 1 版　　2021 年 12 月第 1 次印刷		
规　　格	787×1092　　16 开本　　15.75 印张　　395 千字		
定　　价	47.00 元		

编审人员

主　编　张凡建（北京农业职业学院）

孙　健（北京农业职业学院）

副主编　白欣洁（北京农业职业学院）

曹　靖（北京农业职业学院）

张　浩（北京农业职业学院）

参　编　马　文（北京农业职业学院）

王　云（遵义职业技术学院）

姜　晨（北京农业职业学院）

姜建波（山东畜牧兽医职业学院）

吕笑楠（北京市怀柔区农业农村局）

郭　彤（北京农业职业学院）

董冠英（北京农业职业学院）

主　审　曹金元（北京农业职业学院）

前　言

动物解剖学是畜牧兽医科学的重要基础理论学科之一。动物解剖课程与其他专业基础课和专业课(如动物生理、动物病理、兽医临床诊断等)有着密切的联系,是畜牧兽医领域相关专业课程学习必不可少的基础课程。本教材的出版得到特色高水平院校建设项目-打造高水平专业群项目-动物医学专业群项目的大力支持。本教材在遵循高等职业教育"培养高素质技术技能型人才"的培养目标,广泛征求兄弟院校的动物解剖学同仁和广大读者的意见,结合近年来动物解剖学的新进展和各兄弟院校的教学实践,并参考国内外同类书籍的基础上编写而成。本教材可供高等职业院校动物医学、动物药学、畜牧兽医、动物防疫与检疫、宠物医疗技术等畜牧业类相关专业学生使用,也可供广大畜牧兽医科技工作者阅读参考。

全书共有14个项目。项目一和项目二分别介绍了动物解剖学的研究内容、基本概念及细胞组织学的基础知识;项目三至项目十三分系统叙述动物各系统器官的一般形态、结构、位置关系,并适当比较了牛(羊)、猪、马、犬和兔等不同动物的解剖特点;项目十四重点叙述家禽的解剖学特征,以适应禽类养殖的需要。各项目附有知识目标、能力目标和素质目标,各任务附有学习任务单,介绍学习目标、学习资源、学习任务,以指导学习过程并突出要点;在各项目最后还附有测试题,引导学生提高自学能力,有助于学生对教材知识的全面认知和掌握。

本书的编写,尽可能做到既突出重点,又避免重复,力求内容精练;根据学科的新发展,更新旧知识和旧概念,使教材兼具系统性、实用性、科学性和先进性,便于读者使用。

本教材编写人员均有在相关院校教学和在畜牧业生产第一线工作的经验,使本教材集各家所长。本书精选并引用了一些行业经典教材和图谱(均在书中做了标识)中的资料,使全书图文并茂,相得益彰,在此对相关原作者和出版者谨致衷心的谢意。

由于编者水平有限,书中难免有错误和欠妥之处,敬请读者和同行批评指正。

编　者

2021年7月

目　录

项目一

绪　　论

【知识目标】

- 了解动物解剖的研究内容和学习方法。
- 掌握动物体的基本概念。
- 掌握动物体各部位的名称。
- 掌握动物解剖常用的术语。

【能力目标】

- 能通过图片、动物模型或活体动物，准确识别动物体的各个部位名称。
- 能灵活运用动物解剖方位术语描述解剖位置。

【素质目标】

- 培养学生热爱生命、尊重生命的人文素养。
- 培养学生尊重科学、热爱专业和治学严谨的工作作风。
- 帮助学生树立辩证唯物主义的科学世界观。

任务 1-1　动物解剖的研究内容和基本概念

【学习任务单】

一、学习目标

1. 了解动物解剖的研究内容和学习本课程的意义。
2. 了解动物解剖知识的学习方法。
3. 掌握细胞、组织、器官、系统、有机体的基本概念。

二、学习资源

1. 教材。
2. 信息化教学资源。

三、学习任务

1. 正确理解系统解剖、局部解剖、对比解剖和发育解剖的概念。

2. 能通过案例正确区分和理解细胞、组织、器官、系统和有机体的基本概念，熟练记忆构成动物体的各个系统。

【相关知识】

一、动物解剖的研究内容

动物解剖学是研究正常动物有机体的形态结构及其发生发展规律的科学。根据研究方法和对象不同，可分为大体解剖学、显微解剖学和组织胚胎学。

(一)大体解剖学

大体解剖学是以牛、羊、猪、马、犬、兔及家禽等为主要对象，借助于解剖器械(刀、剪等)，用分离切割的方法，通过肉眼(包括用放大镜或解剖镜)观察，研究动物有机体各器官的正常形态、构造、色泽、位置及相互关系的学科。其根据研究目的和方法不同，可以分为系统解剖学、局部解剖学、比较解剖学和发育解剖学等。系统解剖学是按功能将动物体分成若干系统，如运动系统、呼吸系统、生殖系统等，并按各系统分别叙述；局部解剖学是以临床应用为目的，针对动物体某一部位(如头、颈、胸、腹、四肢等)，或某一器官的形态结构、排列顺序和相互关系，由浅入深逐层进行观察研究；比较解剖学是以了解器官形成的特点和原因为目的，比较多种动物同一器官的形态结构变化；发育解剖学主要是研究动物体不同生长发育阶段各器官变化规律的科学。

(二)显微解剖学

显微解剖学也称组织学，主要借助显微镜研究动物体微细结构及其功能关系，研究内容包括细胞、基本组织和器官组织。

(三)胚胎学

胚胎学是研究动物体发生发展规律的科学，研究从受精卵开始，通过细胞分裂、分化，逐步发育为新个体的全部过程。

动物解剖学是动物科学与动物医学相关专业的专业基础课之一，与其他专业基础课和专业课，如动物生理、动物病理、兽医临床诊断等课程都有着密切的联系，是学好上述课程必不可少的基础。只有掌握了动物形态结构的规律，才能进一步了解和掌握动物的生理功能和病理变化等。

二、动物解剖课程的学习方法

动物解剖的学习内容涉及大量的专业名词和术语，学习中切忌死记硬背这些名词和术语，多看形象生动的图片和影像画面将有助于记忆。为了学好本课程，需要处理好以下四种关系。

(一)局部与整体的关系

动物体的某些部分，尤其是在显微镜下所看到的结构，往往是整个动物体的很小的局部，特别是在透射电镜下观察超薄切片所获得的图像更是非常局限。动物身体是立体的，而显微镜下所见图像是平面的，在不同方向的切面上可显示出不同的形态，如梭形细胞，当对其正中横切时，其切片图像呈圆形，且有一个圆形细胞核；若正中纵切，则其图像才呈梭形。因此，我们在进行观察时，必须树立整体和立体观念，把所看到的图像进行综合分析，正确理解局部与整体的关系。在全面观察标本的基础上，再深入观察各个局部的微细结构及其相互关系，才能获得全面且准确的资料。

(二)结构与功能的关系

结构与功能是不可分割的，在掌握各种微细结构的同时，又要掌握其与功能的关系。当已经知道某一部分结构具有某种功能时，就要探讨它的结构基础是什么。只有把结构与功能密切联系起来，才能学深学活，达到掌握微细结构的目的，并能为学习其他课程打下坚实的形态学基础。

(三)静态与动态的关系

生活的组织和细胞处于不断的动态变化中，其结构的变化主要表现在两个方面：一方面，各种细胞都有其发生发展过程，随着发育，细胞的形态、大小、内部结构和功能也发生相应的一系列变化，如红细胞需经一系列形态结构变化才能达到成熟，只有了解其发育过程才能深刻理解其结构与功能；另一方面，器官处于不同的功能状态，其形态结构也发生变化，如膀胱在充盈和空虚时，膀胱的位置以及膀胱壁的结构是存在差异的。

(四)理论与实践的关系

在掌握基本理论的同时，多联系实际，多看标本，多看显微照片，并重视实验操作。只有对各种实物标本进行观察、比较、分析和思考，才能不断提高对各种结构的识别能力，从而加深对基本理论知识的理解。

三、动物体的基本概念

动物体最基本的结构和功能单位是细胞。细胞是一切生物进行新陈代谢、生长发育和繁殖分化的形态基础。起源相同、形态相似和功能相关的细胞借助于细胞间质结合起来构成的结构，称为组织。动物有机体全身的细胞可组成上皮组织、结缔组织、肌组织和神经组织 4 种基本组织。肉眼不能分辨组织的形态，需借助显微镜观察，属于组织学研究范畴(大体解剖学观察的是器官和系统的形态构造)。器官是由执行同一功能的不同类型的组织构成的，如心、肝、肺、肾、胃、脾等。不同的器官执行相近的机能并共同完成某种特定的生理功能，就构成了一个系统，如呼吸系统由鼻、咽、喉、气管、支气管和肺组成，主要完成机体氧和二氧化碳的交换。

动物有机体可分成运动系统、消化系统、呼吸系统、泌尿系统、生殖系统、心血管系统、淋巴系统、神经系统、内分泌系统、被皮系统和感觉器官系统等。各系统之间有着密切的联系，在功能上相互影响、相互配合，在神经、体液的调节下，进行各种正常的功能活动，构成一个统一的有机整体。

任务 1-2　动物各部位的识别和解剖学方位术语

【学习任务单】

一、学习目标

1. 掌握动物体各个部位的名称。
2. 掌握动物解剖常用的方位术语。

二、学习资源

1. 牛、马或犬的整体模型。
2. 教材。
3. 信息化教学资源。

三、学习任务

1. 在牛、马或犬的整体模型上正确识别动物体各个部位。
2. 灵活应用动物解剖方位术语，在牛、马或犬的整体模型上正确说出各个部位之间的相互位置或方向。

【相关知识】

一、动物各部位的识别

为了便于说明动物身体的各部位的位置，常以骨为基础，将动物体从外表划分为头部、躯干部和四肢部（图 1-1）。

（一）头部

头部位于动物体的最前方，可分为颅部和面部。

（1）颅部　位于颅腔周围，可分为枕部（位于颅部后方，两耳根之间）、顶部（位于枕部的前方，牛在两角根之间）、额部（在两眼眶之间）、颞部（在耳和眼之间）、耳部（指耳及耳根）和眼部（包括眼及眼睑）。

（2）面部　位于口腔和鼻腔周围，又分为眶下部（在眼眶前下方）、鼻部（包括鼻孔、鼻背和鼻侧）、咬肌部（为咬肌所在部位）、颊部（为颊肌所在部位）、唇部（包括上唇和下唇）、须部（在下唇腹侧）和下颌间隙部（在下颌支之间）。

（二）躯干部

躯干部是指除头和四肢以外的部分，包括颈部、背胸部、腰腹部、荐臀部和尾部。

（1）颈部　分为颈上部和颈下部。

（2）背胸部　分为鬐甲部、背部、肋部、胸前部和胸骨部。

（3）腰腹部　分为腰部和腹部。

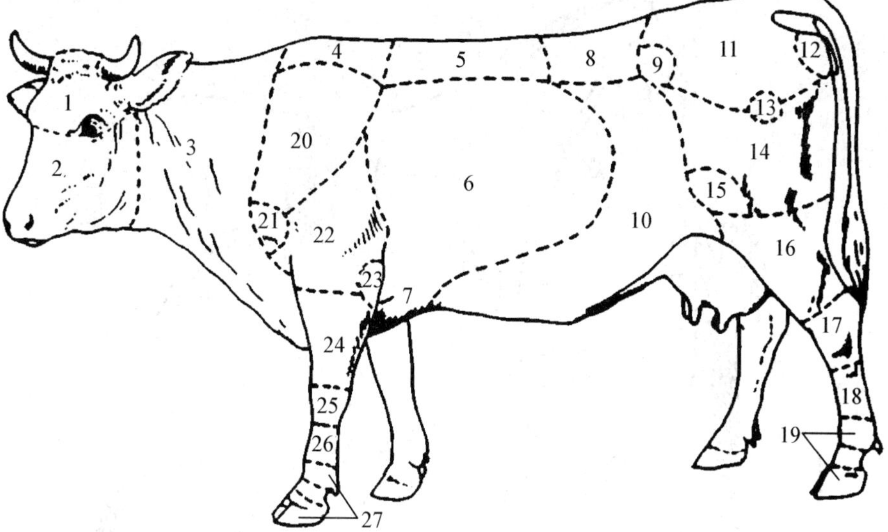

1.颊部　2.面部　3.颈部　4.鬐甲部　5.背部　6.肋部　7.胸骨部　8.腰部　9.髋结节
10.腹部　11.荐臀部　12.坐骨结节　13.髋关节　14.股部　15.膝部　16.小腿部
17.跗部　18.跖部　19.趾部　20.肩部　21.肩关节　22.臂部
23.肘部　24.前臂部　25.腕部　26.掌部　27.指部

图 1-1　牛体各部位名称

(陈耀星,2010,畜禽解剖学,第 3 版)

(4)荐臀部　分为荐部和臀部。

(5)尾部　分为尾根、尾体和尾尖。

(三)四肢部

四肢部包括前肢部和后肢部。

(1)前肢部　分为肩带部(肩部)、臂部、前臂部和前脚部(包括腕部、掌部和指部)。

(2)后肢部　分为大腿部(股部)、小腿部和后脚部(包括跗部、跖部和趾部)。

二、解剖学常用方位术语

解剖学方位术语是解剖学的基本术语,用于规范解剖位置的表述(图 1-2)。

(一)基本切面

(1)矢状面　与动物体长轴平行而与地面垂直的切面。其中通过动物体正中轴将动物体分成左、右两等份的面称正中矢状面,其他与正中矢状面平行的矢状面称侧矢状面。

(2)横断面　与动物体的长轴或某一器官的长轴垂直的切面。

(3)额面　又称水平面,是与地面平行且与矢状面和横断面垂直的切面。

(二)用于躯干的术语

(1)前、后　是相对的两点,以某一横断面为参照面,近头侧的为前,也称头侧,近尾侧的为后,也称尾侧。

(2)背侧、腹侧　以某一额面为参照面,近地面者为腹侧,背离地面者为背侧。

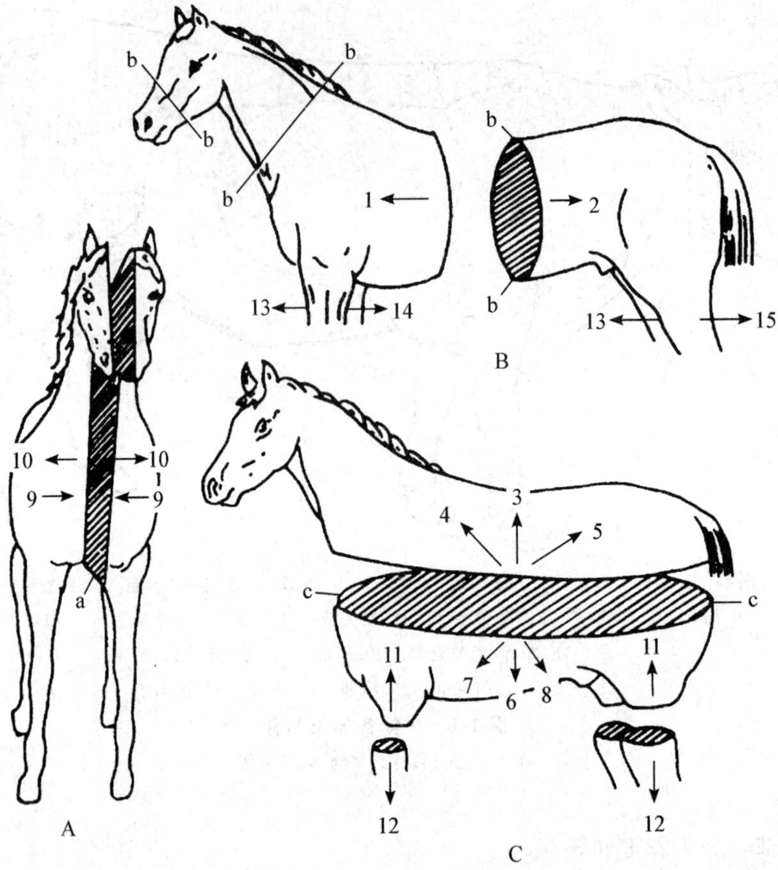

A.正中矢状面　B.横断面　C.额面(水平面)　a.正中矢状面　b-b.横断面　c-c.额面
1.前　2.后　3,13.背侧　4.前背侧　5.后背侧　6.腹侧　7.前腹侧　8.后腹侧
9.内侧　10.外侧　11.近端　12.远端　14.掌侧　15.跖侧

图 1-2　三个基本切面及方位

(陈耀星,2010,畜禽解剖学,第 3 版)

(3)内侧、外侧　以正中矢状面为参照,近者为内侧,远者为外侧。

(4)内、外　以某一腔壁为参照,位于内部者为内,位于其外者为外,与内侧和外侧意义不同。

(5)浅、深　近体表者为浅,反之为深。

(三)用于四肢的术语

(1)近、远　对某一部位而言,近躯干的一侧为近侧,近躯干的某一点为近端,反之称为远侧及远端。

(2)背侧、掌侧和跖侧　四肢的前面为背侧。前肢的后面称掌侧,后肢的后面称跖侧。此外,前肢的内侧为桡侧,外侧为尺侧;后肢的内侧为胫侧,外侧为腓侧。

【测试题】

一、填空题

1. 大体解剖学按照研究目的和方法不同可以分为________、________、________和________。

2. 动物解剖学按照研究方法和对象不同，可以分为________、________和________。

3. 由几种不同组织按一定的规律有机结合在一起构成的是________。

4. 动物体可以分为________、________和________三部分。

5. 头部分为________和________。

6. 躯干部可以分为________、________、________、________和________五部分。

7. 方位术语中“面”可以分为________、________和________三个面。

8. 横断面的前后分别称________和________。

9. 方位术语中有且只有一个的面是________。

10. 四肢的前方称为________，前肢的后方称为________，后肢的后方称为________。

二、简答题

简述动物解剖学的研究内容及其分类。

项目二

细胞和基本组织

【知识目标】

- 掌握细胞的基本构造，了解细胞的基本生命活动。
- 熟悉被覆上皮的结构和分布。
- 熟悉结缔组织的结构特点和分类。
- 掌握骨骼肌、平滑肌和心肌的特点和分布。
- 掌握神经元的结构和功能。

【能力目标】

- 能联系生理机能说明细胞的基本结构和功能。
- 能联系生理机能说明上皮组织和结缔组织的结构特点。
- 能从形态和机能上区分三种肌组织。

【素质目标】

- 提升学生对结构与功能相适应的生命观念的认知，培养学生对生命积极探索的兴趣。
- 培养学生归纳与概括的科学思维能力。

任务 2-1　细　　胞

【学习任务单】

一、学习目标

1. 了解细胞的形态和大小。
2. 掌握细胞的结构。
3. 掌握细胞膜的三层膜结构的组成，了解细胞膜的功能。
4. 掌握细胞器的种类和功能。
5. 掌握细胞核的组成和结构。

二、学习资源

1.细胞的相关图片。
2.光学显微镜和组织学切片。
3.教材。
4.信息化教学资源。

三、学习任务

1.通过图片和相关视频、动画等信息化资源，观察细胞的形态、构造，了解细胞的功能。
2.联系细胞的功能，总结归纳细胞内细胞器的种类和各自功能特点。
3.正确使用显微镜，并通过显微镜观察、识别组织学切片中的不同细胞。

【相关知识】

细胞是生物体形态结构和功能活动的基本单位，是一切有机体生长发育的基础。组成细胞的化学成分有水、蛋白质、核酸、脂类、糖类以及无机盐等。细胞和细胞间质共同组成动物体的各种组织、器官和系统，进而构成一个完整的有机体。

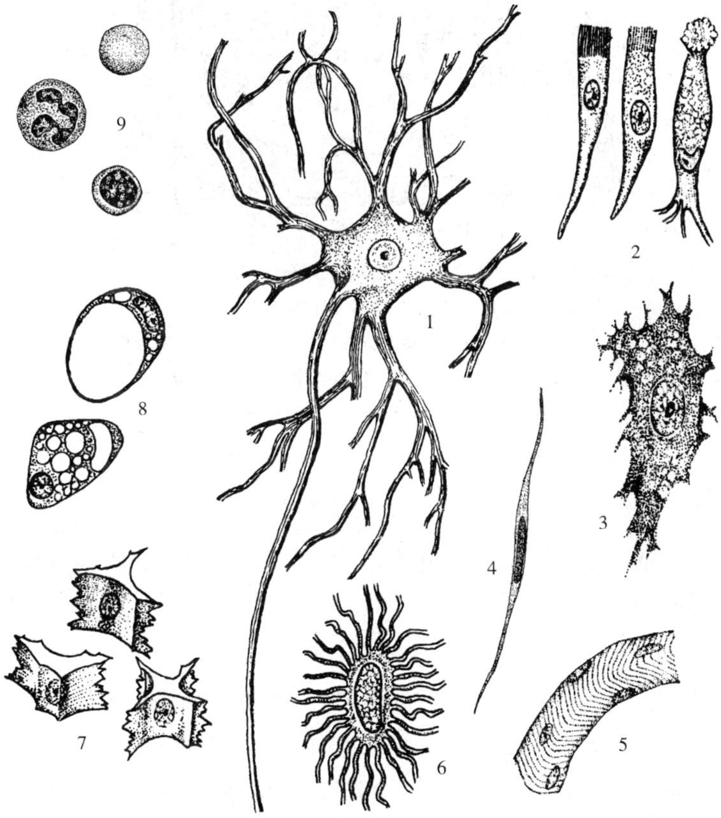

1.神经细胞　2.上皮细胞　3.成纤维细胞　4.平滑肌细胞
5.骨骼肌细胞　6.骨细胞　7.腱细胞　8.脂肪细胞　9.血细胞

图 2-1　动物细胞的各种形态

（程会昌，2014，动物解剖学与组织胚胎学，第 2 版）

动物体内的细胞类型不同，形态各异，大小不等(图 2-1)。细胞的形态与其分布的位置和执行的功能相适应。如血液中流动的白细胞多呈球形，紧密排列的上皮细胞呈扁平状、立方体形、柱状或多边体形，能舒缩的肌细胞呈长梭形或长的纤维状，具有接受刺激和传导冲动的神经细胞则是多突起的细胞。细胞的直径多为 10～20 μm，最小的细胞是小脑颗粒细胞，直径只有 4 μm，而哺乳动物的卵细胞直径可达 100 μm 以上，禽类卵细胞可达数厘米。

一、细胞的结构

动物体内的细胞由细胞膜、细胞质和细胞核三部分构成(图 2-2)。

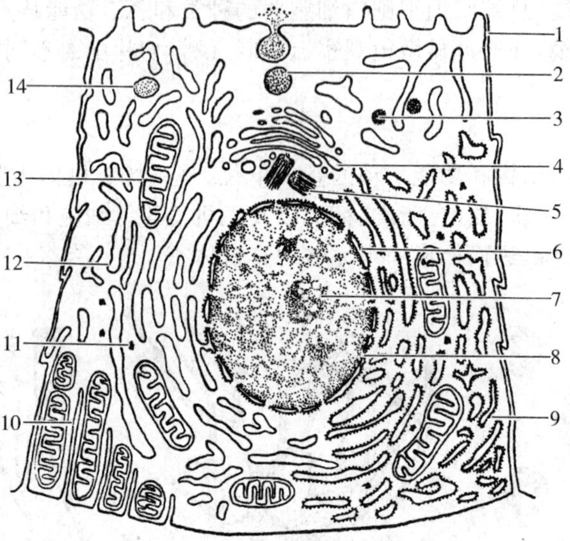

1.细胞膜　2.分泌颗粒　3.脂滴　4.高尔基复合体　5.中心体
6.核膜　7.核仁　8.核孔　9.粗面内质网　10.细胞膜内褶
11.糖原颗粒　12.滑面内质网　13.线粒体　14.溶酶体

图 2-2　细胞超微结构模式图

(程会昌，2014，动物解剖学与组织胚胎学，第 2 版)

(一)细胞膜

细胞膜是包围在细胞质外周的一层界膜，又称质膜。细胞除了质膜以外，细胞内还有构成某些细胞器的细胞内膜，细胞膜和细胞内膜统称为生物膜。它们具有共同的结构特征。

1.细胞膜的结构

在电镜下，细胞膜可分为三层，即在膜的内、外两侧各有厚约 2.5 nm 的电子致密带，中间夹有一层厚约 2.5 nm 的透明带，总厚度为 7.0～7.5 nm。通常将具有这样三层结构的膜称为单位膜。细胞膜都是由脂质、蛋白质和糖类分子组成的。对大多数细胞来说，脂类约占 50%，蛋白质占 40%～50%，糖类占 1%～10%；但上述三种成分的比例在不同的膜之间存在较大差异，如主要起绝缘作用的神经髓鞘膜上，75% 为脂类；而主要参与能量转换的线粒体内膜上，75% 为蛋白质。

目前公认的“液态镶嵌模型”学说认为，细胞膜的分子结构是在液态的脂质双分子层中镶嵌着可移动的球形蛋白质，其中每个脂质分子均由一个头部和两个尾部构成(图 2-3)。头部为亲水端，可溶于水，朝向膜的内、外表面；尾部为疏水端，伸入膜的中央。膜中的球形蛋白质，按其功能分为受体蛋白和载体蛋白等；若按其分布可分为表在蛋白和嵌入蛋白两类。表在蛋白附着于脂质分子的内、外表面，而嵌入蛋白镶嵌在脂质分子之间。部分暴露于细胞外表面的蛋白质或脂质分子，可以与糖分子结合成糖蛋白或糖脂，其糖链伸向细胞膜外，构成某些细胞表面的细胞衣。

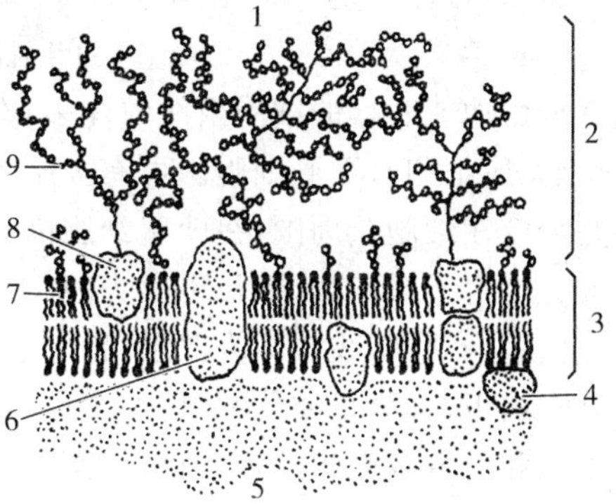

1.细胞外　2.糖衣　3.脂质双层
4.表在蛋白　5.细胞内　6.嵌入蛋白
7.糖脂　8.糖蛋白　9.糖链

图 2-3　细胞膜液态镶嵌模型图

(程会昌，2014，动物解剖学与组织胚胎学，第 2 版)

2.细胞膜的功能

细胞膜在细胞生命活动中发挥着重要作用。许多重要的生物学过程都必须通过细胞膜才能完成。

(1)物质转运功能　在细胞新陈代谢过程中，不断有各种各样的物质进出细胞，包括各种供能物质、合成细胞新物质的原料、中间代谢产物和终产物、维生素、氧和二氧化碳，以及 Na^+、K^+、Ca^{2+} 等。这些物质中除极少数能直接通过脂质层进出细胞外，大多数物质分子或离子的跨膜转运，都与镶嵌在膜上的各种特殊的蛋白质分子有关。对于物质的转运，细胞膜并不是被动的结构性屏障，而是具有主动调控作用的功能系统。它不但对不同物质有不同的通透性，而且这种通透性能因条件变化而变化。

(2)保护功能　细胞膜构成细胞结构上的界膜，能保持细胞形态，使细胞保持稳定的内环境，对细胞有保护作用。

(3)细胞识别与细胞通讯　细胞膜外表面有一些突出的特异蛋白或寡糖链连接于蛋白质或脂类分子上，这些特异蛋白和寡糖链带有该细胞的特殊信息，借助于此来对周围的环境发生应答反应而出现相应的激素受体、抗原受体等。

(二)细胞质

细胞质是执行细胞生理功能和化学反应的主要部分，填充于细胞膜与细胞核之间。生活状态的细胞质为半透明的胶状物，其黏稠度常随细胞的生理状态而定。通常用 HE 法染色时呈嗜酸性(粉红色)。细胞质由基质、细胞器和内含物组成。

1.基质

基质呈均匀透明而无定形的胶状，内含水、无机盐等小分子，氨基酸、糖类、脂类、核苷酸等中分子，以及可溶性酶类、蛋白质、RNA 等大分子。基质为各种细胞器维持其正常结构提供所需的环境，为细胞器完成其功能提供所需的一切底物。在活细胞内，各种细胞器、内含物以及细胞核均悬浮于液态基质中。此外，基质还是细胞进行某些生化活动的场所。

2.细胞器

细胞器是细胞质内具有一定形态结构和执行一定功能的类器官，在细胞的新陈代谢中起着重要作用。根据有无膜的包裹，细胞器可分为膜相结构和非膜相结构两类，其中线粒体、内质网、高尔基复合体、溶酶体和微体等属膜相结构，核糖体、微丝、微管、中间丝和中心粒等属非膜相结构。

(1)线粒体　是一个结构复杂、功能多样的重要细胞器。光镜下呈线状或粒状，一般长1～2 μm，直径为0.5～1.0 μm。由于细胞功能的不同，线粒体的形状、大小和数目也不一致，如在分泌功能旺盛的细胞内线粒体多；在具有保护功能的细胞中较少；在一般动物细胞中有数百个(如肌细胞)，而肝细胞内可有上千个。线粒体分布的位置也因不同细胞而异，如在肝细胞中则分散在细胞核周围；在胰腺细胞内的则集中在细胞的底部。在病理状态下，线粒体的形状可变为空泡或被溶解，数目也大为减少。

电镜下观察，线粒体为双层膜构成的、大小不等的椭圆形小体(图2-4)。内膜向内突入形成许多隔板，称为线粒体嵴，嵴的多少与细胞的氧化代谢率成正比。在嵴之间的空隙内含有液态基质和少量致密颗粒，在内膜表面也有带柄的颗粒。这些颗粒和基质都含有许多与生物氧化有关的酶类，它们能把进入线粒体内的脂肪、糖类和某些蛋白质的中间产物进行氧化磷酸化，释放出能量，并以ATP(三磷酸腺苷)的形式储存起来，供细胞执行各种功能活动时使用，所以线粒体有“细胞动力站”之称。

(2)核糖体　又称为核蛋白体，其化学成分为核糖体核糖核酸(rRNA)和蛋白质。电镜下呈颗粒状，直径约为20 nm，由大、小两个亚基(亚单位)构成(图2-5)。有的核蛋白体附着在内质网膜的表面，称为附着核糖体(形成粗面内质网)；有的游离在细胞质中，称为游离核糖体。核糖体是在细胞质内合成蛋白质的场所。在合成蛋白质时常可见到几个或几十个核糖体由一条mRNA(信使核糖核酸)串联在一起，并依据mRNA携带的信息合成蛋白质，这种结构称为多聚核糖体。单独存在的核糖体称为单体。

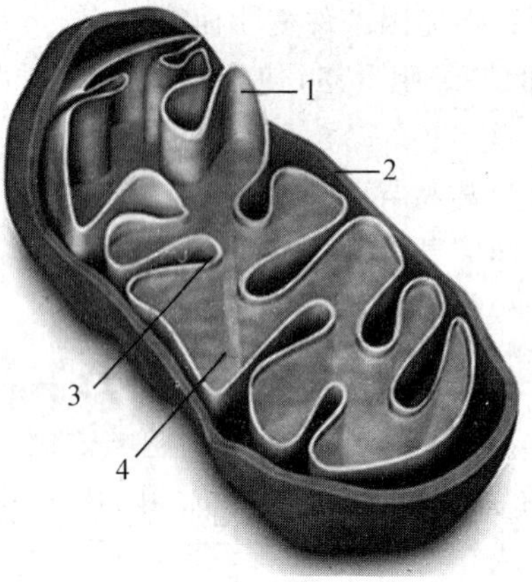

1.内膜　2.外膜　3.线粒体嵴　4.线粒体基质

图2-4　线粒体内部结构模式图

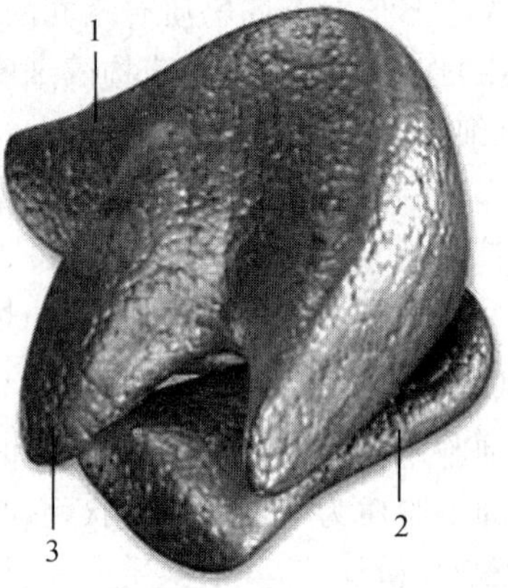

1.大亚基　2.小亚基　3.大亚基的中央凸起

图2-5　核糖体的结构

(3)内质网　由单位膜构成，呈小管、小泡或扁囊状，腔内含有多种酶。它们彼此通连，甚至与细胞膜和核膜相连，形成连续的网状膜系统。根据其形态结构，分为粗面内质网和滑面内质网两种。

粗面内质网膜上附着有核糖体，多呈扁平囊状，其功能主要是合成分泌蛋白，如酶类、肽类激素和抗体等。故在合成和分泌蛋白的细胞中，特别是当其处于功能旺盛状态时，粗面内质网特别丰富。例如，浆细胞的粗面内质网平行排列成板层状，几乎充满整个细胞质。粗面内质网也能合成少量的结构蛋白，并对合成的物质起运输和分隔作用。

滑面内质网膜上没有核糖体附着，多呈分支小管状或小泡状。因细胞质基质和滑面内质网均为嗜酸性物质，故滑面内质网发达的细胞，其细胞质具强嗜酸性，如胃腺壁细胞、睾丸间质细胞、骨骼肌细胞等。各种细胞的滑面内质网形态相似，但所含的酶不同，因而具有不同的功能。例如，肾上腺皮质细胞、睾丸间质细胞和卵巢黄体细胞的滑面内质网含有合成胆固醇所需的全部酶系，故与类固醇激素的合成有关；肝细胞的滑面内质网含有丰富的氧化还原酶及糖原合成和分解的酶，参与解毒及糖原的合成和分解。此外，滑面内质网还与胆汁生成、脂肪合成（肝细胞、小肠上皮细胞、脂肪细胞）、肌纤维舒缩（横纹肌细胞）、盐酸合成（胃腺壁细胞）等有关。

（4）高尔基复合体　光镜下呈网状，是由单位膜构成的扁平囊泡、大囊泡和小囊泡，可与内质网相通。扁平囊泡是高尔基复合体的主体部分，由 3～8 个互相通连的扁平形囊平行排列在一起。它有两个面，凸面朝向细胞核，称生成面或未成熟面；凹面朝向细胞膜，称成熟面或分泌面。小囊泡又称运输小泡，位于生成面，是由附近的粗面内质网以出芽的方式形成，能将粗面内质网的合成物运送到扁平囊泡进行加工浓缩。大囊泡又称浓缩泡，位于成熟面，是由扁平囊的边缘或成熟面的局部膨大脱落而成，内含有经扁平囊加工和浓缩后的各种物质。大囊泡从扁平囊脱落后游离于细胞质中形成溶酶体和分泌颗粒。高尔基复合体主要与细胞的分泌、溶酶体的形成以及糖类的合成有关（图 2-6）。

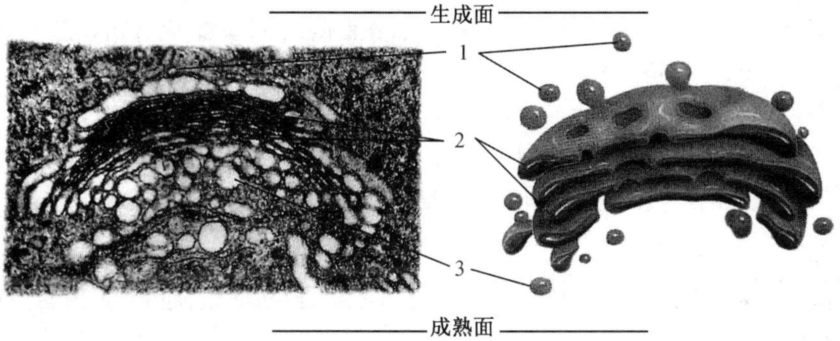

1.运输泡　2.扁平膜囊　3.输出泡

图 2-6　高尔基体

（陈耀星，2019，动物解剖学与组织胚胎学）

（5）溶酶体　是由单位膜包裹的小体，直径为 25～80 nm。电镜下呈大小不等的囊泡状，内含 60 多种酶，其中绝大多数为酸性水解酶，能消化分解由细胞外吞饮的异物或细胞本身的物质，因此可把溶酶体看作细胞的消化器官。溶酶体广泛存在于各种细胞内，但以具有吞噬作用的细胞最多，由于能消化分解异物，故对细胞的营养供应、防御保护具有重要作用。在创伤或炎症时，能消灭细菌和清除细胞碎片。若溶酶体的功能失常，则使细胞本身受损，如各种毒物的刺激或因细胞缺氧等因素可使溶酶体的膜变得不稳定，膜破裂导致酶外溢，进而造成细胞的自我溶解，引起各种疾病。

（6）过氧化物酶体　又称微体，是由一层单位膜围成的圆形或卵圆形小泡，直径一般为 0.5 μm，内含 40 多种酶，包括氧化酶、过氧化氢酶和过氧化物酶，主要存在于肝细胞、肾小管上皮细胞等。过氧化物酶体主要功能是保护细胞免受过氧化氢的毒害。过氧化物酶体所含的各种氧化酶能使氧还原为过氧化氢，而过氧化氢酶能使过氧化氢还原为水。此外过氧化物酶体还参与糖原异生和脂肪代谢作用。

(7)中心体　位于细胞的中央，细胞核附近。光镜下中心体呈颗粒状；电镜下中心体由两个相互垂直的中心粒和周围特化的致密基质组成的中心球共同构成。中心粒为圆筒状结构，直径 0.1～0.5 μm，长 0.3～0.7 μm，最长者可达 2 μm。圆筒状结构的壁由 9 组纵行的微管束很有秩序地排列而成。每一组微管束都包含 3 条紧密排列的细管，称三联微管。在横切面上，可见周围 9 组微管束，似风车的旋翼，而每组的 3 条微管则互相紧挨排列。中心粒主要参与细胞的有丝分裂过程，并与纤毛和鞭毛的形成有关。

(8)微管　是一种中空的管状结构，直径约 25 nm，长数微米至数厘米；粗细均匀，不分支，在细胞内直行或略弯曲；其横断面呈圆管状，壁厚 5 nm，由 13 条原丝环列而成，每条原丝又由微管蛋白组成，两种微管蛋白构成异二聚体并彼此首尾相连。微管具有维持细胞形态、参与细胞运动、细胞内物质运输、信号传导和细胞分裂等功能。

(9)微丝　广泛存在于多种细胞中，其中肌细胞的微丝特别发达，形成稳定的肌丝。而在非肌细胞，微丝的形态可随细胞活动的需要而发生变化。肌丝分为细肌丝和粗肌丝两种。细肌丝直径为 5～7 nm，其主要成分是肌动蛋白，故又称肌动蛋白丝。粗肌丝直径为 10～15 nm，其主要成分是肌球蛋白，故又称肌球蛋白丝。微丝除参与细胞骨架的构成，具有支持细胞的作用外，还参与细胞的运动、分泌和吞噬等活动。

(10)中间丝　又称中等纤维，是一类形态上十分相似，而化学组成有明显差异的蛋白质纤维，直径为 8～10 nm，介于粗肌丝与细肌丝之间，因而得名。中间丝具有以下功能：①构成细胞骨架。中间丝向外可与细胞膜联系，向内可与细胞核联系，在中间则与微管、微丝及其他细胞器联系，因而在细胞质内形成一个完整的支架系统。②传递信息。近年来发现，中间丝蛋白本身是一种信息分子或信息分子的前体，它可能与 DNA 的复制和转录有关。

3. 内含物

内含物是广泛存在于细胞内的营养物质和代谢产物，包括糖原、脂肪、蛋白质和色素等，其性质和数量随细胞的生理状况和类型而异。

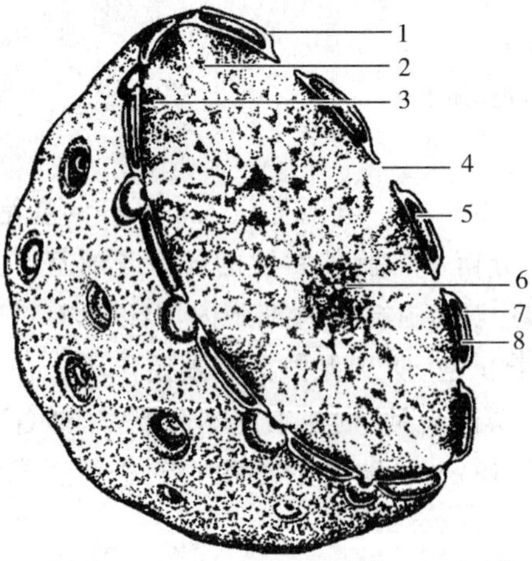

1. 核膜　2. 常染色质　3. 异染色质　4. 核孔
5. 核周隙　6. 核仁　7. 核膜外层　8. 核膜内层

图 2-7　细胞核超微结构模式图

(程会昌，2014，动物解剖学与组织胚胎学，第 2 版)

(三)细胞核

细胞核是细胞生命活动的控制中心。遗传物质主要存在于细胞核中。在哺乳动物体内，除成熟的红细胞没有核外，所有细胞都有细胞核。多数细胞只有一个细胞核，但也可出现双核，如肝细胞，也有多个核的，如破骨细胞和骨骼肌细胞。各种核的形态不一，有球形、椭圆形、杆形、梭形、分叶核等，核的体积一般为细胞体积的 1/4～1/3，淋巴细胞和幼稚型细胞的核相对较大，衰老细胞的核相对较小。细胞核的形态构造在生活周期的不同阶段变化很大，间期的细胞核具有相对稳定的结构，由核膜、核基质、核仁和染色质组成(图 2-7)。

1. 核膜

核膜是包在细胞核表面的界膜。电镜下，它由外核膜、内核膜、核周隙、核孔和核纤层组成。外核膜和内核膜均属单位膜，彼此平行排列，并相互连续。二者之间夹有一腔隙，称为核周隙，宽 20～40 nm，内含液态无定形物质。外核膜的胞质面附着有核糖体，有些部位与内质网相连，核周隙与内质网腔相通。核孔是由内、外核膜在一定部位融合贯穿而成的网形孔道，直径为 40～100 nm。核孔并非单纯的孔洞，而是由一组蛋白质颗粒以特定方式排布而成的复杂结构，称核孔复合体。核纤层位于内核膜的内表面，由一层电子密度高的纤维状蛋白质构成，厚 10～100 nm。纤维直径约 10 nm，它们纵横整齐排列，整体呈笼状。核纤层可为核膜提供支架，并与核内骨架一起构成核骨架。

2. 核基质

核基质呈凝胶状时称核质，呈溶胶状时称核液。核基质含水、无机盐及各种酶类等，也存在着以纤维蛋白为主的网络系统，称核骨架，是核行使功能的内环境。核骨架可能参与 DNA 复制、RNA 转录、染色质的有序空间排列以及染色体的构建等。

3. 核仁

核仁呈球形，多为 1～2 个，也有 3～5 个，个别细胞无核仁。核仁位置不定，数量和大小常随细胞种类及功能状态而改变。蛋白质合成活跃的细胞，核仁大而明显，如胰腺细胞；反之，核仁不明显、小或无，如精子。核仁的化学成分主要是蛋白质、RNA 和 DNA，其功能是合成 rRNA 和组装核糖体大、小亚基的前体。

4. 染色质和染色体

染色质与染色体由 DNA、RNA 和蛋白质等构成，遗传基因存在于 DNA 中。染色质与染色体是同一物质的不同功能状态。细胞核进入有丝分裂期时，染色质呈现高度螺旋化，变短变粗，称染色体；有丝分裂结束进入间期，染色体螺旋松解并恢复染色质状态。

二、细胞的增殖与分化

（一）细胞的增殖

细胞增殖是通过细胞分裂来实现的。细胞从上一次分裂结束到下一次分裂结束所经历的时间称为细胞增殖周期，简称细胞周期，分为分裂期和分裂间期两个阶段，细胞总是交替地处于这两个阶段（图 2-8）。细胞分裂方式除有丝分裂外，还有无丝分裂和减数分裂。

1. 分裂间期

分裂间期是指细胞从上一次分裂结束到下一次分裂开始的过程，在这个时期，细胞进行着活跃的合成代谢，它可进一步分为三期：（1）DNA 合成前期（G_1 期），此期主要是合成结构蛋白、酶蛋白、核苷酸等；（2）DNA 合成期（S 期），此期主要是 DNA 复制加倍，以保证分裂后的子细胞具有足够的遗传物质，并具有与亲代相同的遗传性状；（3）DNA 合成后期（G_2 期），此期主要是 RNA 和其他蛋白质的合成，为细胞分裂做准备。

2. 分裂期

有丝分裂是一个连续动态的变化过程，根据其主要变化特征，可分为以下 4 个时期：

（1）前期　细胞常变成球形，细胞核增大，继而核膜、核仁解体，染色质变成染色体，已复制

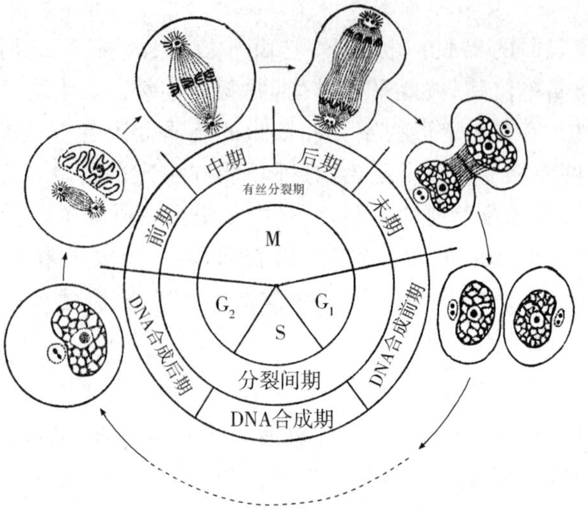

图 2-8 细胞周期模式图

(程会昌,2014,动物解剖学与组织胚胎学,第 2 版)

的两对中心粒开始移向细胞两极,纺锤体开始形成。

(2)中期 染色体致密而明显,中心粒已移向细胞两极,纺锤体形成。染色体移至纺锤体中部,若从侧面看,它们整齐地排列在赤道面上;若从细胞一极观察,则呈放射状排列。

(3)后期 每个染色体于着丝粒处分开成为两个染色体单体,并在纺锤体微管的牵引下逐渐移向两极。与此同时,细胞膜在细胞中部出现缢缩,细胞质开始分裂。

(4)末期 细胞拉长,细胞膜进一步缩窄,进而将细胞质分开,形成两个子细胞。与此同时,纺锤体消失,染色体又恢复为染色质,核膜、核仁重新出现。至此,细胞完成有丝分裂过程,并进入分裂间期(图 2-8)。

无丝分裂又称直接分裂,分裂时细胞内不出现细丝,它是一种简单的细胞分裂方式。无丝分裂开始时,细胞核变长,中部缢缩,逐渐分成两部分。随后细胞质分成两部分,形成两个子细胞。无丝分裂不出现纺锤体和染色体等结构,核膜和核仁也不消失。动物细胞的无丝分裂有时可见于白细胞、肝细胞和软骨细胞等。

减数分裂是生殖细胞成熟过程中发生的一种特殊的分裂方式。整个分裂过程包括两次连续的分裂,而 DNA 只复制一次,结果使精细胞和卵细胞中的染色体数目比原来母细胞中的染色体数目减少了一半,故称为减数分裂。染色体数目的减半及遗传物质的交换均发生在第一次减数分裂中,第二次减数分裂的方式与一般的有丝分裂相同。

(二)细胞的分化

细胞分化是指胚胎细胞或体内幼稚细胞,通过细胞的分裂与变化,演变为成熟细胞的过程。在这个过程中,细胞发生了本质的变化,在形态结构、化学成分和功能上,都与原来的母细胞不同,这种现象称细胞分化。如中胚层细胞分化成长柱形的横纹肌细胞,细胞内出现肌动蛋白和肌球蛋白,具有收缩功能。组成动物有机体的细胞尽管多种多样,但都是由一个合子分裂、变化、繁殖而来,先形成内、中、外三个胚层,然后由三胚层的细胞通过分化、演变成机体内的各种组织和器官系统。

在细胞分化的过程中，有的细胞在一般情况下丧失了分化为其他细胞的能力，这种细胞称为分化程度较高的细胞，如神经细胞。有的细胞还保持有分化为其他细胞的能力，这种细胞称为分化程度较低的细胞，如结缔组织中的间充质干细胞。细胞分化既受体内遗传物质的影响，也受外界环境的影响，如有些化学物质可以引起细胞分化或抑制细胞的分化。

三、细胞的衰老与死亡

衰老和死亡是细胞发展过程中的必然规律。不同类型的细胞，其衰老进程很不一致。一般来说，寿命长的细胞，衰老得慢，如神经细胞和心肌细胞；寿命短的细胞，衰老较快，如红细胞和表皮的上皮细胞等。

衰老的细胞主要表现为代谢活动降低、生理功能减弱，并出现形态结构的改变，如细胞质膨胀或缩小、嗜酸性增强、脂肪增多、出现空泡或色素蓄积等；细胞核则出现固缩、染色质溶解等。最后整个细胞解体死亡。在体内死亡的细胞被吞噬细胞所吞噬或自溶解体，随排泄物排出体外；在体表死亡的细胞则自行脱落。

细胞凋亡是一个主动的由基因决定的自动结束生命的过程，通过细胞凋亡，有机体得以清除不再需要的细胞，保持自稳平衡以及抵御外界各种因素的干扰。在细胞凋亡发生过程中，细胞的形态学变化表现为细胞表面的特化结构如微绒毛和细胞间接触的消失，内质网囊腔膨胀，染色质固缩，核染色质断裂为大小不等的片断，与某些细胞器如线粒体聚集在一起，被反折的细胞膜包裹，形成众多的凋亡小体，继而被邻近的细胞吞噬并消化。

任务 2-2　基本组织

【学习任务单】

一、学习目标

1. 掌握构成动物体的四大基本组织。
2. 掌握上皮组织和结缔组织的基本特点。
3. 掌握上皮组织和结缔组织的分类和分布。

二、学习资源

1. 食管、气管、十二指肠等组织切片。
2. 教材。
3. 信息化教学资源。

三、学习任务

1. 通过图片和相关视频、动画等信息化资源，总结上皮组织和结缔组织的特点、分类和分布。
2. 通过显微镜观察识别食管、气管和十二指肠等组织切片中不同的组织。

【相关知识】

组织是由形态相似、功能相关的细胞群及细胞间质构成的，是动物体内各种器官的结构基础，每种组织可看作是向一定功能方向分化的细胞群体。根据组织的形态、结构和功能特点，可分为上皮组织、结缔组织、肌组织和神经组织四大类。

一、上皮组织

上皮组织简称上皮，是由大量紧密排列的细胞和少量细胞间质构成的。上皮组织有被覆上皮、腺上皮和感觉上皮。被覆上皮和腺上皮在动物体内分布非常广泛，以保护功能为主；感觉上皮分布在能感受特定刺激的部位和一些感觉器官内，如味蕾、嗅上皮、听觉感受器及视网膜的感光细胞等。

上皮组织的形态结构特点是：

(1)细胞紧密排列，形态较规则，细胞间质极少。

(2)细胞呈现明显的极性，朝向身体表面或管腔的一面，称游离面；与游离面相对的另一面朝向深部的结缔组织，称基底面。基底面借助一层薄的基膜与结缔组织相连。

(3)上皮组织内没有血管，其营养主要依靠结缔组织中血管的基膜扩散而获得。

(4)上皮组织内有丰富的神经末梢分布，可感受各种刺激。

(一)被覆上皮

被覆上皮被覆在机体的外表或衬在管腔内表面，呈薄膜状。通常说的上皮是指被覆上皮。

1.单层扁平上皮

仅由一层不规则扁平形细胞借少量的黏合质嵌合而成。细胞呈多边形，边缘呈锯齿状，细胞核扁圆，位于细胞中央(图 2-9)。衬于心脏、血管、淋巴管内表面的单层扁平上皮，称内皮。其游离面光滑，可减少血液和淋巴液流动时的阻力。分布于胸膜、腹膜、心包膜表面等处的单层扁平上皮，称为间皮。间皮滑润，可减少脏器活动时的摩擦。单层扁平上皮还分布于肾小囊壁层、肺泡壁、肾髓袢降支等处。

2.单层立方上皮

由一层排列整齐的近似于立方形的细胞组成，细胞核大、呈球形，位于细胞中央(图 2-10)。从上皮表面看，每个细胞呈六角形或多角形；由上皮的垂直切面看，细胞呈立方形。分布于甲状腺滤泡、肾小管等处，具有吸收、分泌功能。

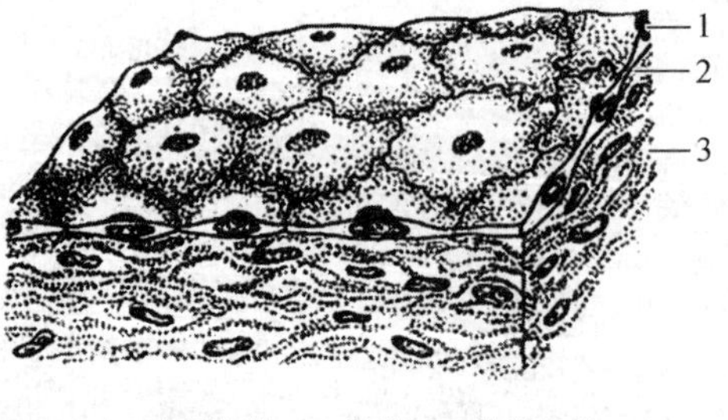

1.扁平细胞　2.基膜　3.结缔组织

图 2-9　单层扁平上皮模式图

(程会昌，2014，动物解剖学与组织胚胎学，第 2 版)

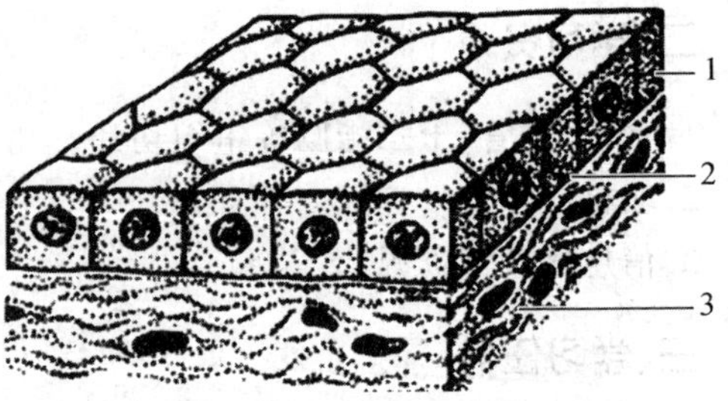

1.立方细胞　2.基膜　3.结缔组织

图 2-10　单层立方上皮模式图

(程会昌，2014，动物解剖学与组织胚胎学，第 2 版)

3. 单层柱状上皮

由一层排列整齐的高棱柱状细胞组成，细胞核呈椭圆形，靠近基底部，含丰富的细胞器。从表面看，细胞呈六角形或多角形；由上皮垂直切面看，细胞呈柱状。主要分布在胃、肠等器官内表面，具有吸收和分泌作用（图 2-11）。

在小肠和大肠腔面的单层柱状上皮中，柱状细胞间有许多散在的杯状细胞。杯状细胞形似高脚酒杯，细胞顶部膨大，充满黏液性分泌颗粒，基底部较细窄。细胞核位于基底部，常为较小的三角形或扁圆形，染色质浓密，着色较深。杯状细胞是一种腺细胞，分泌黏液，有滑润上皮表面和保护上皮的作用。

4. 假复层纤毛柱状上皮

由一层高矮、形状不一的柱状细胞、梭形细胞、杯状细胞和锥形细胞组成。柱状细胞游离面具有纤毛。细胞高矮不一，细胞核的位置参差不齐，但所有细胞的基部均附着于基膜上，在垂直切面上观察，形似复层，实为单层。该上皮分布于呼吸道、附睾管和输精管等处，有分泌和保护作用（图 2-12）。

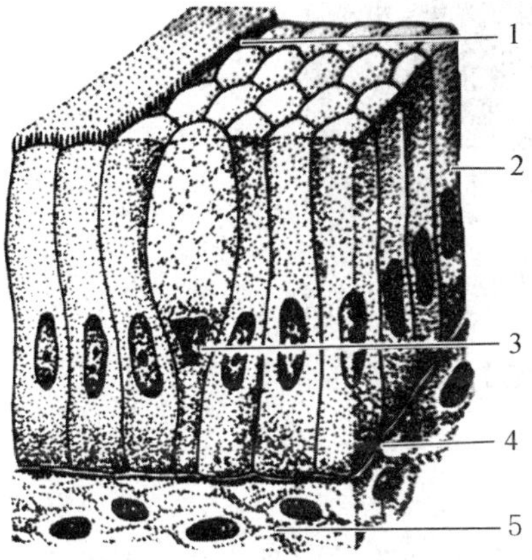

1. 纹状缘　2. 柱状细胞　3. 杯状细胞
4. 基膜　5. 结缔组织

图 2-11　单层柱状上皮模式图

（程会昌，2014，动物解剖学与组织胚胎学，第 2 版）

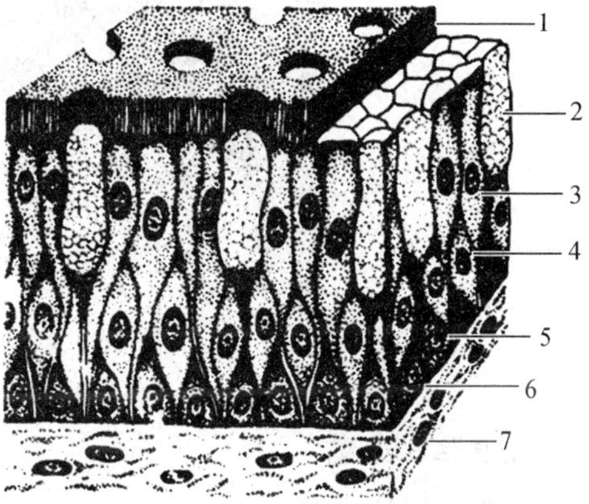

1. 纤毛　2. 杯状细胞　3. 柱状细胞　4. 梭形细胞
5. 锥形细胞　6. 基膜　7. 结缔组织

图 2-12　假复层柱状纤毛上皮模式图

（程会昌，2014，动物解剖学与组织胚胎学，第 2 版）

5. 变移上皮

变移上皮又称移行上皮。这种上皮形状及层次可依所在器官的胀缩而改变。当器官空虚时，上皮变厚，细胞层数增多，基底层为低柱状或立方形，中间细胞为多边形，有些呈倒置的梨形。器官扩张时，上皮变薄，细胞层数减少，表面细胞为扁平形。变移上皮分布在肾盏、肾盂、膀胱、输尿管的腔面（图 2-13）。

6. 复层扁平上皮

由多层细胞组成，是最厚的一种上皮。从上皮垂直面看，细胞的形状和厚薄不一。紧靠基膜的是一层矮柱状或立方性的基底层细胞，此层细胞可不断分裂增生并向表层推移，得以补充表层衰老或损伤脱落的细胞。中间为数层多边性细胞，靠近表面的几层细胞呈扁平状。复层扁平上皮分布在皮肤的表皮和口腔、食管和阴道等器官的内表面(图 2-14)。

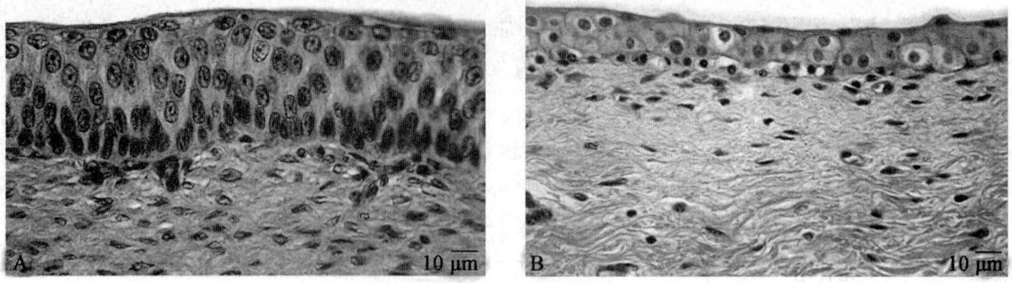

A. 膀胱空虚时　B. 膀胱充盈时

图 2-13　变移上皮(膀胱黏膜)

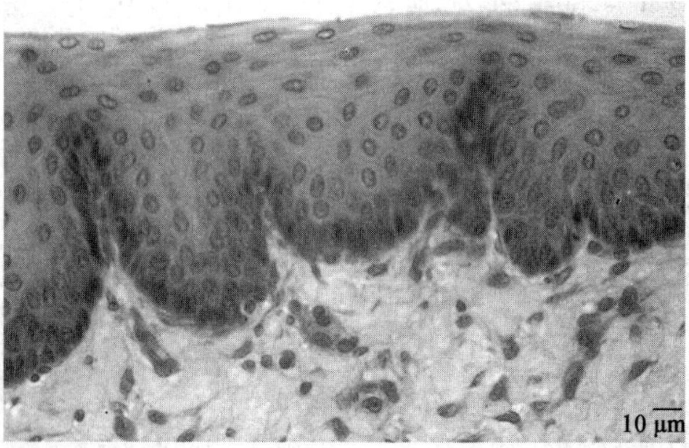

图 2-14　复层扁平上皮(犬食管)

7. 复层柱状上皮

表面为一层柱状细胞，基底层细胞呈矮柱状，中间为多角形细胞。这种上皮比较少见，主要位于一些动物的眼睑结膜，在有些腺体内较大的导管也可以见到，起保护作用。

(二)腺上皮和腺

上皮中有些细胞在胞质内合成具有特殊作用的产物并将其分泌到细胞外，这种具有分泌功能的上皮称为腺上皮，以腺上皮为主构成的器官称为腺。但是，还有许多非上皮的细胞也有合成和分泌的功能，如某些神经细胞能分泌激素，浆细胞能分泌抗体等。

1. 腺的发生

腺上皮起源于胚胎时期，原始上皮细胞分裂增生，向深部结缔组织内生长，逐渐具有分泌功能并分化成腺。腺原来都有分泌部和导管部，但发育过程中一些腺的导管慢慢消失而变成无管腺。有管腺的分泌物经由导管排至体外或某些器官的腔内，称为外分泌腺，如各种消化腺、乳腺等。无管腺的分泌物渗入血液和淋巴，通过血液循环系统输送并作用于特定的组织和器官，故又称为内分泌腺。

2. 外分泌腺的类型

根据腺细胞多少可分为单细胞腺(如杯状细胞)和多细胞腺；根据分布可分为壁内腺(如肠

腺、子宫腺）和壁外腺（如肝、胰）；根据腺细胞分泌物的性质可以分为浆液腺（如腮腺、胰腺等）、黏液腺（如杯状细胞等）和混合腺（如颌下腺等）；腺细胞分泌的方式包括透出分泌（如胃腺壁细胞等）、局浆分泌（如胰腺细胞等）、顶浆分泌（如乳腺和汗腺等）和全浆分泌（如皮脂腺等）等。

（三）感觉上皮

感觉上皮又称神经上皮，是具有特殊感觉功能的特化的上皮。上皮游离端往往有纤毛，另一端与感觉神经纤维相连。当感觉细胞受到刺激而处于兴奋状态时，产生冲动，经感觉神经传入相应的中枢。感觉上皮主要分布在舌、鼻、眼、耳感觉器官内，具有味觉、嗅觉、视觉和听觉等功能。

二、结缔组织

结缔组织由细胞和大量的细胞间质组成。主要结构特点是：细胞数量少而种类多，细胞形态多样，无极性，分散在细胞间质内；细胞间质成分多，由基质和纤维组成。基质为无定形物质，纤维是位于基质内的细丝状物质。

结缔组织分布广泛，具有支持、连接、营养、保护、防御和修复等多种功能。根据其形态结构，可分为固有结缔组织、软骨组织、骨组织、血液和淋巴。固有结缔组织包括疏松结缔组织、致密结缔组织、脂肪组织和网状组织。

（一）疏松结缔组织

疏松结缔组织又称蜂窝组织，广泛分布于器官之间、组织之间以及细胞之间。疏松结缔组织由细胞、纤维和基质三种成分构成，其结构特点是细胞种类多，纤维含量较少，基质丰富（图2-15）。疏松结缔组织具有连接、防御、保护和创伤修复等功能。

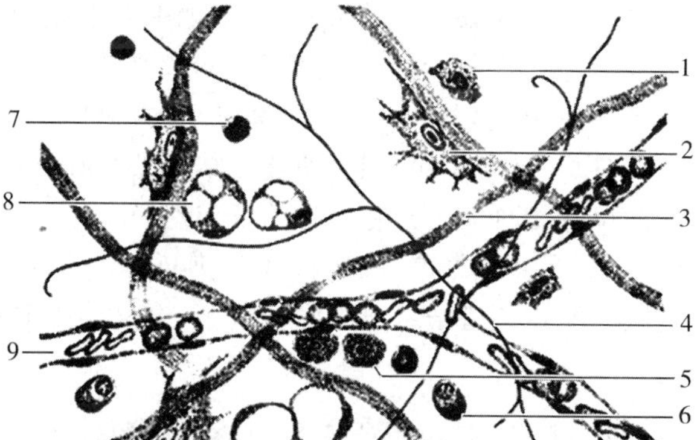

1.巨噬细胞　2.成纤维细胞　3.胶原纤维　4.弹性纤维
5.肥大细胞　6.浆细胞　7.淋巴细胞　8.脂肪细胞　9.毛细血管

图 2-15　疏松结缔组织

（程会昌，2014，动物解剖学与组织胚胎学，第2版）

1.细胞

（1）成纤维细胞　是结缔组织中最主要的细胞。细胞扁平有突起，呈星形，胞质丰富。细胞核大，呈卵圆形，染色淡，核仁明显。胞质弱嗜碱性，细胞轮廓不清。当成纤维细胞的功能处于相对静止时，细胞体积变小，呈长梭形，突起少，胞核小，染色深，核仁不明显，此时称纤维细胞。在一定条件下，如创伤修复、结缔组织再生时，纤维细胞又能再转变为成纤维细胞，合成和分泌构成细胞外的纤维和基质的成分。

(2)巨噬细胞　数量较多，分布广泛。细胞形态不规则，表面有突起。胞质丰富，内含颗粒物质。细胞核小，核仁不明显。巨噬细胞来源于血液中的单核细胞，当它穿出血管壁进入结缔组织后，增殖、分化为巨噬细胞。巨噬细胞是机体内重要防御细胞，具有趋化运动、吞噬和清除异物及衰老伤亡的细胞、分泌多种生物活性物质以及参与和调节机体免疫应答等功能。

(3)浆细胞　细胞呈圆形或卵圆形，细胞核圆，常偏于一侧，核染色质呈车轮状排列，来源于B淋巴细胞。在抗原的刺激下，B淋巴细胞增殖、分化，胞质内出现丰富的粗面内质网及发达的高尔基复合体，即成为浆细胞。浆细胞通常在疏松结缔组织内较少，而在病原微生物易于入侵的部位如消化道、呼吸道固有层结缔组织内及慢性炎症部位较多。浆细胞能合成和分泌免疫球蛋白即抗体，参与体液免疫。

(4)肥大细胞　常沿小血管和小淋巴管分布。细胞呈圆形或卵圆形，细胞核小，胞质内充满粗大的异染性颗粒，颗粒中含有肝素、组胺等生物活性因子，具有抗凝血、增加毛细血管通透性和促使血管扩张等作用。

(5)脂肪细胞　常单个或成群分布。细胞体积大，呈球形，胞质内含有大量的脂肪滴，将细胞核挤到细胞周缘。HE染色标本中，脂肪滴被溶解，故呈空泡状。脂肪细胞有合成、储存脂肪和参与脂质代谢的功能。

2. 纤维

(1)胶原纤维　数量最多，新鲜时呈白色。在HE染色标本中呈粉红色，成束排列，直径1～20 μm，粗细不等，呈波浪形，有少量分支。胶原纤维的韧性大，抗拉力强。

(2)弹性纤维　含量较少，新鲜时呈黄色。纤维较细，直径为0.2～1.0 μm，有分支，互相交织成网。HE染色标本上不易着色，折光性强，常呈较亮的淡红色。弹性纤维富有弹性，抗变形能力强，但韧性差，与胶原纤维交织在一起，使疏松结缔组织既有韧性又有弹性，以保持其连接的组织和器官的形态、位置相对恒定并有一定的可变性。

(3)网状纤维　较细，分支多并互相连接成网。HE染色标本上不着色，用染银法，被染成黑色，又称嗜银纤维。网状纤维在疏松结缔组织中含量少，主要存在于网状组织，起支架作用。

3. 基质

基质是一种无色而透明的胶状物质，主要成分为透明质酸。基质中含有大量的组织液。组织液的不断循环更新，为组织、细胞提供了动态的良好生存环境。

(二)致密结缔组织

与疏松结缔组织相比，致密结缔组织中的纤维成分特别多，而且排列紧密，细胞和基质成分很少。除弹性组织外，绝大多数的致密结缔组织中以粗大的胶原纤维束为主要成分，其中含少量纤维细胞、小血管和淋巴管。按纤维的性质和排列方式不同，可将致密结缔组织分为以下几种类型：

1. 不规则致密结缔组织

分布于真皮的网状层、巩膜、大多数器官的被膜等处，由粗大的胶原纤维束相互交织成致密的网或层，纤维排列方向与其承受的张力方向一致，纤维束间有少量基质和成纤维细胞、纤维细胞、小血管及神经束等。

2.规则致密结缔组织

由大量密集的胶原纤维平行排列成束，束间有沿其长轴成行排列的腱细胞，如肌腱和腱膜。以弹性纤维为主的致密结缔组织，见于项韧带、大动脉、声带等处。

(三)脂肪组织

脂肪组织主要分布于皮下、网膜和系膜等处，具有储存脂肪、保护和维持体温等作用。主要由大量脂肪细胞集聚而成，并被疏松结缔组织将成群的脂肪细胞分隔成许多脂肪小叶(图 2-16)。根据脂肪细胞的结构和功能不同，可分为两种类型。

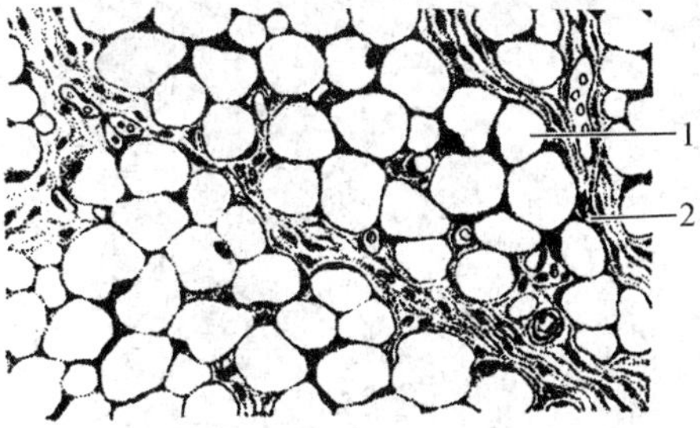

1.脂肪细胞　2.结缔组织

图 2-16　脂肪组织

(程会昌，2014，动物解剖学与组织胚胎学，第 2 版)

1.黄(白)色脂肪组织

新鲜时呈黄色或白色，其结构特点是胞质内含有一个大的脂肪滴，在 HE 染色标本上因脂肪滴被溶解而呈大空泡状，这种细胞称为单泡脂肪细胞。大多数的脂肪细胞均属此类，如皮下组织、系膜、网膜和黄骨髓等，具有支持、缓冲、保护、维持体温和储存能量等作用。

2.棕色脂肪组织

新鲜时呈棕色，其特点是含有丰富的毛细血管，胞质内有许多较小的脂滴和大而密集的线粒体，核圆形，位于细胞中央，这种细胞称为多泡脂肪细胞。棕色脂肪主要存在于幼龄动物和冬眠动物体内。可迅速氧化而产生大量热能，有利于新生动物的抗寒和维持冬眠动物的体温。

(四)网状组织

网状组织由网状细胞、网状纤维和基质组成。网状细胞为星形多突起细胞，其突起彼此连接成网。胞质弱嗜碱性，核较大，染色浅，核仁清楚。网状纤维由网状细胞产生，纤维细而分支多，交织成网，是网状细胞依附的支架。网状组织构成淋巴组织和骨髓组织的基本成分，提供血细胞和淋巴细胞发育的微环境。

(五)软骨组织

1.软骨组织的结构

软骨组织简称软骨，由少量的软骨细胞和大量的细胞间质构成。

(1)软骨细胞　软骨细胞深陷在软骨基质形成的软骨陷窝中，在软骨周边部分为幼稚软骨细胞，体积较小，呈扁圆形，单个分布。越靠近中央，细胞越成熟，体积越大，变为圆形或椭圆形，常成群分布，每群 2～8 个细胞，它们是由一个软骨细胞分裂增殖而来的，故称同源细胞群。软骨细胞的核较小，有 1～2 个核仁，胞质弱嗜碱性，富含粗面内质网，高尔基复合体和线粒体也很丰富。软骨细胞具有合成软骨基质和纤维的能力。

(2)细胞间质　由纤维和基质组成。基质为透明凝胶状，主要成分为蛋白聚糖和水分。软骨陷窝周围的基质呈强嗜碱性，称软骨囊。纤维埋于基质中，其种类和含量因软骨类型而异。

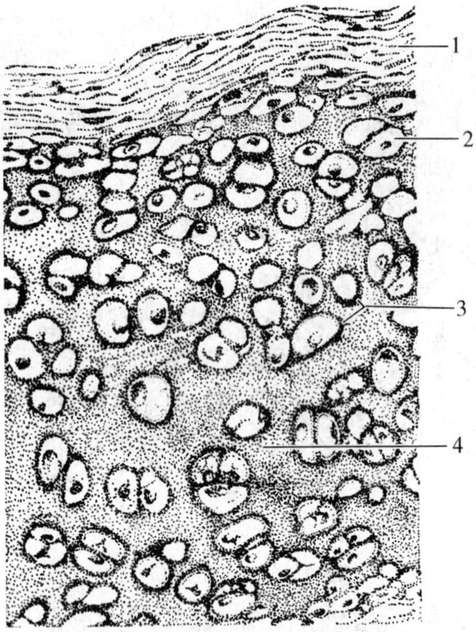

1.软骨膜　2.软骨细胞　3.软骨囊　4.基质

图 2-17　透明软骨(HE,400×)

(程会昌,2014,动物解剖学与组织胚胎学,第 2 版)

2.软骨组织的类型

根据软骨间质内纤维的不同,可将软骨分为透明软骨、弹性软骨和纤维软骨(图 2-17)。

(1)透明软骨　透明软骨分布最广,如鼻、喉、气管和支气管的软骨、肋软骨及关节软骨等。新鲜时呈半透明状,基质内含有互相交织的胶原原纤维。HE 染色标本上不易分辨。透明软骨骨质较脆,耐磨。

(2)弹性软骨　弹性软骨分布于耳郭、会厌等处,新鲜时呈黄色。其构造与透明软骨相似,只是基质内含有大量交织成网状的弹性纤维,具有很大的弹性。

(3)纤维软骨　纤维软骨存在于椎间盘、耻骨联合及关节盘等处。其特点是基质很少,其中含有大量的胶原,平行或交叉排列。软骨细胞常成行分布于纤维束之间。HE 染色切片中,胶原纤维嗜酸性,染成红色。软骨陷窝周围也可见软骨囊。

3.软骨膜

软骨组织外面包有一层致密结缔组织(关节软骨的关节面除外),称为软骨膜。它可明显地分为内、外两层。外层含较致密的胶原纤维,细胞少,主要起保护作用;内层纤维较疏松,细胞较多,其中有些梭形的小细胞,称骨原细胞,可增殖分化为软骨细胞。软骨组织内无血管,营养由软骨膜供给。

(六)骨组织

骨组织是一种坚硬的结缔组织,由几种细胞和大量钙化的细胞间质组成。钙化的细胞间质称骨基质。骨组织与骨膜及骨髓构成骨。

1.骨组织的结构

(1)骨基质　骨基质为固态,由有机成分和无机成分构成。其中,有机成分占 35%,包括胶原纤维和无定形基质,是由骨细胞分泌形成的,有机成分的 95%是胶原纤维。无定形基质的含量只占 5%,呈凝胶状,主要成分为蛋白聚糖及其复合物,有黏合纤维的作用。无机成分占 65%,又称骨盐,主要成分是羟基磷灰石结晶。有机成分与无机成分的紧密结合使骨十分坚硬,以适应其支持功能。

成熟骨组织的骨基质均以骨板的形式存在,即胶原纤维平行排列成层并借无定形基质黏合在一起,其上有骨盐沉积,形成薄板状结构,称为骨板。同一层骨板内的胶原纤维平行排列,相邻两层骨板内的纤维方向互相垂直,如同多层木质胶合板一样,这种结构形式,能承受多方压力,增强了骨的支持力。

(2)细胞　骨组织的细胞成分包括骨原细胞、成骨细胞、骨细胞和破骨细胞。其中骨原细胞、成骨细胞和骨细胞与骨基质生成有关,破骨细胞与骨基质的溶解吸收有关。

2.长骨的结构

长骨由骨松质、骨密质、骨膜、关节软骨、骨髓、血管及神经等构成。

(1)骨松质　分布于长骨的骨骺和骨干的内侧面，是由大量针状或片状的骨小梁连接而成的多孔隙网架结构，网孔内充满骨髓。

(2)骨密质　分布于长骨的骨干和骨骺的外侧面。骨密质的骨板排列十分致密而规则，肉眼不见腔隙。按骨板的排列方式可分为环骨板、骨单位和间骨板。环骨板是环绕骨干外表面和内表面的骨板，分别称为外环骨板和内环骨板，内均有垂直或斜穿骨板的管道，称穿通管，管内有来自骨内、外膜的结缔组织、小血管和神经等；骨单位位于内、外环骨板之间，沿着长骨的纵轴平行排列，数量很多，是构成长骨干的主要结构单位；间骨板是填充于骨单位之间的一些不规则的骨板。它们是原有的骨单位或内、外环骨板被吸收后残留的部分(图 2-18)。

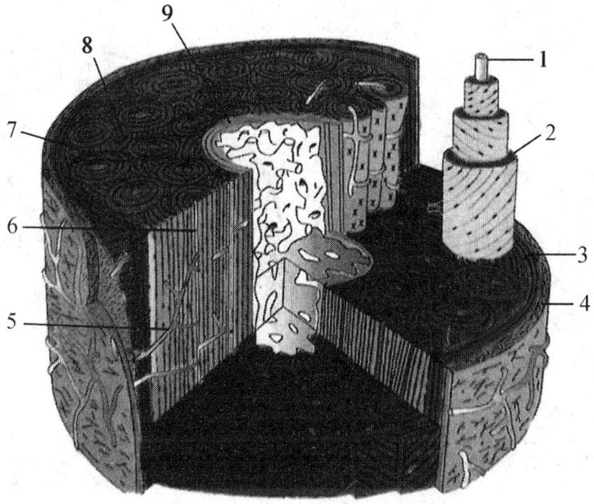

1.中央管　2.骨单位板　3.外环骨板　4.外骨膜　5.穿通管

6.中央管　7.骨单位　8.间骨板　9.内环骨板

图 2-18　骨单位模式

(陈耀星，2019，动物解剖学与组织胚胎学)

(3)骨膜　骨除附着有关节软骨的部位外，在骨的外表面均覆以骨外膜；在骨髓腔面、骨小梁表面及中央管和穿通管的内表面均覆以骨内膜。骨膜不仅营养、保护骨组织，在骨的生长、改建和修复中也有重要作用。

(七)血液和淋巴

血液和淋巴是流动在血管和淋巴管内的呈液态的结缔组织，由细胞成分(各种血细胞和淋巴细胞)和大量的细胞间质(血浆和淋巴浆)组成。

1.血液

血液由血细胞和血浆组成，血液的有形成分包括红细胞、白细胞和血小板(图 2-19)。大多数哺乳动物的全身血量占体重的 7%～8%，其中有形成分占血液容积的 35%～55%，血浆占 45%～65%。

(1)血浆　呈淡黄色，有黏滞性，其中水分约占 91%，其余 9%为血浆蛋白(白蛋白、球蛋白、补体蛋白和纤维蛋白原、脂蛋白)、无机盐、酶、激素、维生素和各种代谢产物等。血浆不仅

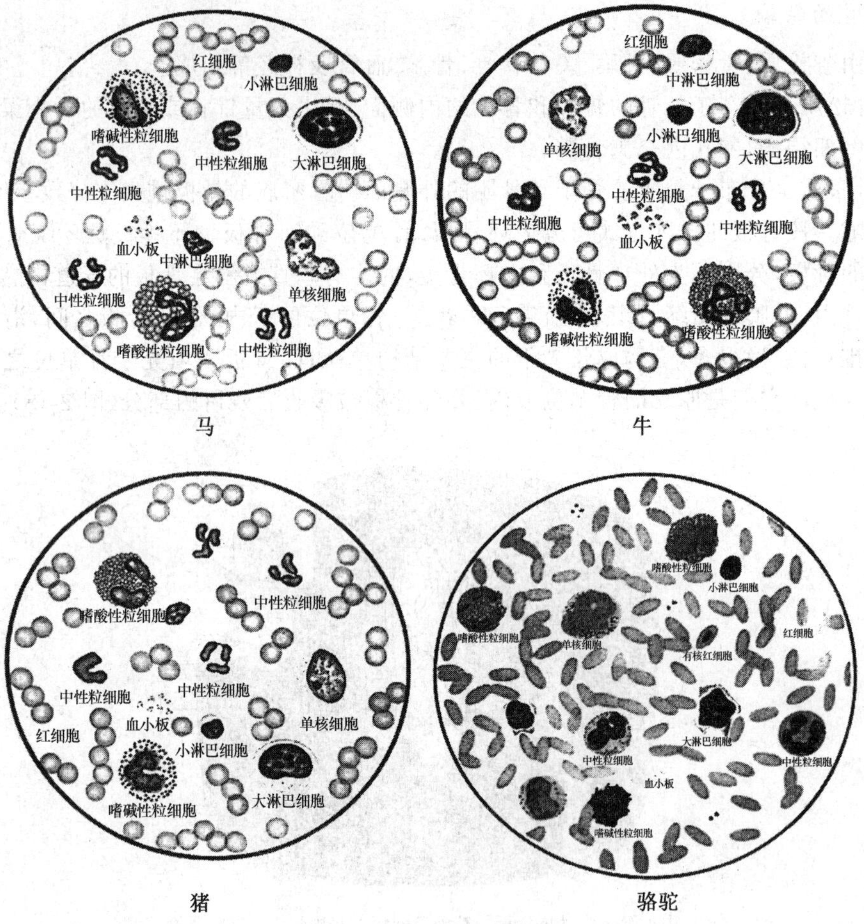

图 2-19　动物血细胞模式图

（陈耀星，2019，动物解剖学与组织胚胎学）

是运载血细胞、营养物和全身代谢产物的循环液体，而且参与机体的免疫反应、体液调节、体温调节，维持酸碱平衡和渗透压，具有保持机体适宜内环境的功能。血液流出血管后，即凝成血块，这是由于溶解状态下的纤维蛋白原转变为不溶解状态的纤维蛋白所致。血液凝成血块后，周围析出淡黄色透明的液体，称血清。

（2）血细胞　血细胞包括红细胞、白细胞和血小板。

①红细胞　大多数哺乳动物成熟的红细胞呈中央薄而周缘厚的双面凹的圆盘状，表面光滑，无细胞核及细胞器。骆驼和鹿的红细胞为椭圆形，无细胞核和细胞器。禽类的红细胞呈椭圆形，细胞中央有一个椭圆形的核。

红细胞大小和数量，随动物种类不同而异。红细胞质内充满血红蛋白，具有携带氧和二氧化碳的功能。各种动物红细胞的平均寿命约为 120 d。衰老的红细胞大都被脾或肝内的巨噬细胞所吞噬。红骨髓不断产生红细胞，补充到血液中去，从而使红细胞总数维持在一定水平。动物红细胞数量除存在种系差异外，还依个体、性别、年龄、营养状况及生活环境而改变。幼龄动物的红细胞比成年动物的多，雄性动物的比雌性动物的多，营养好的比营养不良的多，生活在高原的比平原的多。

②白细胞　为具有细胞核和细胞器的球形细胞，一般较红细胞体积大，能做变形运动穿过毛细血管进入周围组织，发挥其防御和免疫功能。每立方毫米血液中的白细胞数量远比红细胞少。白细胞中除淋巴细胞主要来源于胸腺、脾脏、淋巴结、腔上囊外，其他成分均来源于红骨髓。白细胞数量因动物种类不同而有差别。

光学显镜下，根据白细胞胞质内有无特殊颗粒，可将其分为有粒白细胞和无粒白细胞两类。有粒白细胞又可根据颗粒的嗜色性，分为中性粒细胞、嗜酸性粒细胞和嗜碱性粒细胞。无粒白细胞分为两种，即单核细胞和淋巴细胞。

a.中性粒细胞　胞体直径为7～15 μm。核的形状有肾形、杆形和分叶形。胞质呈淡粉红色，内含淡紫色或淡红色的细小颗粒。颗粒内含有多种酶类，如酸性磷酸酶、碱性磷酸酶、过氧化物酶、溶菌酶等，能消化、分解吞噬的异物和细菌。中性粒细胞具有很强的变形运动和吞噬能力。禽类的异嗜性粒细胞相当于嗜中性粒细胞，其主要特征是细胞质中分布有暗红色的嗜酸性的杆状、纺锤形或圆形颗粒。

b.嗜酸性粒细胞　直径为8～20 μm，核多为2～3个叶，胞质内有较粗大的嗜酸性颗粒，颗粒内含有酸性磷酸酶、过氧化物酶、组胺酶等。当机体受到寄生虫感染或发生过敏反应时，嗜酸性粒细胞大量增加。禽类的嗜酸性颗粒呈圆形，色鲜艳。

c.嗜碱性粒细胞　在白细胞中数量最少，直径为10～15 μm，胞质内颗粒稀疏、大小不均，呈蓝紫色，内含肝素、组胺和慢反应物质，参与过敏反应。

d.单核细胞　是白细胞中体积最大的细胞，直径为10～20 μm，核呈卵圆形、肾形、马蹄形或不规则形。染色淡，胞质丰富，呈弱嗜碱性。单核细胞在血流中停留时间很短，很快穿过毛细血管壁进入结缔组织，分化成巨噬细胞。

e.淋巴细胞　呈球形，直径为5～20 μm，依体积大小分为大、中、小三种，小淋巴细胞数量最多。典型的小淋巴细胞直径约5 μm，核大而圆、染色深，几乎占据整个细胞，核一侧常有凹陷。细胞质很少，呈一窄带状，染成淡的蓝色。淋巴细胞的形态虽然相似，但不是同一类群，根据其发生部位、表面特性、寿命长短和免疫功能的不同，分为T淋巴细胞、B淋巴细胞、杀伤性淋巴细胞(K细胞)、自然杀伤性淋巴细胞(NK细胞)。

③血小板　是骨髓巨核细胞胞质脱落的碎片，呈圆形或椭圆形的小体，其周缘部分透明、中央部分含紫蓝色颗粒。血小板的主要功能是参与凝血过程。禽类的血小板有核，胞质略嗜碱性，与红细胞相似，又称凝血细胞，与红细胞的区别是体积小，核较大，染成玫瑰紫色。

2.淋巴

血液中的血浆透过毛细血管壁进入组织间隙，称组织液。当组织液进入毛细淋巴管后，即称淋巴，后经淋巴结及各级淋巴管入静脉。淋巴中的液体成分与血浆相似，细胞成分主要是小淋巴细胞，单核细胞较少，有时还有少量的嗜酸性粒细胞。

三、肌组织

肌组织主要由肌细胞组成，肌细胞之间有少量的结缔组织以及血管和神经。肌细胞呈细长纤维形，又称为肌纤维，其细胞膜称肌膜，肌细胞质称肌浆。肌浆中有许多肌丝，它们是肌纤维舒缩功能的物质基础。根据形态结构和功能的不同，将肌组织分为骨骼肌、心肌和平滑肌。骨骼肌和心肌属于横纹肌。骨骼肌受躯体神经支配，为随意肌；心肌和平滑肌受自主神经支配，为不随意肌。

（一）骨骼肌

骨骼肌因大多借肌腱附着于骨骼而得名，基本成分是骨骼肌纤维，在显微镜下可见其肌纤维有明暗相间的横向条纹，故称横纹肌。

1.骨骼肌纤维的显微结构

骨骼肌纤维为长圆柱形的多核细胞，横径为 10～100 μm，长短不一，一般为 1～40 mm。肌膜的外面有基膜紧密贴附。一条肌纤维内含有几十个甚至几百个细胞核，位于细胞周围近肌膜处。核呈扁椭圆形，异染色质较少，染色较浅，核仁明显。肌浆内含许多与细胞长轴平行排列的肌丝束，称肌原纤维，每条肌纤维含有数百至数千条肌原纤维。

肌原纤维呈细丝状，直径为 1～2 μm，沿肌纤维长轴平行排列，每条肌原纤维上都有明暗相间、重复排列的横纹。由于各条肌原纤维的明暗横纹都相应地排列在同一平面上，因此肌纤维呈现规则的明暗交替的横纹。横纹由明带和暗带组成，明带又称 I 带，暗带又称 A 带。暗带中央有一条浅色窄带称 H 带，H 带中央有一条暗线为 M 线。明带中央则有一条暗线称 Z 线或间线。两条相邻 Z 线之间的一段肌原纤维称为肌节。每个肌节都由 1/2 I 带 + A 带 + 1/2 I 带所组成。肌节长 2～2.5 μm，它是骨骼肌收缩的基本结构单位（图 2-20）。

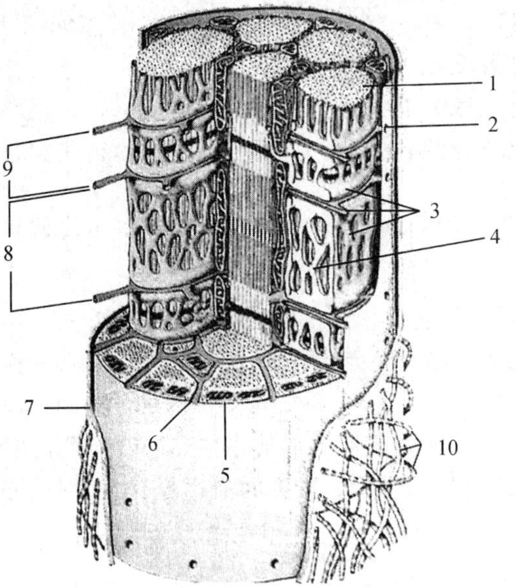

1.肌原纤维　2.T 管　3.三联体　4.肌浆网　5.肌膜
6.T 管　7.基膜　8.A 带　9.I 带　10.胶原原纤维

图 2-20　骨骼肌超微立体结构模式图

（陈耀星，2019，动物解剖学与组织胚胎学）

2.骨骼肌纤维的超微结构

肌质中除肌原纤维，还含有横小管、肌浆网、肌红蛋白、糖原颗粒和丰富的线粒体（图 2-20）。

（1）肌原纤维　电镜下，肌丝分为直径 15 nm 的粗肌丝和直径 8 nm 的细肌丝。两种肌丝在肌节内各居一定位置。粗肌丝位于明带，中央分出丝突固定于 M 线，两端游离。细肌丝一端发出分支固定于 Z 线，另一端平行插入粗肌丝之间，达 H 带外侧，末端游离。故 I 带只有细肌丝，A 带既有粗肌丝又有细肌丝，其中 H 带只有粗肌丝。两种肌丝在肌节内的这种规则排列以及它们的分子结构是肌纤维收缩功能的主要基础。

粗肌丝是由许多肌球蛋白分子有序排列组成的。单个肌球蛋白形如豆芽状，分为头和杆两部分，在头和杆的连接点及杆上有两处类似关节结构，可以屈动。M 线两侧的肌球蛋白对称排列，肌球蛋白分子的杆均朝向 M 线，头部则朝向 Z 线并露出表面，称为横桥。肌球蛋白头是 ATP 酶，能与 ATP 结合。当肌球蛋白分子头与肌动蛋白接触时，ATP 酶被激活，于是分解 ATP 放出能量，使横桥发生屈伸运动。

细肌丝由肌动蛋白、原肌球蛋白和肌原蛋白三种蛋白质分子组成。后两种属于调节蛋白，在肌收缩中起调节作用。肌动蛋白由两列球形肌动蛋白单体组成，单体相互接连成串珠状，并形成双股螺旋链。每个球形肌动蛋白单体上都有一个可以与肌球蛋白头部相结合的位点。原肌球蛋白由较短的双股螺旋多肽链组成，首尾相连，嵌于肌动蛋白双股螺旋链的浅沟内。肌原蛋白由三个球形亚单位组成，分别简称为 TnT、TnI 和 TnC。肌原蛋白借助 TnT 附于原肌球蛋白分子上，TnI 是抑制肌动蛋白和肌球蛋白相互作用的亚单位，TnC 是与 Ca^{2+} 相结合的亚单位。

（2）横小管　又称 T 小管，为肌膜向肌浆内凹陷形成的小管网，其走向与肌纤维长轴垂直，故称横小管。横小管位于 A 带与 I 带交界处，同一平面上的横小管分支吻合成网，环绕在每条肌原纤维周围。横小管的功能是将肌膜的兴奋迅速传到每个肌节。

（3）肌浆网　为肌纤维内特化的滑面内质网，位于横小管之间，纵行包绕在每条肌原纤维周围，故又称纵小管。位于横小管两侧的肌浆网呈环行的扁囊，称终池，终池之间则是相互吻合的纵行小管网。每条横小管与其两侧的终池共同组成三联体。在横小管的肌膜和终池的肌浆网膜之间形成三联体连接，可将兴奋从肌膜传到肌浆网膜。肌浆网的膜上有丰富的钙泵，有调节肌浆中 Ca^{2+} 浓度的作用。横小管兴奋引起肌浆网释放 Ca^{2+}，肌浆中 Ca^{2+} 浓度升高，启动肌丝的滑动，引起肌纤维的收缩。

（二）平滑肌

平滑肌由成束或成层的平滑肌细胞构成，排列整齐，主要分布在胃肠道、呼吸道、泌尿生殖道以及血管和淋巴管的管壁，又称内脏肌，收缩较为缓慢而持久。

1. 平滑肌纤维的显微结构

平滑肌纤维呈长梭形，平均直径约 10 μm，长约 100 μm。妊娠子宫壁平滑肌可长达 500 μm。血管平滑肌较细长，宽 2～5 μm，长 40～60 μm。平滑肌只有一个核，呈棒状或椭圆形，位于细胞中央（图 2-21）。肌纤维收缩时，核可扭曲成螺旋状。

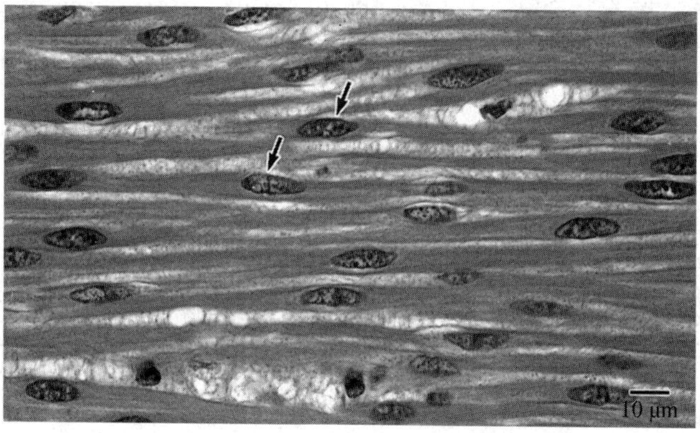

图 2-21　平滑肌（猪十二指肠肠壁纵切面，箭头所指为平滑肌细胞的细胞核）

2. 平滑肌纤维的超微结构

电镜下观察，肌膜向下凹陷形成数量众多的小凹。目前认为这些小凹相当于骨骼肌的横小管。肌浆网不发达，呈小管状，位于肌膜下与小凹相邻近。平滑肌的细胞骨架系统比较发达，主要由密斑、密体和中间丝组成。细胞周边部的肌浆中，主要含有粗、细两种肌丝。相邻的平滑肌纤维之间有缝隙连接，便于化学信息和神经冲动的传导，有利于众多平滑肌纤维同时收缩而形成功能整体。

(三)心肌

心肌由心肌纤维组成，分布于心壁。心肌纤维有明暗相间的横纹，也属横纹肌，其收缩有自律性。

1.心肌纤维的显微结构

心肌纤维呈短柱状，有分支，相互连接成网状。肌纤维的连接处称闰盘，在HE染色的标本中呈着色较深的阶梯状或横线状。每条肌纤维有一个核，呈卵圆形，位于细胞中央，偶见双核。肌浆较丰富，多聚在核的两端。心肌纤维显示有横纹，但其肌原纤维和横纹都不如骨骼肌纤维的明显。

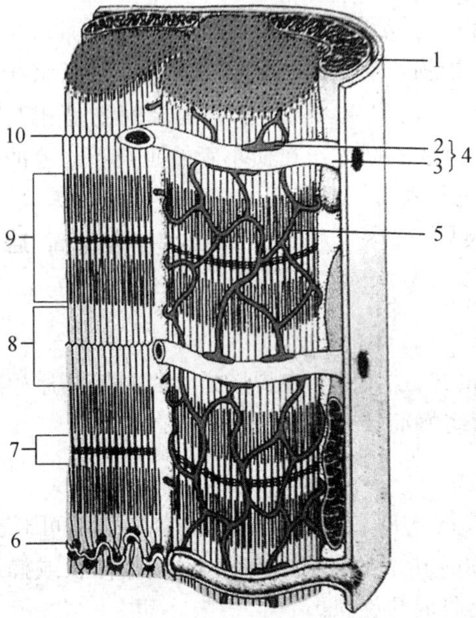

1.肌膜　2.终池　3.横小管　4.三联体　5.肌浆网
6.闰盘　7.H带　8.I带　9.A带　10.Z线

图2-22　心肌超微结构模式图

(陈耀星，2019，动物解剖学与组织胚胎学)

2.心肌纤维的超微结构

心肌纤维的超微结构与骨骼肌纤维相似，也含有粗、细两种肌丝，也具有肌浆网和横小管等结构。所不同的是，肌丝被少量肌浆和大量纵行排列的线粒体分隔成粗、细不等的肌丝束，以致横纹也不如骨骼肌的明显；横小管较粗，位于Z线水平；肌浆网比较稀疏，纵小管、终池不发达，横小管两侧的终池往往不同时存在，多见横小管与一侧的终池紧贴形成二联体，三联体极少见；闰盘位于Z线水平，有中间连接和桥粒，起牢固的连接作用；在闰盘的纵位部分存在缝隙连接，便于细胞间化学信息的交流和电冲动的传导(图2-22)。

四、神经组织

神经组织是构成神经系统的主要成分，由神经细胞和神经胶质细胞组成。神经细胞是神经系统的结构和功能单位，也称神经元，它能感受体内、外环境的刺激和传导兴奋，有一些神经元还具有内分泌功能。神经元之间以突触彼此联系，形成复杂的神经网络。神经胶质细胞的数量比神经元多，无传导功能，对神经元起支持、保护、分隔、营养和修复等作用。

(一)神经元

神经元是一种有突起的细胞，大小不一，形态多种多样，但都由胞体和突起两部分构成(图2-23)。

1.神经元的结构

(1)胞体　是神经元功能活动的中心，位于中枢神经系统的灰质和周围神经系统的神经节内。胞体形态多样，有圆形、椎体形及星形等，大小差别大，直径为4～120 μm，但都包括细胞膜、细胞核和细胞质。

①细胞膜　为单位膜，具有接受刺激，传导兴奋的作用。

②细胞核　大而圆，位于胞体中央，染色质细小而分散，着色浅，核仁明显。

③细胞质　又称核周质，除具有细胞质中的一般细胞外，还有丰富的尼氏体和神经原纤维。

a.尼氏体　是一种嗜碱性物质，在 HE 染色中被碱性染料染成紫蓝色，多呈斑块状或颗粒状。运动神经元的尼氏体似虎皮样花斑，故又称虎斑。尼氏体仅存在于胞体和树突内，轴突起始段的轴丘和轴突内则无尼氏体分布。电镜下，尼氏体是由许多发达的平行排列的粗面内质网及其间的游离核糖体组成的。尼氏体的主要功能是合成与更新细胞器所需的结构蛋白、产生与神经递质有关的酶等。

b.神经原纤维　在银染的切片标本中，可见胞质内有很多棕黑色的细丝交织成网，并向树突和轴突延伸，可达到突起的末梢部位。电镜下观察，神经原纤维由一种中间丝（神经丝）和微管组成，能作为细胞骨架起支持作用，并参与神经元的物质运输。

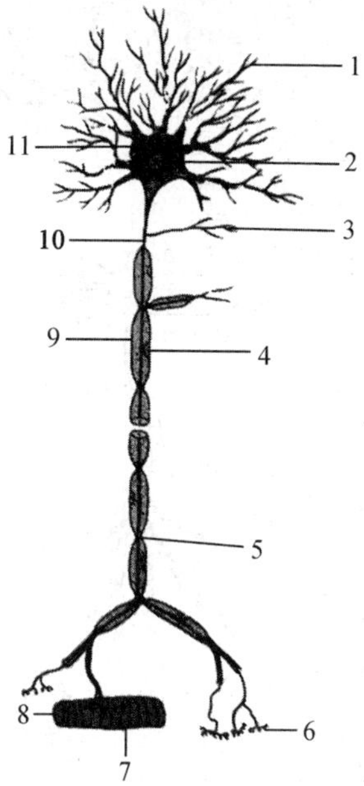

1.树突　2.胞核　3.侧枝　4.施万细胞细胞核　5.郎飞结　6.轴突终末　7.运动终板　8.骨骼肌纤维　9.髓鞘　10.轴突　11.尼氏体

图 2-23　神经元模式图

（陈耀星，2019，动物解剖学与组织胚胎学）

（1）突起　分为树突和轴突。

①树突　树突有多个，比较短，呈树枝状分支，因而得名。树突表面常有许多棘状或小芽状突起，称树突棘。树突棘是神经元之间形成突触的主要部位。树突的细胞膜上有许多受体，具有接受刺激的功能，神经冲动沿树突传入胞体。

②轴突　轴突细长，直径均匀，可有呈直角分出的侧枝，末端分支较多，称轴突终末。胞体发出轴突的部位呈网锥形隆起称轴丘，轴丘和轴突的结构相似，无尼氏体，有神经原纤维。一个神经元只有一根轴突，神经冲动沿轴突传至其他神经元或效应器。

2.神经元的类型

（1）根据神经元突起数目可将神经元分为：①多极神经元。有一个轴突和多个树突。②双极神经元。有两个突起，一个是树突，另一个是轴突。③假单极神经元。从胞体发出一个突起，距胞体不远又分为两支，一支分布到外周的其他组织器官，称周围突；另一支进入中枢神经系统，称中枢突（图 2-24）。

（2）根据神经元的功能可将神经元分为：①感觉神经元，又称传入神经元，多为假单极神经元，胞体主要位于脑、脊神经节内，其周围突的末梢分布在皮肤和肌肉等处，接受刺激，将刺激传向中枢。②运动神经元，又称传出神经元，多为多极神经元，胞体主要位于脑、脊髓和植物神经节内，它把神经冲动传给肌肉或腺体。③联络神经元，又称中间神经元，介于前两种神经元之间，多为多极神经元，在感觉和运动神经元之间起联络作用。

（3）根据神经元释放递质的性质可分为：①胆碱能神经元；②胺能神经元；③肽能神经元。

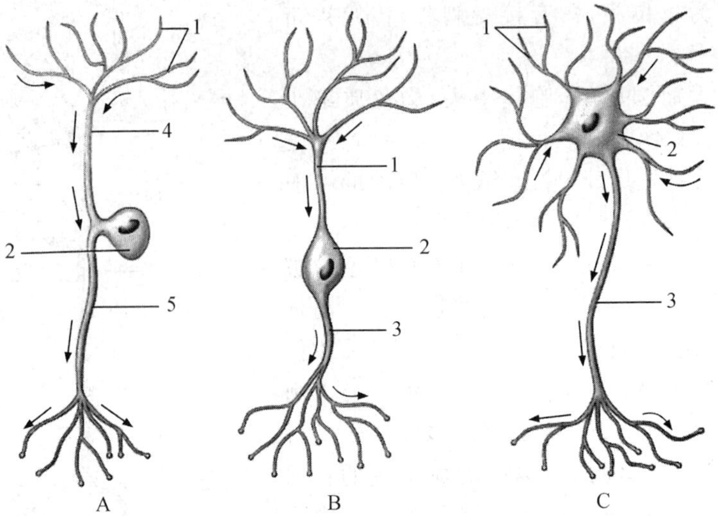

A.假单极神经元　B.双极神经元　C.多级神经元

1.树突　2.胞体　3.轴突　4.外周轴突　5.中枢轴突

图 2-24　神经元的类型

(陈耀星,2019,动物解剖学与组织胚胎学)

(二)突触

突触是神经元与神经元之间或神经元与非神经细胞之间的一种特化的细胞连接,通过它的传递作用实现细胞与细胞之间的通信。在神经元之间的连接中,最常见是一个神经元的轴突终末与另一个神经元的树突、树突棘或胞体连接,分别构成轴—树、轴—棘、轴—体突触。此外还有轴—轴和树—树突触等。突触可分为化学突触和电突触两大类,前者是以化学物质(神经递质)作为通信的媒介,后者通过缝隙连接以电流(电讯号)传递信息。哺乳动物神经系统以化学突触占大多数,通常所说的突触亦指化学突触。

突触的结构可分突触前成分、突触间隙和突触后膜三部分。突触前成分包括突触前膜和突触小泡,突触前膜是轴突终末与另一个神经元相接触处轴突终末特化增厚的部分。突触小泡位于突触前膜内侧,一般呈圆形或椭圆形,其内含乙酰胆碱、去甲肾上腺素或肽类等神经递质。突触间隙是突触前膜和后膜之间狭小的间隙,宽 20～30 nm,含有糖蛋白和一些细丝状物质。突触后膜是与突触前膜相对应的神经元或效应细胞的局部细胞膜。突触后膜含有能与神经递质特异性结合的受体。

(三)神经纤维

神经纤维是由神经元长的轴突外包神经胶质细胞所构成。根据包裹轴突的胶质细胞是否形成髓鞘,神经纤维可分为有髓神经纤维和无髓神经纤维。神经纤维主要构成中枢神经系统的白质和周围神经系统的脑神经、脊神经和植物神经。

1.有髓神经纤维

数量较多,周围神经系统的神经和中枢神经系统白质中的神经纤维多数是有髓神经纤维。光学显微镜下,有髓神经纤维的中心为神经元的轴突或长树突,统称轴索,外包髓鞘。髓鞘的主要成分是髓磷脂,在 HE 染色片上呈空泡细丝状。周围神经系统有髓神经纤维的髓鞘是由神经膜细胞节段性包绕轴索而成。每一节有一个神经膜细胞，相邻节段间有一无髓鞘的狭窄处，称神经纤维结，或郎飞结，两个纤维结之间的一段纤维称结间段(图 2-25)。

2.无髓神经纤维

周围神经系统的无髓神经纤维光镜下可见细长的神经膜细胞核，排在轴索表面，神经纤维直径较细。

3.神经末梢

周围神经纤维的终末部分，终止于其他组织所形成的特有结构，称神经末梢。按其功能可分感觉神经末梢和运动神经末梢两大类。

(1)感觉神经末梢　是感觉神经元周围突的终末部分，该终末部分与其他结构共同组成感受器。感受器能接受内、外环境的各种刺激，并将刺激转化为神经冲动传向中枢，产生感觉。感觉神经末梢按形态结构不同，可归纳为以下两种感觉神经末梢。

①游离神经末梢　是由较细的有髓或无髓神经纤维的终末部分反复分支而成。在接近末梢处，髓鞘消失，裸露的细支分布于皮肤的表皮、角膜、黏膜上皮、浆膜及某些结缔组织等处，能感受冷、热和疼痛刺激。

②有被囊神经末梢　均包以结缔组织成分组成的被囊，形式很多，大小不一。常见的有触觉小体、环层小体和肌梭等。

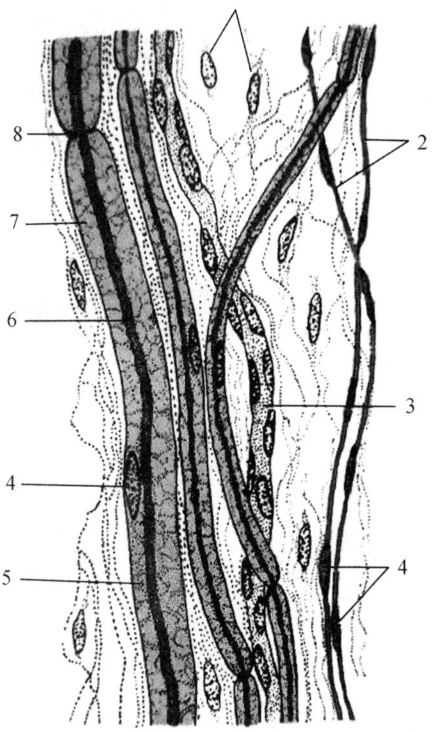

1.成纤维细胞　2.无髓神经纤维　3.毛细血管
4.施万细胞细胞核　5.髓鞘　6.轴突
7.有髓神经纤维　8.郎飞结

图 2-25　有髓神经纤维、无髓神经纤维比较模式图

(陈耀星，2019，动物解剖学与组织胚胎学)

(2)运动神经末梢　由中枢发出的运动神经纤维末梢，终止于骨骼肌或内脏的平滑肌及腺体，支配肌肉的活动和腺体的分泌。神经末梢与邻近组织共同组成效应器。运动神经末梢可分为以下两种：

①躯体运动神经末梢　运动神经元的有髓神经纤维抵达骨骼肌纤维处失去髓鞘并反复分支，一个神经元可支配多条神经纤维，每个分支终末呈斑块膨大，与一条骨骼肌纤维构成神经肌突触，也称运动终板。

②内脏运动神经末梢　是自主神经节后纤维的末梢。这类神经纤维较细，大多无髓鞘。神经末梢终末呈串珠样膨体，附于内脏和血管平滑肌或腺细胞上。膨体内含递质小泡，膨体与效应细胞之间间距较大，可超过 100 nm，膨体释放递质，通过弥散方式作用于效应细胞。

(四)神经胶质细胞

神经胶质细胞广泛分布于中枢和周围神经系统，其数量比神经元多 10～50 倍。神经胶质细胞体积一般比神经元小，胞质中缺乏尼氏体和神经原纤维。虽然也有突起，但无树突和轴突之分，也无传导神经冲动的功能。神经胶质细胞可分几种，各有不同的形态特点，但 HE 染色只能显示其细胞核，用特殊的银染色或免疫细胞化学方法可显示细胞的全貌(图 2-26)。

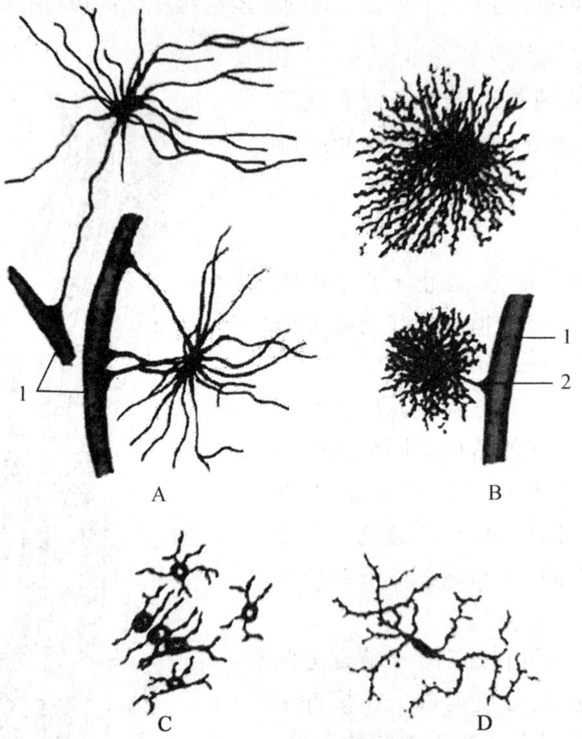

A.纤维性星形胶质细胞　B.原浆性星形胶质细胞　C.少突胶质细胞　D.小胶质细胞

1.毛细血管　2.脚板

图 2-26　胶质细胞模式图

(陈耀星，2019，动物解剖学与组织胚胎学)

1.中枢神经系统的神经胶质细胞

(1)星形胶质细胞　是胶质细胞中体积最大的一种。细胞呈星形，核圆形或卵圆形，较大，染色较浅。星形胶质细胞的突起伸展充填在神经元胞体及其突起之间形成网状支架。有些突起末端形成脚板，附在毛细血管壁上或附着在脑和脊髓表面，形成胶质界膜。其对神经元有绝缘、保护和支持作用。

(2)少突胶质细胞　胞体较小，核圆，染色较深，突起小。分布在神经元胞体附近和神经纤维周围，它的突起末端扩展成扁平薄膜，包卷神经元的轴突形成髓鞘，所以它是中枢神经系统的髓鞘形成细胞。少突胶质细胞还参与神经递质的代谢，并可抑制神经元突起的生长。

(3)小胶质细胞　是最小的胶质细胞，胞体细长或椭圆形，核小，染色深。突起细长，有分支，表面有许多小棘突。中枢神经系统损伤时，小胶质细胞可转变为巨噬细胞，吞噬细胞碎屑及退化变性的髓鞘。一般认为，小胶质细胞来源于血液中的单核细胞，属单核吞噬细胞系统。

(4)室管膜细胞　为一层立方或柱状的上皮细胞，分布在脑室及脊髓中央管的腔面，形成室管膜。细胞表面有许多微绒毛，有些细胞表面有纤毛。某些地方的室管膜细胞，其基底面有细长的突起伸向深部，称伸长细胞。室管膜细胞参与脑脊液的形成，对脑和脊髓起支持和保护作用。

2. 周围神经系统的神经胶质细胞

（1）神经膜细胞　又称施万细胞，是周围神经纤维的鞘细胞，它们排列成串，一个接一个地包裹着周围神经纤维的轴突。在有髓神经纤维中，神经膜细胞形成髓鞘，是周围神经系统的髓鞘形成细胞。神经膜细胞外表面有一层基膜，在周围神经再生中起重要作用（图 2-27）。

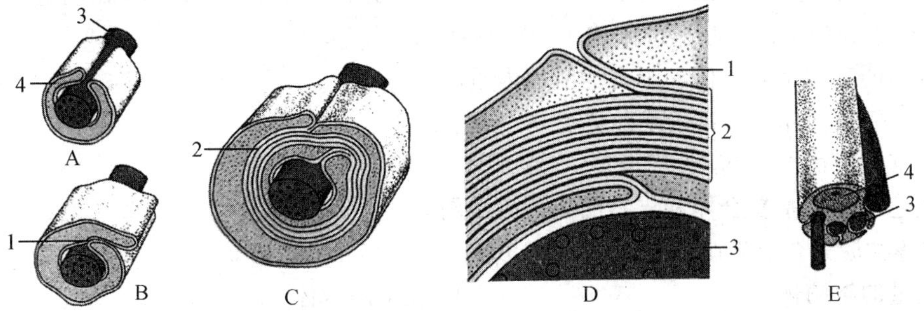

A～C. 有髓神经纤维的形成过程　D. 有髓神经纤维髓鞘局部放大示意图　E. 无髓神经纤维

1. 轴突系膜　2. 髓鞘板层　3. 轴突　4. 施万细胞

图 2-27　神经膜细胞模式图

（陈耀星，2019，动物解剖学与组织胚胎学）

（2）被囊细胞　又称卫星细胞，是神经节内神经元胞体周围的一层扁平细胞，有营养和保护神经元的作用。

【测试题】

一、名词解释

细胞　组织　细胞器　液态镶嵌模型　神经元　细胞周期　突触　神经末梢

二、填空

1. 内质网是动物细胞内的一种重要的细胞器，根据表面有无核糖体附着，可以分为________和________两种，其中________主要参与蛋白质的合成分泌。

2. 动物细胞的细胞器中，________被称为“细胞动力站”，________是蛋白质合成的场所，________被看作细胞的消化器官。

3. 细胞周期可以分为________和________两个阶段，其中________阶段主要是 RNA 和其他蛋白质的合成，为细胞分裂做准备，分为________、________和________三个时期。

4. 构成动物体的四大基本组织包括________、________、________和________。

5. 神经元按照突起的数目，可以分为________、________和________，按照功能可以分为________、________和________。

6. 肌组织可以分为________、________和________三类。

三、选择题

1. 组成动物体基本结构和功能的单位是（　　）。

A. 细胞　　B. 组织　　C. 器官　　D. 分子

2. 下列关于细胞膜的描述，哪一项是错误的？（　　）

A. 细胞膜是细胞与周围环境进行物质交换的半透膜

B.电镜下,细胞膜分为三层膜结构

C.细胞膜具有传递信息的作用

D.脂质双分子层的尾部形成单位膜的内外两层

3.构成细胞膜主要支架的化学成分是(　　)。

A.脂质双分子层　B.胆固醇　C.糖蛋白　D.膜磷脂与蛋白质

4.在合成分泌蛋白质旺盛的细胞中,常含有(　　)。

A.发达的高尔基复合体和丰富的滑面内质网

B.大量的核糖体和丰富的线粒体

C.丰富的滑面内质网

D.发达的高尔基复合体和丰富的粗面内质网

5.固醇类激素合成细胞的超微结构特点是(　　)。

A.大量的溶酶体　B.大量的微体

C.丰富的滑面内质网和管状嵴线粒体　D.大量的板状嵴线粒体

6.对蛋白质进行糖基化的细胞器是(　　)。

A.粗面内质网　B.高尔基复合体　C.核糖体　D.线粒体

7.对于黄色脂肪组织的描述,错误的是(　　)。

A.见于皮下组织、网膜和肠系膜等处　B.由大量脂肪细胞聚集而成

C.含丰富的血管和神经　D.可贮存脂肪和保持体温

8.构成造血组织的支架是(　　)。

A.网状纤维和网状细胞　B.胶原纤维和成纤维细胞

C.网状纤维和巨噬细胞　D.网状纤维和胶原纤维

9.单层柱状上皮除见于消化管外,还分布于(　　)。

A.子宫和尿道　B.输卵管和子宫

C.尿道和输精管　D.输精管和输卵管

10.在外周血涂片中,很少见到的白细胞是(　　)。

A.嗜酸性粒细胞　B.中性粒细胞

C.嗜碱性粒细胞　D.单核细胞

四、简答题

1.简述上皮组织的结构特点、种类及分布。

2.简述结缔组织的结构特点、种类及分布。

项目三

运动系统

【知识目标】

- 掌握骨、关节和肌肉的基本构造。
- 掌握动物全身各部分骨骼的形态结构特征。
- 掌握四肢各关节的构成。
- 掌握胸壁肌和腹壁肌的形态和位置。
- 熟悉四肢肌的形态、位置和作用。

【能力目标】

- 能在标本上找出各部分骨骼，说明前后肢关节的结构。
- 能比较牛（羊）、猪、马、犬（猫）等动物运动系统各器官的异同。

【素质目标】

- 通过对骨、关节和骨骼肌结构特点的学习，加深学生对“结构与功能相适应”这一生命观点的理解。
- 通过对运动系统的学习，培养学生科学健身的良好习惯。

运动系统由骨、骨连结和骨骼肌三个部分组成。全身各部分骨通过骨连结形成骨骼，构成动物体的支架，使动物体形成一定的形态。肌肉附着于骨上，收缩时以骨连结为支点，牵引骨骼而产生运动，在运动中，骨是运动的杠杆，骨连结（关节）是运动的枢纽，肌肉是运动的动力。

运动系统在动物体重中占相当大的比例，为体重的75%～80%。它直接影响动物的使役能力、肉用畜禽的屠宰率和肌肉的品质。同时，体表的一些骨突起和肌肉形成了某种自然的外观标志，是畜牧兽医生产实践中重要的定位标志。

任务3-1 全 身 骨

【学习任务单】

一、学习目标

1. 了解骨的形态结构及化学组成。

2. 熟记动物体全身骨的名称。

3. 比较牛、猪、马、犬等动物的骨形态结构的异同。

二、学习资源

1. 动物全身骨骼标本。

2. 教材。

3. 信息化教学资源。

三、学习任务

1. 通过动物全身骨骼标本，观察骨骼的形态和构造。

2. 观察头部颅骨和面骨各骨的位置、毗邻和主要形态特征，额窦和上颌窦的位置和表面投影。

3. 观察颈椎、胸椎、腰椎、荐椎、尾椎及肋骨和胸骨的构造特点。

4. 观察前肢肩胛骨、肱骨、前臂骨、腕骨、掌骨、指骨和籽骨的形态结构。

5. 观察后肢髋骨、股骨、膝盖骨、小腿骨、跗骨、跖骨、趾骨和籽骨的形态结构。

【相关知识】

一、骨的概述

骨是主要由骨组织构成的器官，坚硬而富有弹性，有丰富的血管和神经，能不断进行新陈代谢和生长发育，并具有改建、修复和再生的能力。动物体内每一块骨为一个骨器官。骨与骨连结在一起，形成具有一定形态的支架，称为骨骼。

（一）骨的类型

根据形态，可以将骨分为长骨、短骨、扁骨和不规则骨四个类型。

(1)长骨　呈长管状，多分布于四肢。两端膨大的骨端（骺）与中部较细的骨体，骨干中空的腔为骨髓腔。骨干与骨端之间有一软骨板为骺软骨（可使骨生长加长）。成年后则转化为骨（骺线），将骨干与骨端牢牢地连结起来。

(2)短骨　分布于长骨与长骨之间，如腕骨和跗骨，起缓冲作用。

(3)扁骨　呈板状，分布于头部和躯干，如颅骨、肋等，起保护作用。

(4)不规则骨　形状不规则，一般构成动物体中轴，如椎骨等。

（二）骨的基本结构

骨由骨膜、骨质、骨髓、血管和神经组成。

1. 骨膜

被覆于骨的外表面（关节面除外），有血管和神经，呈粉红色。由结缔组织构成，具有保护、营养和新生的作用。

2. 骨质

构成骨的主体，由骨组织构成，分骨密质和骨松质。骨密质位于骨质的表面，由骨板构成，致密坚硬；骨松质位于骨质的内部，由骨针和骨小梁构成，呈海绵状。

3. 骨髓

位于长骨体的骨髓腔和骨松质的间隙内，幼畜为红骨髓，成年畜多为黄骨髓。红骨髓位于骨松质间隙内和幼畜长骨的骨髓腔内，但幼畜长骨骨髓腔内的红骨髓到成年时则转变为黄骨髓；黄骨髓主要由脂肪组织构成，位于成年动物长骨的骨髓腔内，无造血机能，但遇到大失血时可转变成红骨髓，恢复造血机能。

（三）骨的化学组成

骨由有机物和无机物组成。无机物主要为钙盐，占骨质量的 2/3。无机物使骨硬度增加，即提高坚固性。经火煅烧的骨只剩下无机物，其形态不变，没有弹性和韧性，骨脆而易碎。有机物的主要成分是骨胶原和黏多糖，占骨质量的 1/3。有机质决定骨的弹性和韧性。用酸处理脱盐的骨仍保持骨的原有形态，但柔软、富有弹性、易变形，失去支撑功能。

（四）骨表面的形态

骨的表面由于肌腱、肌肉、韧带的附着和牵拉，血管、神经通过等因素的影响，形成了各种形态的标志，有些标志可以从体表清楚的看到或摸到，成为临床诊断和治疗中判断动物体结构位置的重要依据。

1. 骨面的突起

由于肌腱或韧带的牵拉，骨的表面生有程度不同的隆起，其中明显突出于骨面的叫突；末端尖的叫棘；基底部较广并逐渐凸隆的叫隆起，其中表面粗糙不平的叫粗隆或结节，有方向扭转的粗隆叫转子；长线形的高隆起叫嵴，低而粗涩的叫线。

2. 骨面的凹陷

由于与邻位器官、结构相接触或肌肉附着的影响而形成。大而浅的光滑凹面叫窝，略小的凹叫小窝或小凹；长的叫沟；浅如手指压痕的叫压迹。

3. 骨的腔洞

由于容纳某些结构或空气，或由于某些结构穿行而形成。一般将较大的空间称为腔、窦、房，小者叫小房；长的骨性通道叫管；腔或管的开口叫口或孔，边缘不完整的孔叫裂孔。

4. 骨端的标志

骨端圆形的膨大叫头或小头，多为被覆着软骨的关节面，头下方较狭细处叫颈；椭圆形的膨大叫髁；髁的最突出部分叫上髁。

此外，较平滑的骨面叫面，是肌肉的附着处；骨的边缘称缘，缘的缺口或凹入都叫切迹，是血管、神经或肌腱的通过处。

二、动物全身的骨骼

动物体全身骨骼分为头骨、躯干骨和四肢骨。四肢骨包括前肢骨和后肢骨（图 3-1 至图 3-4）。

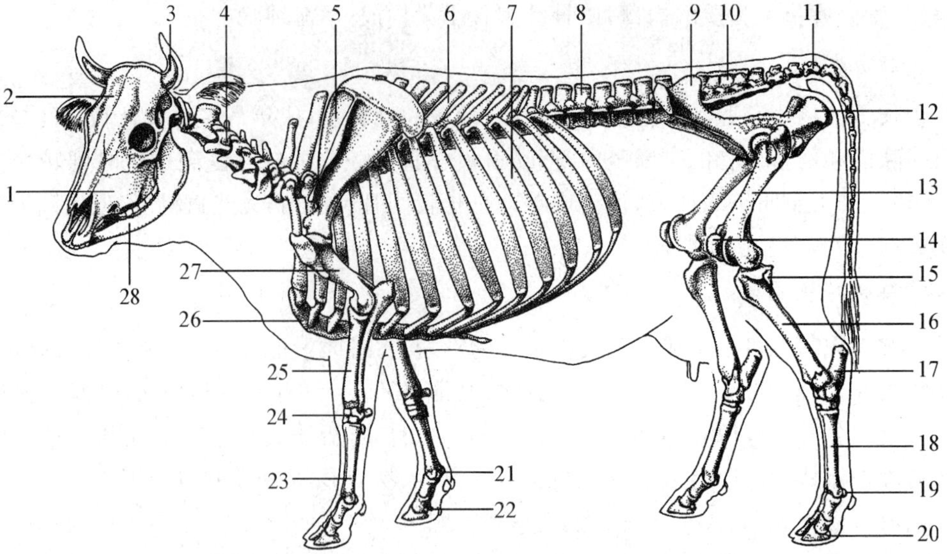

1.上颌骨　2.额骨　3.角突　4.颈椎　5.肩胛骨　6.胸椎　7.肋骨　8.腰椎　9.髂骨　10.荐骨　11.尾椎　12.坐骨　13.股骨　14.膝盖骨　15.腓骨　16.胫骨　17.跗骨　18.跖骨　19,21.近籽骨　20,22.远籽骨　23.掌骨　24.腕骨　25.桡骨　26.胸骨　27.肱骨　28.下颌骨

图 3-1　牛全身骨骼

（陈耀星，2010，畜禽解剖学，第 3 版）

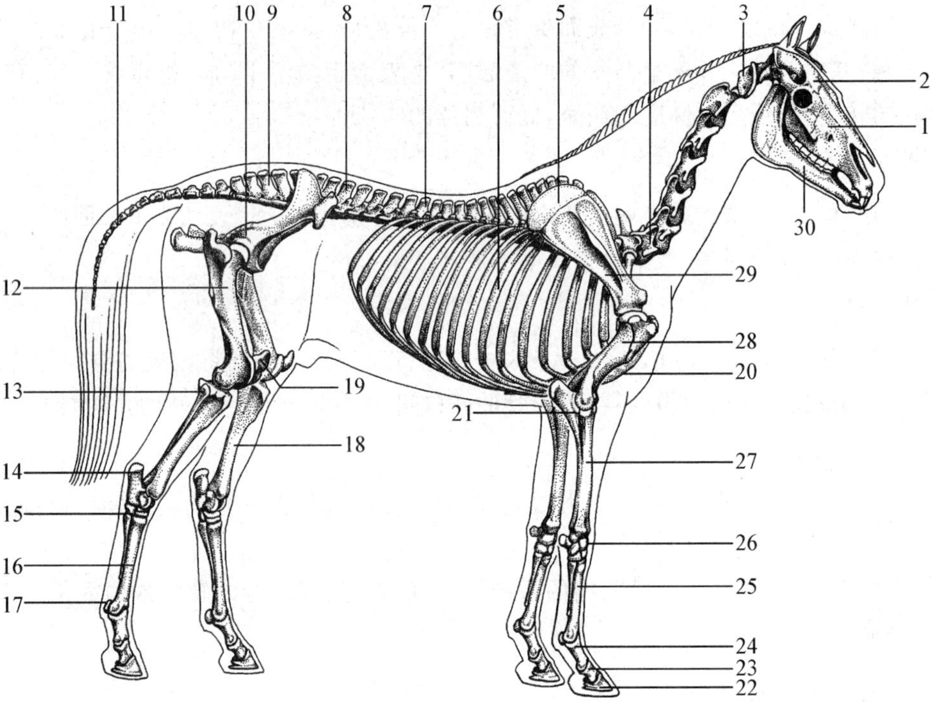

1.上颌骨　2.额骨　3.寰椎　4.第 7 颈椎　5.肩胛软骨　6.第 8 肋骨　7.胸椎　8.腰椎　9.荐椎　10.髋骨　11.尾椎　12.股骨　13.腓骨　14.跟结节　15.跗骨　16.跖骨　17.近籽骨　18.胫骨　19.膝盖骨　20.胸骨　21.尺骨　22.蹄骨　23.冠骨　24.系骨　25.掌骨　26.腕骨　27.桡骨　28.肱骨　29.肩胛骨　30.下颌骨

图 3-2　马全身骨骼

（陈耀星，2010，畜禽解剖学，第 3 版）

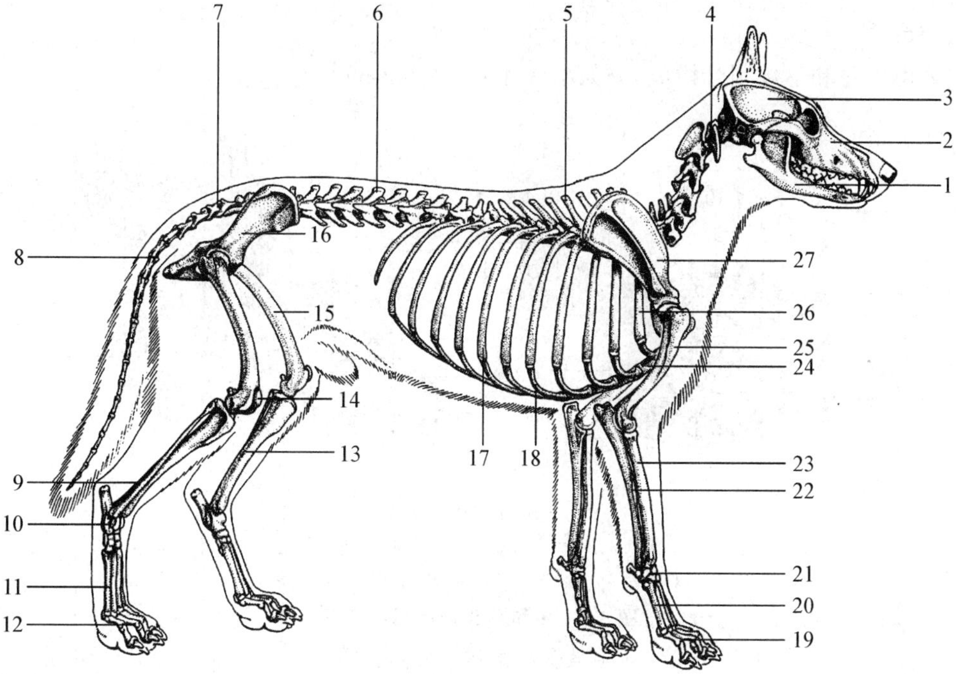

1.下颌骨　2.上颌骨　3.顶骨　4.寰椎　5.胸椎　6.腰椎　7.荐椎　8.尾椎　9.腓骨　10.跗骨　11.跖骨
12.趾骨　13.胫骨　14.膝盖骨　15.股骨　16.髂骨　17.第 8 肋骨　18.肋软骨　19.指骨　20.掌骨
21.腕骨　22.尺骨　23.桡骨　24.胸骨　25.肱骨　26.第 2 肋骨　27.肩胛骨

图 3-3　犬全身骨骼

(陈耀星,2010,畜禽解剖学,第 3 版)

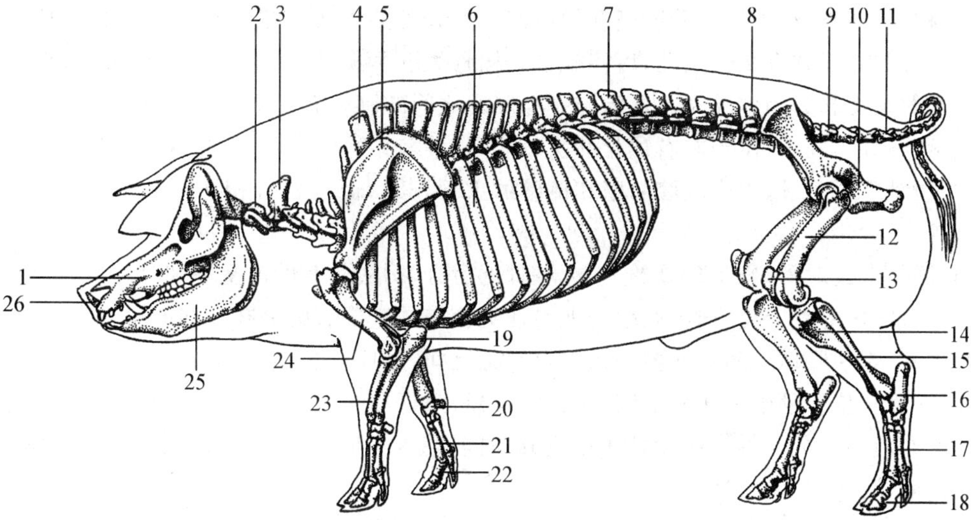

1.上颌骨　2.寰椎　3.枢椎　4.第 1 胸椎　5.肩胛骨　6.肋骨　7.第 1 腰椎　8.第 7 腰椎　9.荐骨
10.髋骨　11.尾椎　12.股骨　13.膝盖骨　14.胫骨　15.腓骨　16.跗骨　17.跖骨　18.趾骨
19.尺骨　20.腕骨　21.掌骨　22.指骨　23.桡骨　24.肱骨　25.下颌骨　26.吻骨

图 3-4　猪全身骨骼

(陈耀星,2010,畜禽解剖学,第 3 版)

(一)头骨

主要由扁骨和不规则骨构成,分为颅骨和面骨(图 3-5)。

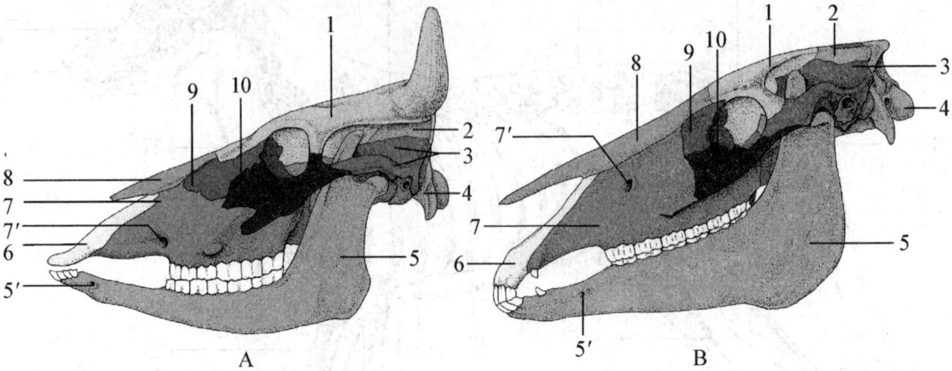

A. 牛 B. 马

1. 额骨 2. 顶骨 3. 颞骨 4. 枕骨 5. 下颌骨 5′. 颏孔 6. 切齿骨
7. 上颌骨 7′. 眶下孔 8. 鼻骨 9. 泪骨 10. 颧骨

图 3-5 牛和马头骨侧面示意图

(陈耀星,2010,畜禽解剖学,第 3 版)

1. 颅骨

颅骨是参与构成颅腔的骨骼。颅腔后壁和底壁后部由枕骨构成,两侧壁是颞骨,底壁前部是蝶骨。顶壁包括顶骨、顶间骨和颧骨的后部,颅腔和鼻腔之间是筛骨。其中的顶骨、额骨、颞骨是成对骨。

(1)枕骨 构成颅腔的后壁和底壁的后部。枕骨的后上方有横向的枕嵴。猪的枕嵴特别高大。枕骨的后下方有枕骨大孔,后接椎管。枕骨大孔两侧为枕髁,与寰椎成关节;枕髁外侧伸向腹侧的长突起为颈静脉突。枕髁与颈静脉突之间的窝内有舌下神经孔。

(2)顶间骨 较小,位于左右顶骨和枕骨之间,常与相邻骨结合,故外观不明显。

(3)顶骨 成对骨,构成颅腔后壁和侧壁的上部,其后面与枕骨相连,前面与额骨相连,两侧为颞骨。

(4)额骨 成对骨,位于顶骨的前方,鼻骨的后方,构成颅腔的前上壁和鼻腔的后上壁。额骨的外部有突出的眶上突,构成眼眶的上界。眶上突的基部有眶上孔。突的后方为颞窝;突的前方为眶窝,容纳眼球。额骨的内外板以及筛骨之间,形成额窦。

(5)筛骨 位于颅腔和鼻腔之间,包括垂直板、筛板和一对侧块。垂直板位于正中,将鼻腔后部分为左右两部分。侧块由筛骨迷路组成,向前突入鼻腔后部,侧块后方是多孔的筛板,构成颅腔的前壁。

(6)蝶骨 构成颅腔底壁的前部。由蝶骨体和两对翼(眶翼和颞翼)以及一对翼突组成,形如蝴蝶。其前缘与额骨及腭骨相连处有四个孔与颅腔相通。四个孔由上而下为筛孔、视神经孔、眶孔和圆孔,圆孔向后还以翼管通于后翼孔,这些孔、裂是血管和神经的通路。

(7)颞骨 成对骨,构成颅腔的侧壁。分鳞部和岩部。鳞部与顶骨、额骨及蝶骨相连。向外向前伸出颧突,与颧骨的颞突一起构成颧弓。颧突根部有髁状关节面,与下颌髁成关节。岩部位于鳞部和枕骨之间，是中耳和内耳的所在部位。

2. 面骨

面骨主要构成鼻腔、口腔和面部的支架，包括成对的鼻骨、泪骨、颧骨、切齿骨、上颌骨、腭骨、翼骨、鼻甲骨和不成对的犁骨、下颌骨和舌骨。

(1)鼻骨　位于额骨的前方，构成鼻腔顶壁的前部。

(2)泪骨　位于上颌骨的后背侧，眼眶底的内侧，其眶面有泪囊窝和鼻泪管的开口。

(3)颧骨　位于泪骨腹侧，构成眼眶的下界。向后方伸出颞突，与颞骨的颧突相连成颧弓。

(4)切齿骨　又称颌前骨，位于上颌骨前方，构成鼻腔的侧壁及口腔上壁的前部。骨体上有切齿齿槽，但牛无切齿齿槽。骨体向后伸出腭突和鼻突，腭突向后接上颌骨的腭突，鼻突与鼻骨之间形成鼻颌切迹。

(5)上颌骨　位于泪骨和颧骨的前方，构成鼻腔侧壁和大部分口腔的顶壁，几乎与面部各骨均接连。它向内侧伸出水平的腭突，将鼻腔与口腔分隔开。齿槽缘上具有臼齿齿槽，前方无齿槽的部分称为齿槽间缘。骨内有眶下管通过。骨的外面有面嵴和眶下孔。

(6)腭骨　位于上颌骨内侧的后方，形成鼻后孔的侧壁与硬腭的后部，可分为水平部和垂直部，分别构成硬腭和鼻后孔侧壁的骨质基础。

(7)翼骨　为窄的骨板，位于鼻后孔的两侧。

(8)鼻甲骨　两对卷曲的薄骨片，附着于鼻腔的两侧壁上，并将每侧鼻腔分为上、中、下 3 个鼻道。

(9)犁骨　位于鼻腔底面的正中，背侧呈沟状，接鼻中隔软骨和筛骨垂直板。

(10)下颌骨　为头骨中最大的骨，有齿槽的部分称为下颌骨体，下颌骨体之后没有齿槽的部分称为下颌支。下颌骨体呈水平位，前部为切齿齿槽，后部为臼齿齿槽。切齿齿槽和臼齿齿槽之间为齿槽间隙。下颌骨体外侧前部有颏孔。下颌支呈垂直位，上部有下颌髁，与颞骨的髁状关节面成关节。下颌髁之前有较高的冠状突。下颌支内侧面有下颌孔。两侧下颌骨体和下颌支之间形成下颌间隙(图 3-6)。

(11)舌骨　位于左、右下颌支之间，构成舌、咽和喉的支架。

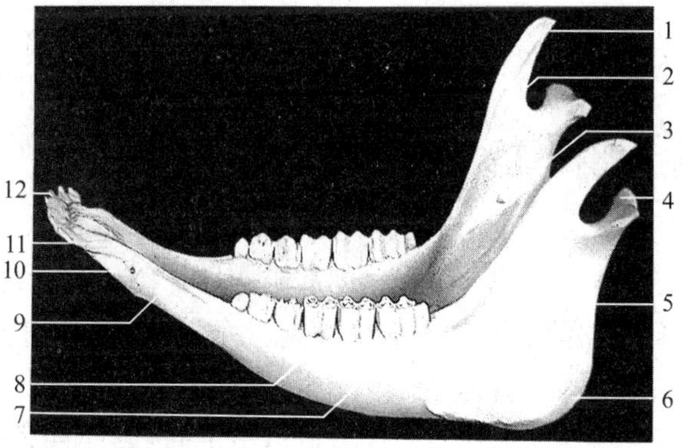

1. 冠突　2. 下颌骨切迹　3. 下颌孔　4. 下颌骨髁状突头　5. 咬肌窝
6. 下颌角　7. 下颌骨体臼齿部　8. 齿槽缘　9. 齿槽间缘
10. 颏孔　11. 下颌骨体切齿部　12. 切齿

图 3-6　牛下颌骨侧面

(陈耀星，2019，动物解剖学与组织胚胎学)

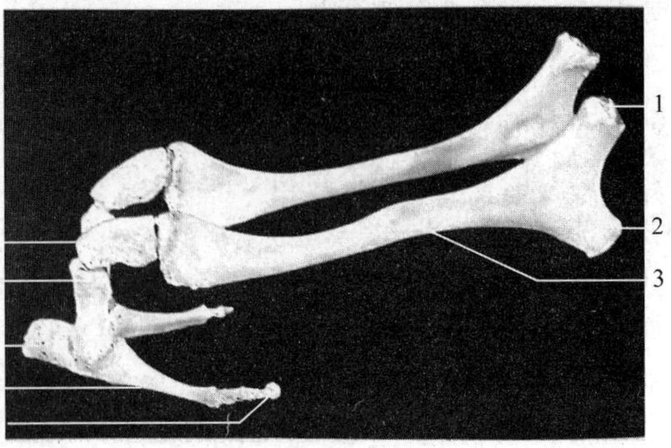

1.鼓舌骨 2.茎突角 3.茎突舌骨 4.甲状舌骨的软骨 5.甲状舌骨
6.底舌骨舌突 7.角舌骨 8.上舌骨

图 3-7 牛的舌骨

（陈耀星，2019，动物解剖学与组织胚胎学）

3.鼻旁窦

为一些头骨的内、外骨板之间的腔洞，可增加头骨的体积而不增加其重量，并对眼球和脑起保护、隔热的作用，因其直接或间接与鼻腔相通，故称为鼻旁窦。主要包括上颌窦和额窦。额窦主要位于额骨的内、外骨板之间，很大，并延伸至角窦和泪窦内，正中有完整的中隔将额窦分为左右两半，窦的前部有细的裂隙与筛鼻道相通。上颌窦主要位于上颌骨、泪骨和颧骨内。

4.各种动物头骨的特征

各种头骨的头骨差别较大，主要体现在：

(1)因各种动物脑的发育不同，颅腔大小、形态有差别，如马的头骨呈长椎状、猪呈椎状、牛的比马的短。

(2)动物的食性不同，牙齿的发育不同，面部的长短也不一样，如马、兔的面部较长，而犬、猫的则较短。

(3)眶窝发育情况、角的有无等也不一样，如牛的额骨上有角突、猪有吻骨等。

(二)躯干骨

躯干骨包括椎骨、肋和胸骨。

1.椎骨

按其位置分为颈椎、胸椎、腰椎、荐椎和尾椎。所有椎骨按从前到后的顺序排列，由软骨、关节、韧带连接在一起形成身体的中轴，有保护脊髓、支持头部、悬挂内脏、传递冲力等作用，称为脊柱。

(1)一般形态和构造　各部位椎骨的形态构造虽然不同，但都具有共同的基本构造，即由椎体、椎弓和突起组成(图 3-8)。椎体位于椎骨的腹侧，呈圆柱状，前端凸为椎头，后端凹为椎窝，相邻椎骨的椎头、椎窝成关节。椎骨背侧弓形的骨板为椎弓，其与椎体围成椎孔，椎孔相连构成椎管，内藏脊髓。椎弓基部的前、后缘左右两侧各有一缺刻，分别称椎前切迹和椎后切迹，相邻椎骨的椎前、椎后切迹围成椎间孔供血管神经通过。突起有 3 种，从椎弓基部向外水平伸出的突起称横突，自椎弓背侧中线向上伸出的突起称棘突，横突和棘突主要供肌肉附着；椎弓背侧缘前、后方带有关节面的突起为前、后关节突，相邻椎骨的前、后关节突构成关节。

不同动物椎骨的数目不同，如牛的脊柱由49～51枚椎骨组成，犬的由50～53枚椎骨组成。

(2)各部椎骨的特点

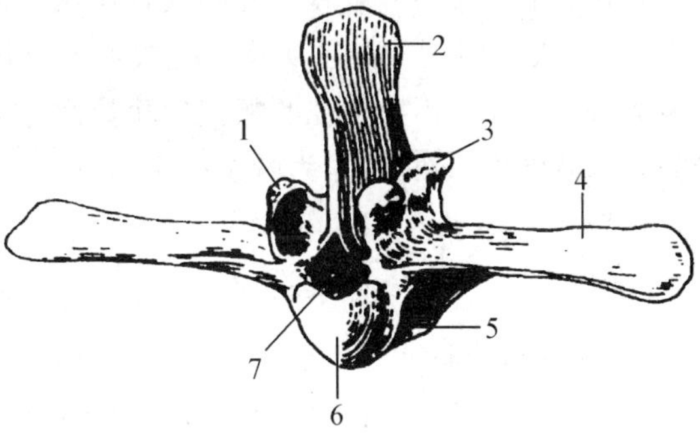

1.前关节突　2.棘突　3.后关节突
4.横突　5.椎体　6.椎头　7.椎孔

图3-8　椎骨的基本构造

(陈耀星，2010，畜禽解剖学，第3版)

①颈椎　一般为7枚。第1颈椎也称寰椎，呈环形，由背侧弓、侧块和腹侧弓组成；前端有成对的关节窝，与枕髁成关节，后端有鞍状关节面，与枢椎成关节；横突呈板状，称寰椎翼，其腹侧凹，称寰椎窝。寰椎翼背侧面前部有一对孔，内侧的为椎外侧孔，外侧的为翼孔，牛寰椎翼无横突孔。第2颈椎也称枢椎，椎体最长，棘突发达呈板状；横突不分支，基部有小的横突孔，其前上方有大而圆的椎外侧孔；椎体前端有呈半圆形的齿突，与寰椎成关节；第3～5颈椎的形态相似，椎头、椎窝明显，有腹侧嵴；棘突短小，向前倾斜；关节突发达，关节面平坦；横突分为2支，腹侧支伸向前下方，背侧支伸向后上方，横突基部有横突孔，彼此相连形成横突管，内有椎动脉、神经通过。第6颈椎的主要特点是椎体短，棘突较长，无腹侧嵴，横突背侧支向外侧伸出，腹侧支呈宽板状，垂直伸向腹侧。第7颈椎的主要特点是棘突较长，无横突孔，椎窝两侧有与肋骨头成关节的肋凹。

②胸椎　牛、羊13枚，猪13～16枚，马18枚，犬、猫12～14枚，兔12枚。椎体大小较一致。椎体较短，椎头椎窝不明显，椎头的两侧有前肋凹，椎窝的两侧有后肋凹，最后胸椎无后肋凹，相邻椎体之间有椎间孔和椎外侧孔。棘突发达，以第2～6枚(牛)或第3～5枚(马)胸椎的棘突最高，是构成鬐甲的基础。横突短，腹侧有横突肋凹。

③腰椎　牛6枚，马和猪5～7枚，驴和骡常为5枚，羊6～7枚，犬、猫和兔为7枚。椎头椎窝不明显，棘突高度与最后胸椎相似，横突长，向两侧水平伸出。

④荐椎　牛和马均为5枚，驴常为6枚，羊、兔和猪4枚，犬和猫3枚，是构成骨盆腔顶壁的基础。成年动物的荐椎愈合成荐骨。荐骨前端两侧的突出部为荐骨翼。第1荐椎椎体腹侧缘前端的突出部为荐骨岬。荐骨的背面和盆面每侧各有4个孔，分别叫荐背侧孔和荐盆侧孔，是血管和神经的通路。牛的荐骨愈合较完全，腹侧面凹，荐盆侧孔也大，棘突顶端愈合形成粗厚的荐骨正中嵴。马的荐骨呈三角形，棘突未愈合。猪的荐骨愈合较晚，棘突不发达。

⑤尾椎　数目变化大，牛有18～20枚，马有15～21枚，羊有13～24枚，猪、犬有20～23枚，兔有10枚。除前3或4枚尾椎具有椎骨的一般构造外，其余尾椎椎弓、棘突和横突逐渐退化，仅保留椎体。牛前几个尾椎椎体腹侧有成对腹棘，中间形成一血管沟，供尾中动脉通过。

2.肋

肋分为背侧的肋骨和腹侧的肋软骨。肋骨为弓形长骨，构成胸廓的侧壁，左右成对。其对数与胸椎数目相同：牛、羊13对，马18对，猪13～16对，犬12～14对。肋骨的椎骨段(近端)有肋骨小头和肋结节，分别与相应的胸椎椎体和横突成关节。相邻肋骨间的空隙称为肋间隙。

每一肋骨的下端接一肋软骨。经肋软骨与胸骨直接相连的肋骨称为真肋。一般动物的真肋有8对，但猪、犬分别是7对和9对。肋软骨不与胸骨直接相连，而是连于前一肋软骨上的肋骨称为假肋。肋软骨不与其他肋相接的肋骨称为浮肋。最后肋骨和各假肋的肋软骨依次连接形成的弓形结构称为肋弓，作为胸廓的后界。

3.胸骨

位于胸底部，由6～8个胸骨节片借软骨连接而成。其前端为胸骨柄；中部为胸骨体，两侧有肋窝，与真肋的肋软骨相接；后端为剑状软骨。牛的胸骨较长，呈上下压扁状，无胸骨嵴。马的胸骨呈舟形，前部左右压扁，有发达的胸骨嵴，后部上下压扁。猪的胸骨与牛的相似，但胸骨柄明显突出。

4.胸廓

由背侧的胸椎、两侧的肋和腹侧的胸骨组成的前窄后宽的锥形腔体。前口呈纵的椭圆形，由第1胸椎、第1对肋和胸骨柄组成，后口宽大倾斜，由最后胸椎、最后一对肋、肋弓和剑状软骨组成。马的胸廓前部两侧显著压扁，向后逐渐扩大。牛的胸廓较马的短。

(三)前肢骨

前肢骨由肩胛骨、肱骨、前臂骨(桡骨、尺骨)、前脚骨(腕骨、掌骨、指骨和籽骨)组成。

1.肩胛骨

位于胸廓前部的两侧，属肩带部骨。为三角形的扁骨，有2个面、3个缘和3个角(图3-9)。

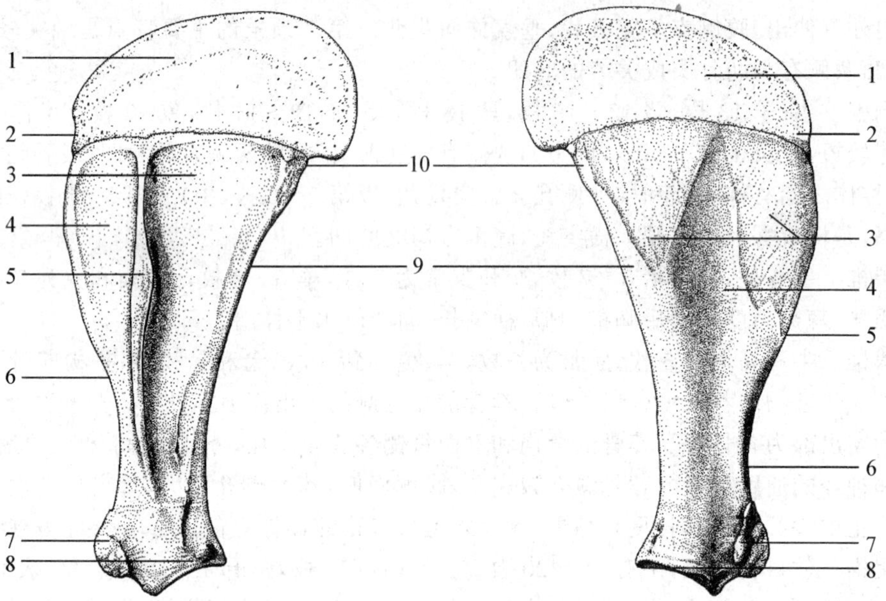

A.外侧面　1.肩胛软骨　2.前角　3.冈下窝　4.冈上窝　5.冈结节
6.肩胛切迹　7.盂上结节　8.关节盂　9.后缘　10.后角
B.内侧面　1.肩胛软骨　2.前角　3.锯肌面　4.肩胛下窝　5.前缘
6.肩胛切迹　7.盂上结节　8.关节盂　9.后缘　10.后角

图3-9　马左肩胛骨示意图

(陈耀星，2010，畜禽解剖学，第3版)

外侧面有纵行的嵴叫肩胛冈。牛、兔和猫的肩胛冈远端突出明显，称为肩峰，马的肩胛冈发达，中部有较粗厚的冈结节。除肉食动物外，所有家畜的肩胛冈均有冈结节。猪的冈结节特别发达且弯向后方，肩峰不明显。肩胛冈的前上方和后下方分别为冈上窝和冈下窝；内侧面的中部有大而浅的肩胛下窝，在窝的上方，前后各有一粗糙的锯肌面。前缘薄，后缘厚，背侧缘附着肩胛软骨。腹侧角(远端)后部有圆形的浅窝称关节盂(肩臼)，与臂骨头形成肩关节，关节盂前上方的突起叫盂上结节(肩胛结节)，其内侧的突起称喙突。

2. 肱骨(臂骨)

位于胸廓两侧的前下部。呈略扭曲的管状长骨，分骨体和两端。近端后方有臂骨头，其前部两侧有大(外侧)、小(内侧)结节、两结节之间的沟称臂二头肌沟(图 3-10)。骨体外侧面从后上方经外侧转向前下方的螺旋状的臂肌沟，外侧上部有三角肌粗隆，内侧中部有卵圆形的大圆肌粗隆。远端有内、外侧髁。髁间有肘窝。马的三角肌粗隆发达，而牛、羊、猪的则不发达，但大结节粗大。

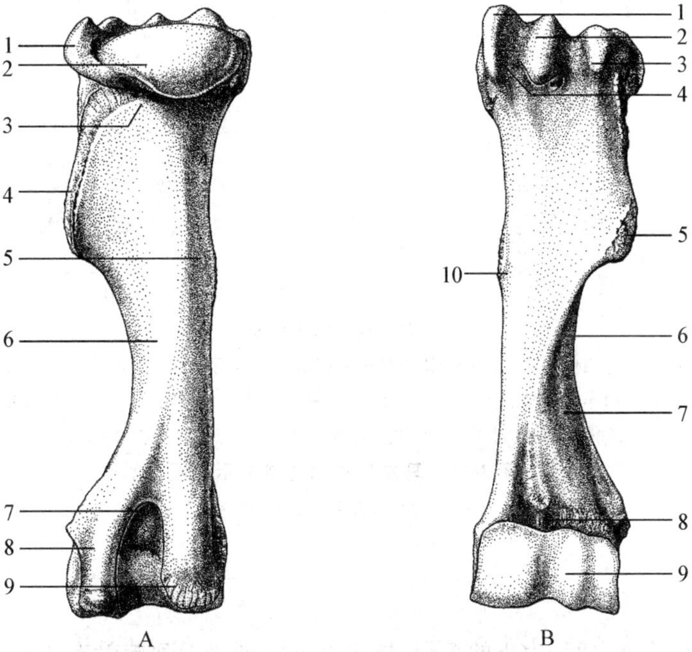

A.后面　1.大结节　2.肱骨头　3.肱骨颈　4.三角肌粗隆　5.大圆肌粗隆　6.肱骨体　7.肘窝　8.外侧上髁　9.内侧上髁

B.前面　1.小结节　2.中间结节　3.大结节　4.二头肌沟　5.三角肌粗隆　6.肱骨嵴　7.臂肌沟　8.桡骨窝　9.肱骨髁　10.大圆肌粗隆

图 3-10　马左肱骨示意图

(陈耀星，2010，畜禽解剖学，第 3 版)

3. 前臂骨

包括桡骨和尺骨(图 3-11)。桡骨位于前内侧，尺骨位于后外侧。马、牛、羊，桡骨发达；尺骨显著退化，仅近端发达，骨体向下逐渐变细，与桡骨愈合，近侧有间隙，称前臂骨间隙。尺骨近端突出部称肘突。猪、犬、兔和鼠等动物的尺骨比桡骨长，两骨之间有较大的间隙。

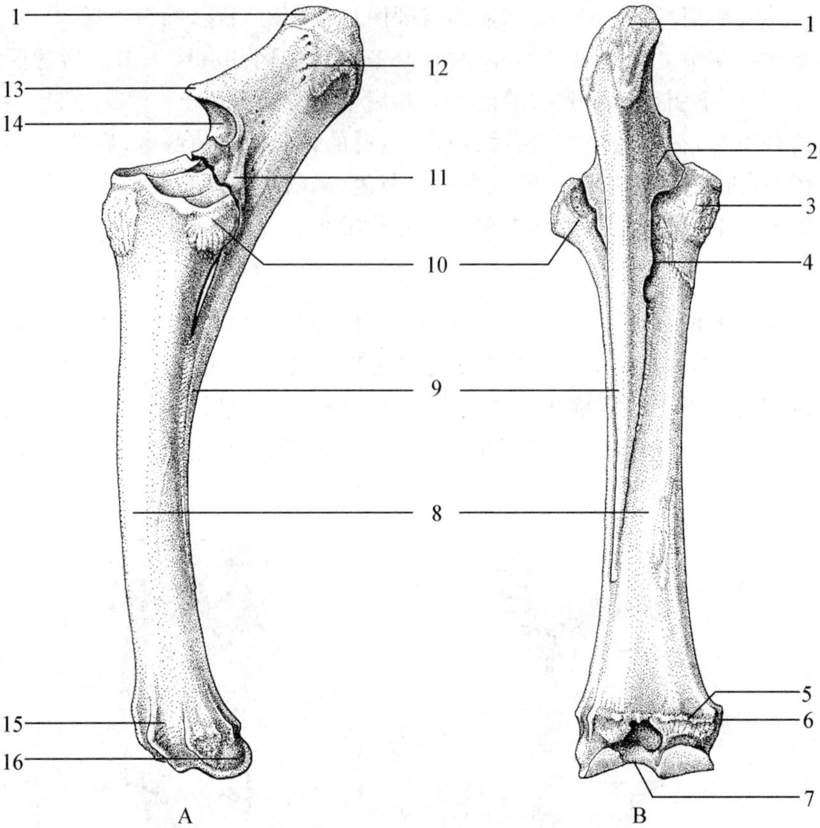

A.外侧面　B.内侧面

1.鹰嘴结节　2.内侧冠突　3.韧带附着的内侧隆起　4.前臂骨间隙　5.横嵴　6.内侧茎突　7.桡骨滑车　8.桡骨干　9.尺骨干　10.韧带附着的外侧隆起　11.外侧冠突　12.鹰嘴　13.肘突　14.滑车切迹　15.腱沟　16.尺骨外侧茎突

图 3-11　马左尺骨和左桡骨示意图

（陈耀星，2010，畜禽解剖学，第 3 版）

4.腕骨

位于前臂骨与掌骨之间，为小的短骨，排成上下两列。近列腕骨有 4 枚，自内向外依次为桡腕骨、中间腕骨、尺腕骨和副腕骨；但犬仅有 3 枚，其桡腕骨和中间腕骨愈合为 1 块。远列腕骨一般为 4 枚，自内向外依次为第 1、第 2、第 3 和第 4 腕骨，如猪和犬。但牛缺第 1 腕骨，且第 2 和第 3 腕骨愈合；马的第 1 和第 2 腕骨愈合为 1 块。

5.掌骨

为长骨，近端接腕骨，远端接指骨，由内向外分别称为第 1、第 2、第 3、第 4 和第 5 掌骨。

不同动物的掌骨形态各异：肉食动物的第 3 和第 4 掌骨最长，第 2 和第 5 掌骨较短，第 1 掌骨最短。猪的第 3 和第 4 掌骨发育良好，第 2 和第 5 掌骨变小，第 1 掌骨缺失。反刍动物的第 3 和第 4 掌骨的近端和中部联合形成大掌骨，远端分离，与近端指节骨成关节；第 5 掌骨变小，称为小掌骨；第 1 和第 2 掌骨缺失。马只有第 3 掌骨完全发育，形成单指；第 2 和第 4 掌骨退化为小掌骨，第 1 和第 5 掌骨缺失。

6.指骨

一般每一指骨从上至下依次为系骨(近指节骨)、冠骨(中指节骨)和蹄骨(远指节骨)。蹄骨近端前缘突出,称伸腱突;底面凹且粗糙,称屈腱面。牛、羊有4指,第3、第4指发育完全,每指有三节;第2、第5指仅2节,包括系骨和蹄骨,又称悬蹄。马只有第3指。猪有4指,第3和第4指发达,第2、第5指小。犬猫兔和鼠有5指,但第1指仅2节。

7.籽骨

一般每指有3枚籽骨,包括近籽骨和远籽骨。近籽骨位于掌骨远端掌侧,2枚。远籽骨位于冠骨和蹄骨交界部掌侧,1枚。但牛的悬指无籽骨,猪的第2、第5指仅有1对近籽骨。犬的籽骨特殊,包括掌籽骨、近籽骨和背侧籽骨,其中掌籽骨1枚,位于桡腕骨后内侧处,近籽骨9枚,第1掌骨远端掌侧1枚,第2～5掌骨各2枚,背侧籽骨5枚,位于第2～5掌指关节囊背侧。

8.牛、猪、马、犬前肢骨骼的比较

肩胛骨比较肩胛冈和冈结节的形态、肩峰的有无;肱骨比较大结节和小结节的形态、结节间沟的形态、圆肌粗隆的发达程度等;前臂骨比较尺骨的发达程度、前臂骨间隙的数目等;腕骨比较数目(猪8块,马和犬7块,牛6块);掌骨比较数目(犬5块,猪4块,牛和马3块);指骨和籽骨比较数目(犬5指,猪和牛4指,马1指)。

(四)后肢骨

后肢骨由髋骨(髂骨、耻骨、坐骨)、股部骨骼(股骨、髌骨)、小腿骨(胫骨、腓骨)、后脚骨(跗骨、跖骨、趾骨和籽骨)组成。

1.髋骨

由髂骨、耻骨、坐骨组成(图3-12)。

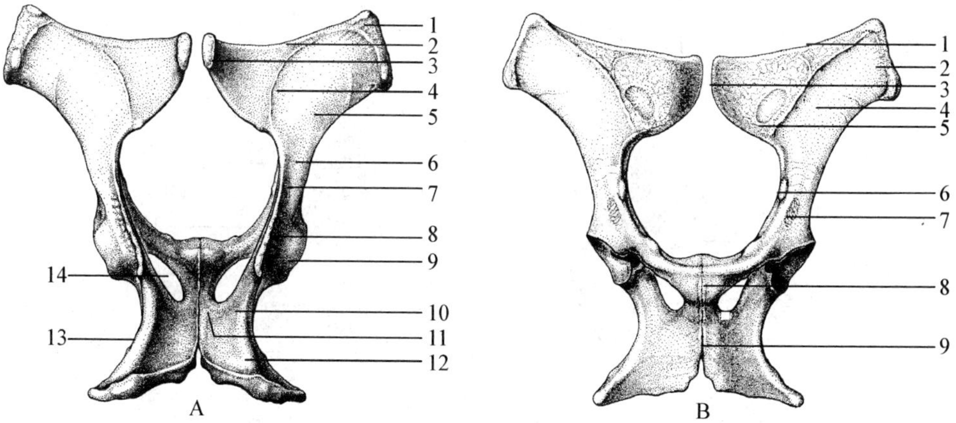

A.背侧面　1.髋结节　2.髂嵴　3.荐结节　4.臀线　5.髂骨翼　6.髂骨体　7.坐骨大切迹　8.坐骨棘　9.髋臼　10.坐骨体　11.坐骨支　12.坐骨板　13.坐骨小切迹　14.闭孔

B.腹侧面　1.髂嵴　2.髋结节　3.荐结节　4.髂肌面　5.耳状关节面　6.腰小肌结节　7.髂骨体　8.耻骨联合　9.坐骨联合

图3-12　马髋骨

(陈耀星,2010,畜禽解剖学,第3版)

(1)髂骨　分为前上方的髂骨翼和后下方的髂骨体。髂骨翼宽而扁,呈三角形。髂骨翼的外侧角称髋结节,内侧角称荐结节。

(2)耻骨　构成骨盆底的前部。由耻骨体和两个耻骨支构成,与坐骨之间围成大而呈卵圆形的闭孔。耻骨体为连接髂骨体和坐骨体的部分,三者共同参与构成髋臼。双侧耻骨支在中线相接形成骨盆联合的前部,即耻骨联合。

(3)坐骨　构成骨盆底壁后部。坐骨后外侧角粗大称坐骨结节,两侧坐骨后缘形成坐骨弓。两侧坐骨在中线相接形成骨盆联合的后部,即坐骨联合。

(4)髋臼　为深的关节窝,由髂骨、耻骨和坐骨构成,与股骨成关节。

(5)骨盆　由背侧的荐骨、前3块尾椎、两侧的髂骨和荐结节阔韧带及腹侧的耻骨和坐骨围成。骨盆前口由背侧的荐骨岬、两侧的髂骨体和腹侧的耻骨前缘围成,后口由背侧的第3尾椎、两侧荐结节阔韧带的后缘和坐骨弓围成。注意公、母畜骨盆的差异。

2.股骨

股骨为管状长骨(图3-13)。近端粗大,内侧是球状的股骨头,与髋臼成关节,股骨头的中

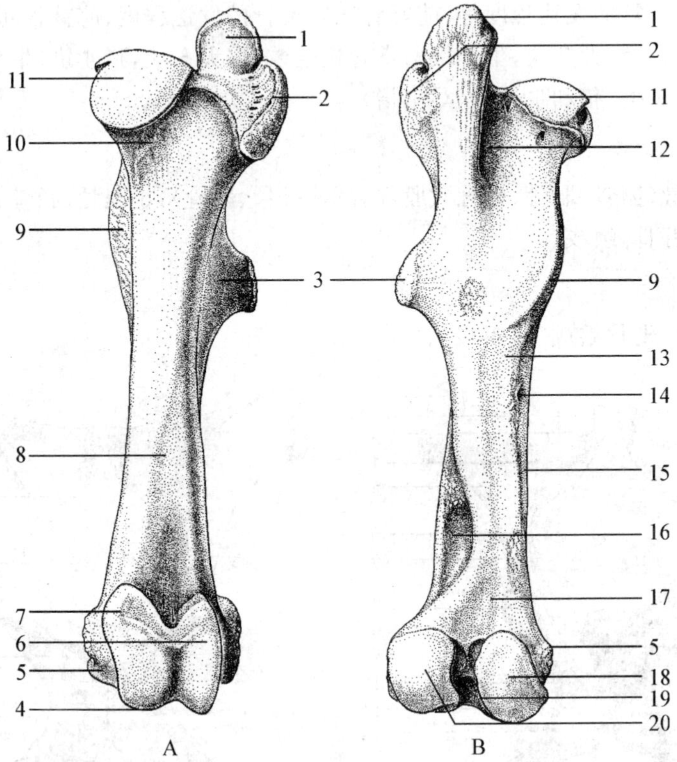

A.前面观　B.后面观

1.大转子后部　2.大转子前部　3.第3转子　4.股骨滑车　5.内侧上髁　6,20.外侧髁　7.股骨滑车结节　8.股骨干　9.小转子　10.股骨颈　11.股骨头　12.转子窝　13.粗糙面　14.滋养孔　15.内侧缘　16.髁上窝　17.腘肌面　18.内侧髁　19.髁间窝

图3-13　马左股骨

(陈耀星,2019,动物解剖学与组织胚胎学)

央有一凹陷称头窝，供圆韧带附着；外侧有粗大的突起称大转子。骨干呈圆柱状，内侧近 1/3 处的嵴称为小转子；外侧缘在与小转子相对处有一较大的突称第 3 转子。牛、猪和犬的第 3 转子不明显，马的第 3 转子发达。股骨远端粗大前部是滑车关节面，由内侧嵴和外侧嵴组成，内侧嵴高，与膝盖骨成关节；后部由股骨内外侧髁构成，与胫骨成关节，在两髁间有深的髁间窝，而髁内、外侧的上方有内外侧上髁，供肌肉、韧带附着。

3. 髌骨

髌骨又称膝盖骨，位于股骨远端的前方，呈楔状。膝盖骨的前面粗糙，供肌腱、韧带附着，后面为与股骨滑车形成关节的关节面。

4. 小腿骨

小腿骨包括胫骨和腓骨。胫骨位于内侧，粗大，为三棱柱状长骨。近端粗大，有胫骨内、外侧髁，与股骨髁成关节。骨干为三面体，背侧缘隆起，称胫骨嵴。远端有螺旋状滑车，与距骨成关节。腓骨细小，位于胫骨近端外侧。腓骨近端较大，称腓骨头，远端细小。在牛、羊，腓骨退化，仅有两端，无骨体，其远端腓骨又称踝骨。猪、犬的腓骨发达。

5. 跗骨

由数枚短骨构成，位于小腿骨与跖骨之间。各种家畜跗骨的数目不同，但一般分为近、中、远 3 列。近列有 2 枚，内侧是距骨(胫跗骨)，外侧是跟骨(腓跗骨)。跟骨近端粗大，称跟结节。中列仅有 1 枚中央跗骨。远列由内向外依次是第 1、第 2、第 3 和第 4 跗骨。牛、羊的跗骨共 5 枚，第 2、第 3 跗骨愈合，第 4 跗骨与中央跗骨愈合；马的跗骨共 6 枚，第 1、第 2 跗骨愈合；猪、犬共有 7 枚跗骨。

6. 跖骨

与前肢掌骨相似，但较细长。

7. 趾骨

分系骨、冠骨和蹄骨，与前肢指骨相似，犬缺第 1 趾。

8. 籽骨

位置、形态与前肢籽骨相似。

9. 比较牛、猪、马、犬后肢骨骼的差异

主要比较髂骨、坐骨结节、髋臼、骨盆的形态、股骨、大转子、第 3 转子、转子嵴、胫骨粗隆、腓骨、跗骨(猪、犬 7 块，马 6 块，牛 5 块)、跖骨(犬 5 块、猪 4 块，牛和马 3 块)、趾骨和籽骨(犬通常 4 趾，也有 5 趾的；猪和牛 4 趾，马 1 趾)(图 3-14)。

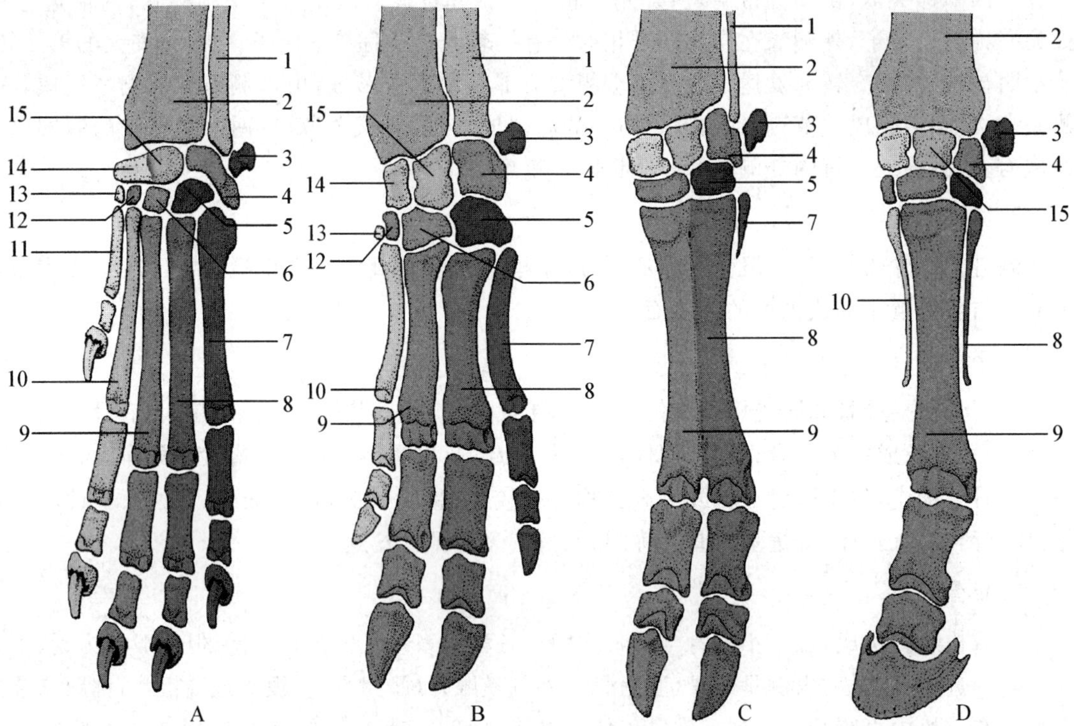

A.犬　B.猪　C.牛　D.马

1.尺骨　2.桡骨　3.副腕骨　4.尺腕骨　5.第4腕骨　6.第3腕骨　7.第5掌骨　8.第4掌骨　9.第3掌骨　10.第2掌骨　11.第1掌骨　12.第2腕骨　13.第1腕骨　14.桡腕骨　15.中间腕骨

图3-14　不同动物前脚骨示意图

（陈耀星，2019，动物解剖学与组织胚胎学）

任务3-2　全身骨连结

【学习任务单】

一、学习目标

1.了解骨连结的概念、类型和关节的运动，掌握关节的构造。

2.熟记四肢关节的名称，掌握前肢腕关节和系关节，以及后肢膝关节和跗关节的构造特点。

3.比较牛、猪、马、犬等动物的关节形态结构的异同。

二、学习资源

1.动物全身关节标本。

2.教材。

3.信息化教学资源。

三、学习任务

1. 通过关节标本,观察关节的构造。
2. 观察颞下颌关节的组成及运动形式。
3. 观察寰枕关节、寰枢关节、椎间盘、棘上韧带以及肋椎关节、肋胸关节的结构。
4. 观察前肢肩关节、肘关节、腕关节和指关节的构成及运动形式。
5. 观察后肢荐髂关节、髋关节、膝关节、跗关节和趾关节的构成及运动形式。

【相关知识】

一、骨连结概述

(一)骨连结的类型

骨连结是指骨与骨之间借纤维结缔组织、软骨或骨组织的连结。根据骨间连结及其运动形式不同,可分为直接连结和间接连结两大类。

1. 直接连结

骨连结间由结缔组织、软骨或骨直接相连,无腔隙,不活动或有少许活动,具有保护和支持功能。由于骨连结间组织的不同,可分为纤维连结和软骨连结。

(1)纤维连结　两骨间借纤维结缔组织相连,连结牢固,一般无活动性,因此又称不动连结。这种连结有缝和韧带连结两种方式,如头骨诸骨之间的缝,椎弓间的黄韧带以及桡骨与尺骨间的韧带连结等。纤维连结常随年龄的增长而骨化,成为骨性连结,不再具有活动性。

(2)软骨连结　两骨间借软骨组织相连,具有弹性和韧性,能微量活动或基本不活动,故又称微动连结。软骨连结包括两种形式:透明软骨连结,如长骨的骨干与骺之间的结合,这种连结一般为暂时性的,随着年龄增长逐渐骨化,成为骨性连结;纤维软骨连结,如椎体间的椎间盘和骨盆联合等,这种连结在正常情况下一般不骨化。

2. 间接连结

间接连结又称滑膜连结,简称关节,是骨连结的最高分化形式,也是骨连结中较普遍的一种形式。其特点是骨与骨之间借由结缔组织构成的关节囊相连,不直接相连,其间有腔隙,周围有滑膜包围,活动度较大。

(二)关节的结构

关节的结构包括基本结构和辅助结构两部分。

1. 关节的基本结构

动物体内任何关节均具备下列基本结构:关节面、关节软骨、关节囊、关节腔和血管、神经与淋巴管等(图 3-15)。

(1)关节面和关节软骨　关节面是组成关节的骨与骨相对的光滑面。关节面均覆盖有一层光滑的透明软骨,称关节软骨,富有弹性,具有减少摩擦和缓冲外力冲击的作用。关节软骨不含血管、淋巴管和神经,其营养由滑液和滑膜层血管渗透获得。关节面的形状多样,但大多一凹一凸,主要是适应关节的运动。动物常见的关节面形态有窝形、球形髁状和滑车状,运动

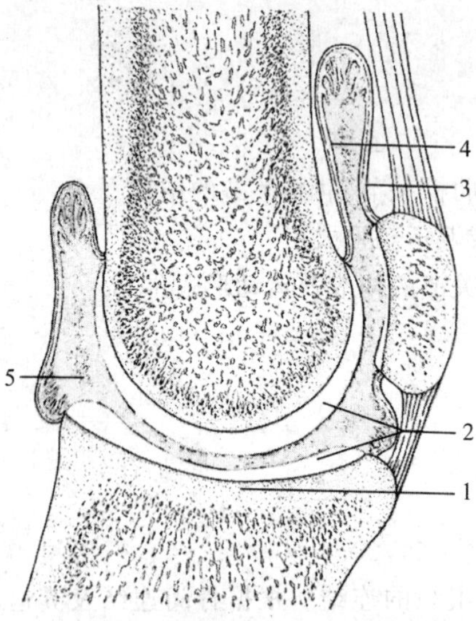

1.关节面　2.关节软骨　3.关节囊纤维层
4.关节囊滑膜层　5.关节腔

图 3-15　关节构造模式图

(陈耀星,2019,动物解剖学与组织胚胎学)

范围较大;少数关节面呈平面,运动范围较小,主要起支持作用。

(2)关节囊　是由结缔组织构成的囊,附着于关节面周缘及其附近的骨面上。关节囊壁由外层的纤维层和内层的滑膜层构成。纤维层由致密结缔组织构成,周缘与骨膜相延续,厚而坚韧,其厚度与关节的功能相适应,有保护作用。滑膜层由疏松结缔组织构成,薄、柔软而光滑,与关节软骨围成密闭的关节腔。滑膜具有丰富的毛细血管网,向关节腔内形成皱褶和绒毛,能分泌滑液到腔内,润滑关节缓冲震动,并营养关节软骨和排出代谢产物。关节囊有丰富的血管、淋巴管和神经分布。关节囊的厚薄和紧张度与关节的稳固性和灵活性有关。如关节负重较大,关节囊坚厚而紧张,比较稳固而灵活性较差;如关节运动灵活,则关节囊薄而松弛。

(3)关节腔　是由关节软骨与滑膜层围成的密闭腔隙,腔内含少量滑液,可减少关节运动的摩擦。关节腔内为负压,这对关节的运动和维持关节的稳定性都有一定作用。

(4)血管、淋巴管及神经　关节囊各层均有丰富的血管、神经和淋巴管网分布。关节的动脉来自附近动脉的分支,神经也来自附近神经的分支,滑膜层有丰富的神经纤维分布,并有特殊的感觉神经末梢分布,如环层小体。

2.关节的辅助结构

部分关节为适应特殊功能而形成了一些结构。关节辅助结构主要包括韧带、关节盘和关节唇。

(1)韧带　见于多数关节,由致密纤维结缔组织束构成,有囊外韧带和囊内韧带两种。位于关节囊之外的称囊外韧带,其中位于关节两侧的称内外侧副韧带;位于关节囊壁的纤维层与滑膜层之间的称囊内韧带,如髋关节的圆韧带。位于骨间的称为骨间韧带。韧带可增强关节的稳固性,并可限定关节的运动。

(2)关节盘　是位于两关节面之间的纤维软骨板或致密结缔组织,中间较薄,周缘略厚,其周缘附着在关节囊内面,将关节腔分隔为两部分,使关节变成复关节,关节的运动范围得以扩大,同时它可使两关节面更加吻合,并有缓冲震动的作用。关节盘多呈圆盘形,如椎体间的椎间盘,但膝关节中的关节盘呈半月形,称半月板。

(3)关节唇　指附着在关节窝周缘的纤维软骨环,具有加深关节窝、扩大关节面、增强关节稳固性的作用,如髋臼周缘的缘软骨。

(三)关节的运动

关节的运动形式与关节面的形状及韧带的分布有密切的关系。关节的运动有下列4种。

(1)滑动　是关节最简单的运动形式,一个关节面在另一个关节面上滑动,如股膝关节。

(2)屈和伸运动　是关节沿横轴进行的运动。运动时构成关节的两骨的角度发生变化，关节角度变小的运动称屈；相反，关节角度增大的运动为伸。

(3)内收和外展运动　是关节沿纵轴进行的运动。运动时骨向正中矢状面靠的运动称内收；反之，使骨远离正中矢状面的运动为外展。

(4)旋转　即骨围绕垂直轴进行的运动。骨运动时，向前内侧旋转称旋内；反之，向后外侧旋转称旋外。

(四)关节的类型

1.根据构成关节的骨的数目分类

分为单关节和复关节。单关节仅由两枚骨连结形成，如肩关节。复关节有以下两种形式：(1)由两枚以上的骨构成，如腕关节。(2)在两枚骨间夹有关节盘，如股胫关节。

2.按照关节运动轴的数目分类

分为单轴关节、双轴关节和多轴关节三类。

(1)单轴关节　只有一个运动轴，只能沿一个轴做屈伸运动，如肩、肘等关节。

(2)双轴关节　有两个互相垂直的运动轴，既能围绕横轴做屈、伸运动，又能围绕纵轴左右摆动，如寰枕关节。

(3)多轴关节　具有 3 个互相垂直的运动轴，可做各种方向的运动。根据关节面的不同可分为两种形式：一是关节面呈球、窝状，如髋关节，能做伸、屈、内收、外展运动和旋转运动；二是平面关节，如腕骨间关节。

二、全身骨连结

(一)头骨的连结

头骨连结多为直接连结，颅顶大部分形成骨缝，颅底各骨间为软骨连结或骨性连结，其特点是彼此间结合较为牢固，不能活动。随着年龄增长，有的骨缝可发生骨化而成为骨性连结。舌骨借韧带与颅底连结。

颞下颌关节又称下颌关节，是颅骨间唯一一对滑膜连结。由颞骨颧突腹侧关节面与下颌髁构成，有关节囊和侧副韧带。关节囊松弛，包于关节的周围；侧副韧带附着在关节的外侧，以加固关节的连结。此外，关节面之间有纤维软骨板，为横椭圆形，中央薄，周缘厚，并附着于关节囊，将关节腔分为上、下两部分。

颞下颌关节属于联动关节，同时运动，可进行开口、闭口和侧运动。

(二)躯干骨的连结

躯干骨的连结包括脊柱连结和胸廓连结。

1.脊柱连结

躯干骨的一系列椎骨借骨连结形成脊柱构成动物体的中轴，也是动物体的支柱，起支撑颅部、支持体重、保护脊髓及运动躯干的功能。

脊柱连结包括椎体间连结、椎弓间连结、寰枕关节和寰枢关节。

(1)椎体间连结　为相邻椎骨的椎头和椎窝借纤维软骨和韧带相连结。但是，寰枕关节和寰枢关节缺少纤维软骨。纤维软骨呈圆盘状，称椎间盘(图 3-16)。盘的中央为柔软而富有弹性的髓核，外周是纤维环，为胚胎时期脊索的遗迹。椎间盘具有弹性，在运动时起缓冲作用。椎间盘越厚的部位，活动范围越大，颈部和尾部的椎间盘厚，所以活动性也较大。

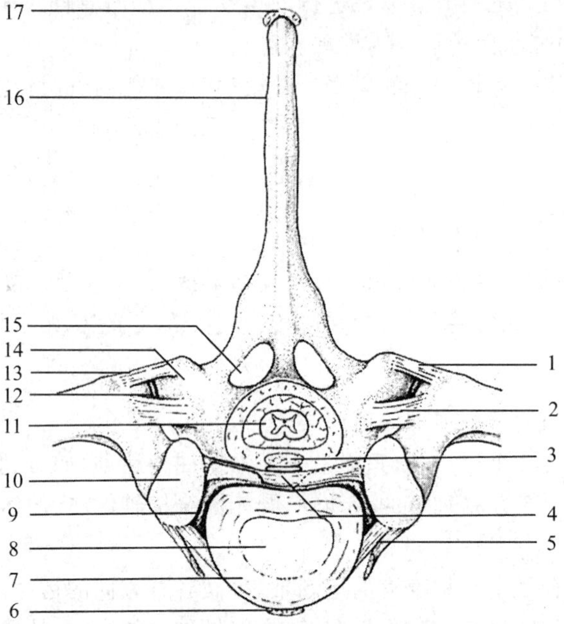

1.结节韧带　2.肋横突韧带　3.背侧纵韧带和滑液囊　4.肋头间韧带　5.头韧带　6.腹侧纵韧带
7.纤维环　8.髓核　9.肋头关节　10.肋头　11.脊髓　12.肋横突关节　13.肋结节
14.横突　15.前关节突　16.棘突　17.棘上韧带

图 3-16　椎间盘示意图

（陈耀星，2010，畜禽解剖学，第 3 版）

主要韧带有背纵韧带和腹纵韧带。背纵韧带位于椎管的底壁，由枢椎向后伸延，止于荐骨，有防止椎间盘脱出的作用；腹纵韧带位于椎体和椎间盘的腹侧，起始于第 7 胸椎，止于荐骨的骨盆面。

(2)椎弓间连结　主要由相邻的关节突间或棘突间借助关节囊和短的韧带相连形成。颈部的关节囊宽大，活动性也大，胸腰部的则小而紧。

椎弓间连结的韧带包括棘上韧带、横突间韧带和棘间韧带。

①棘上韧带和项韧带　棘上韧带是由枕骨向后伸延到荐骨，连于多数椎骨棘突顶端的长的韧带。颈部和胸前部的棘上韧带特别强大而富有弹性，主要由弹性纤维构成，呈黄色，称为项韧带。牛、马的项韧带很发达，猪的项韧带不发达。

②横突间韧带和棘间韧带　为分别连结相邻椎骨的横突、棘突之间的短韧带，均由弹性纤维构成。腰部无横突间韧带。

(3)寰枕关节　由寰椎的前关节窝与枕骨的枕骨髁构成，为双轴关节，可做屈、伸和小范围的侧转运动。它的关节囊宽大，而且有一对连结在寰椎翼和枕骨颈静脉突之间的外侧韧带。

(4)寰枢关节　由寰椎的鞍状关节面与枢椎齿状突构成，关节囊松大，运动范围较大，可做旋转运动，即左右转动头部。

2. 胸廓连结

胸廓连结包括肋椎关节和肋胸关节。

(1)肋椎关节　是每一肋骨近端与胸椎相连结构成的关节，包括肋头关节和肋横突关节。前者是由肋骨小头两个小关节面与相邻胸椎椎体上的前、后肋窝组成，后者是由肋结节关节面与胸椎横突肋窝形成的关节。这两个关节在功能上属于联合关节。

肋椎关节的运动可使肋前后移动产生呼吸运动，前部的关节活动性小，后部的活动范围大。

(2)肋胸关节　由真肋的肋软骨与胸骨两侧的肋窝构成的微动关节，有关节囊和韧带。第2～11肋骨远端和肋软骨的近端还构成肋软骨关节，也有关节囊韧带和肋间韧带。

(三)前肢骨的连结

前肢的肩胛骨与躯干骨之间为肌肉连结，不形成骨连结。前肢各骨之间自上向下依次形成肩关节、肘关节、腕关节和指关节。指关节又包括掌指关节、近指节间关节和远指节间关节(图3-17)。

1. 肩关节

肩关节由肱骨头和肩胛骨的关节盂(肩臼)构成，属于多轴单关节。关节角在后方，没有侧副韧带，关节囊薄而松弛，因此肩关节的活动性大。但家畜由于受内、外侧肌肉的限制，肩关节屈、伸运动的范围较大，而内收和外展运动的活动性较小。

2. 肘关节

肘关节由肱骨远端的肱骨滑车与桡骨头和尺骨近端滑车切迹构成的单轴复关节，关节角在前方。关节囊背侧壁厚而紧张，掌侧壁薄而松弛，并伸入肘窝内，两侧分别有外侧副韧带和内侧副韧带加强，而且将关节牢固连结与固定，故只能作屈、伸运动。桡骨与尺骨之间有骨间韧带相连结，成年家畜该连结逐步骨化成为骨性连结。

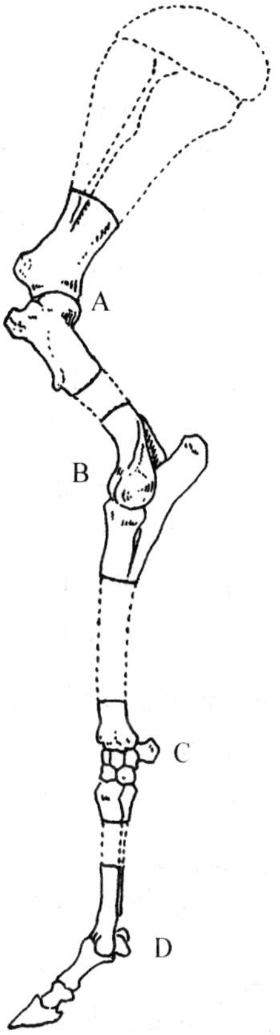

A. 肩关节　B. 肘关节　C. 腕关节　D. 指关节

图3-17　前肢关节

(陈耀星，2010，畜禽解剖学，第3版)

3. 腕关节

腕关节包括以下各关节：

(1)桡腕关节　由桡骨远端和近列腕骨构成。

(2)腕间关节　由相邻各腕骨之间构成的关节。

(3)腕掌关节　由远列腕骨和掌骨近端构成。

腕关节属于单轴复关节，关节角位于后方。关节囊纤维层包围整个腕关节，背侧面薄而松弛，掌侧面厚而紧张。滑膜层形成3个互不相通的关节囊：桡腕关节囊宽松，关节腔最大，活动范围也大；腕间关节囊次之；腕掌关节囊的关节腔最小，活动范围较小。腕关节的内、外侧有长的侧副韧带，分别起始于前臂骨远端内、外侧，止于掌骨的内、外侧。在腕关节的背侧面有两条斜向的背侧韧带。另外，腕骨间尚有些短小的腕骨间韧带。由于关节面的形状、关节囊掌侧的特殊结构和侧副韧带及骨间韧带的限制，故腕关节仅能向掌侧屈曲。

(4)掌骨间连结　牛的第3、第4掌骨愈合成大掌骨，第5掌骨与大掌骨形成关节，但不与腕骨之间成关节，其关节腔与腕掌关节腔相连通。

4.指关节

指关节包括掌指关节（系关节）、近指节间关节（冠关节）和远指节间关节（蹄关节），均为单轴关节。

动物的指关节在正常站立时呈背屈状态或过度伸展状态。

(1)掌指关节　又称系关节或球节。由掌骨远端、近指节骨近端的关节面和一对近籽骨构成。关节囊背侧壁厚而较坚韧，掌侧壁宽大。

掌指关节的韧带主要有内、外侧副韧带和籽骨韧带。

内、外侧副韧带分别起自大掌骨远端的内、外侧韧带窝，止于近指节骨近端的内外侧韧带结节，而且均与关节囊紧密相连。

籽骨韧带连结近籽骨、掌骨、近指节骨近端及中指节骨，起到加固缓冲震动防止系关节过度背屈的作用。籽骨韧带包括籽骨上韧带、籽骨下韧带、籽骨侧副韧带、籽骨间韧带和指间指节骨籽骨韧带。

籽骨上韧带又称悬韧带或骨间肌，由骨间肌腱质化而形成，位于掌骨的掌侧面，被指深屈肌腱覆盖。起于大掌骨近端，下行至大掌骨下1/3处分成3束：内侧束和外侧束的大部分止于相应近籽骨，其余分支转向背侧，并入指伸肌腱；中间束较大，大部分止于轴侧近籽骨，并有分支并入指深肌腱。牛的悬韧带含有肌质，称骨间肌。

籽骨下韧带位于近籽骨下缘和近指节骨之间，在屈肌腱深面，分浅、深两束浅束较细，深束较粗，在浅束的深面交叉，所以称籽骨交叉韧带。

籽骨内、外侧副韧带较短，位于近籽骨和近指节骨之间，由远轴侧近籽骨连于近指节骨的远轴侧。

籽骨间韧带又称掌韧带，连结4个近籽骨，供屈肌腱通过。

指间指节骨籽骨韧带分别起始于第3、第4指轴侧籽骨，止于近指节骨轴侧中部。此外，还有连于第3、第4指节骨之间的短的指间近韧带。

(2)近指节间关节　又称冠关节，由近指节骨远端的关节面与中指节骨近端的关节面构成，有关节囊、侧副韧带和掌侧韧带，韧带连于关节囊，仅能做小范围的屈、伸运动。

(3)远指节间关节　又称蹄关节，由中指节骨远端、远指节骨近端关节面及远籽骨构成。关节囊的背侧及两侧强厚，并与伸肌腱及侧副韧带紧密结合，掌侧较薄。蹄关节韧带含有较多韧带，包括侧副韧带、指节间轴侧韧带、与籽骨相连的韧带、背侧韧带和指间远韧带。由于侧副韧带短而强，故蹄关节只能做屈、伸运动。

牛为偶蹄，两指关节成对，其构造与上述各指关节结构相似。两主指系关节的关节囊在掌侧相互连通。悬韧带含有较多的肌组织，特别是犊牛，含肌质更多。此外，在两主指的系骨、冠骨和蹄骨之间，有较强的近侧和远侧两组指间韧带，以防止两指过分开张。

(四)后肢骨的连结

后肢关节包括荐髂关节、髋关节、膝关节、跗关节和趾关节(图 3-18)。后肢的髋关节、膝关节、跗关节、趾关节分别与前肢的肩关节、肘关节、腕关节、指关节相对应,除趾(指)关节外,各关节角方向相反,这种结构特点有利于家畜站立时姿势保持稳定。除髋关节外,各关节均有侧副韧带,因此均为单轴关节,主要进行屈、伸运动。趾关节和前肢的指关节构造相似。

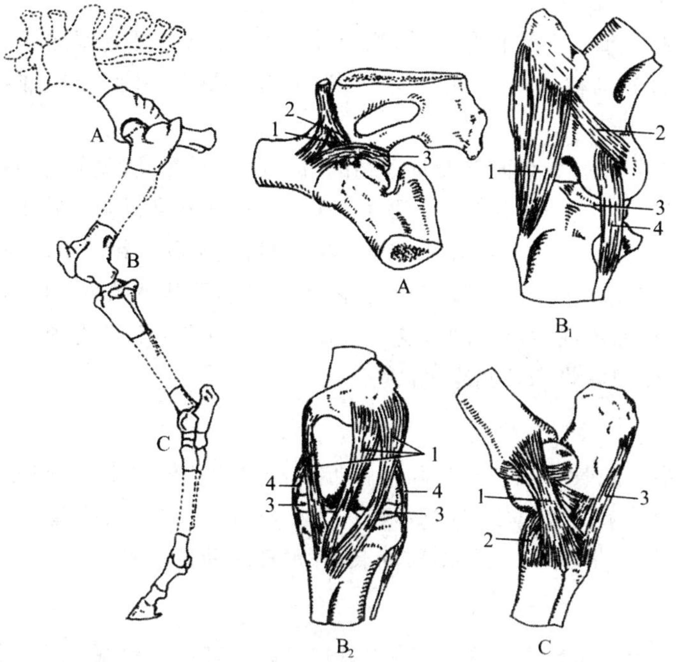

A. 髋关节　1. 圆韧带　2. 副韧带　3. 横韧带

B. 膝关节(B_1 侧面观,B_2 前面观)1. 膝直韧带　2. 股膝外侧韧带　3. 半月板　4. 股胫外侧韧带

C. 跗关节　1. 侧副韧带　2. 背侧韧带　3. 跖侧韧带

图 3-18　马的后肢关节

(陈耀星,2010,畜禽解剖学,第 3 版)

1. 荐髂关节

荐髂关节由荐骨翼和髂骨翼的耳状关节面构成,彼此连结紧密。关节面粗糙,周围有关节囊,囊壁紧张,并有短而强的荐髂腹侧韧带和荐髂骨间韧带加固。因此,荐髂关节几乎不能活动,主要起连接后肢和躯干的作用。

动物后肢在推动机体前进方面起主要作用,因此,髋骨与荐骨由荐髂关节牢固连结起来,以便把后肢肌肉收缩时产生的推动力沿脊柱传至前肢。

骨盆韧带为连结荐骨和髂骨之间的一些强大的韧带,包括荐髂背侧韧带和荐结节阔韧带。荐髂背侧韧带可分两条:一条呈索状,起于髂骨荐结节,止于荐骨嵴顶端;另一条较厚,呈三角形,起于髂骨荐结节和坐骨大切迹前部内侧缘,止于荐骨外侧缘并与荐结节阔韧带合并。

荐结节阔韧带又称荐坐韧带,呈四边形薄板状,起自荐骨两侧缘和第 1、第 2 尾椎横突,止于坐骨棘和坐骨结节,形成骨盆的侧壁。其前缘凹,与坐骨大切迹围成坐骨大孔,下缘与坐骨小切迹围成坐骨小孔,供血管、神经通过。

2.髋关节

由髋臼和股骨头构成。关节囊松大,无侧副韧带。股骨头与髋臼之间有一条股骨头韧带(圆韧带)连接。髋臼的边缘附有缘软骨(关节唇)。关节角顶向后,为多轴单关节,主要做屈、伸运动,并伴有轻微的内收、外展和旋外运动。

3.膝关节

包括股胫关节和股膝关节,关节角顶向前,为单轴复关节。

(1)股胫关节　由股骨远端后部的内、外侧髁和胫骨近端的内、外侧髁构成。关节面中间有两个半月状的软骨板,分别称为内、外侧半月板,有关节囊及内、外侧副韧带和 2 条膝交叉韧带。

(2)股膝关节　由膝盖骨的关节面与股骨远端的滑车关节而构成,关节囊宽松。股膝关节的韧带主要包括膝直韧带和内、外侧副韧带。膝直韧带有膝外侧(直)韧带、膝中间(直)韧带和膝内侧(直)韧带。膝外侧直韧带起于膝盖骨外侧的粗糙面,止于胫骨粗隆近端及外缘;膝中间(直)韧带由膝盖骨顶的前方止于胫骨粗隆前端;膝内侧(直)韧带其余膝盖骨内侧的纤维软骨,止于胫骨粗隆的内侧。在标本或活体上触摸这 3 条韧带,内、外侧副韧带分别位于股骨内外侧上髁粗糙面与膝盖骨内侧缘软骨和外侧缘之间。

4.跗关节

跗关节又称飞节,由小腿骨远端与跗骨和跖骨近端构成的单轴复关节,包括小腿跗关节、跗骨间远和近关节、跗跖关节。关节角顶向后,有关节囊,背侧壁薄而跖侧壁厚,滑膜层形成 4 个滑膜囊,有内、外侧侧副韧带及背侧、跖侧韧带,还有跗骨间韧带。

5.趾关节

包括跖趾关节(系关节)、近趾节间关节(冠关节)和远趾节间关节(蹄关节),其构造与前肢的指关节基本相同。

任务 3-3　全身肌肉

【学习任务单】

一、学习目标

1.掌握肌器官的构造和辅助装置。

2.认识全身部分肌肉的名称,掌握颈静脉沟、腹股沟管、髂肋肌沟、前臂正中沟等部位的位置和肌肉组成。

3.掌握颈腹侧肌、胸壁肌、腹壁肌以及前、后肢主要肌肉的名称和位置。

二、学习资源

1.动物全身肌肉标本。

2.教材。

3.信息化教学资源。

三、学习任务

1. 观察头部的面部肌（鼻唇提肌、颊肌等）和咀嚼肌（咬肌、翼肌、颞肌和二腹肌）。

2. 观察躯干部脊柱肌（背腰最长肌、髂肋肌、夹肌、颈长肌、腰小肌和腰大肌）、颈腹侧肌（胸头肌、胸骨甲状舌骨肌等）、胸壁肌（肋间外肌、肋间内肌和膈）、腹壁肌（腹外斜肌、腹内斜肌、腹直肌和腹横肌）以及腹股沟管的结构。

3. 观察前肢的肩带肌（斜方肌、菱形肌、背阔肌、臂头肌、胸肌、腹侧锯肌）、肩部肌（冈上肌、冈下肌、三角肌、肩胛下肌、大圆肌）、臂部肌（前臂筋膜张肌、臂三头肌、臂二头肌和臂肌）和前臂及前脚部肌肉。

4. 观察后肢部的髋部肌、股部肌肉（阔筋膜张肌、股四头肌、臀股二头肌、半腱肌和半膜肌、缝匠肌等）和小腿及后脚部肌肉。

【相关知识】

一、肌肉的概述

肌是运动器官，在神经系统的支配下，能够进行收缩活动，为运动或维持姿势、呼吸、营养、循环和其他功能提供动力。肌由肌组织构成，根据其形态结构、生理机能和分布分为骨骼肌、心肌和平滑肌。骨骼肌附着于骨骼，分布于头部、躯干和四肢，收缩迅速有力，但容易疲劳；平滑肌主要分布于有腔内脏和血管壁，收缩缓慢而持久；心肌主要构成心壁。

（一）肌器官的构造

肌分为肌腹和肌腱，肌腹位于中部，肌腱位于两端。

肌腹由肌纤维借结缔组织联结而成，大量的肌纤维先平行集合成大小不一的肌束，再由许多肌束聚合成肌腹。肌腹为肌的实质，是肌具有收缩能力的部分。结缔组织为间质，包在一整块肌的表面的称肌外膜；伸入肌内，包在肌束外面的称肌束膜；伸入肌束内，包在每一肌纤维外面的称肌内膜。结缔组织起连接、支持和营养的作用。分布于肌的血管、淋巴管和神经一般都沿肌外膜、肌束膜和肌内膜伸入肌内（图 3-19）。

1. 肌外膜　2. 血管　3. 肌纤维　4. 肌原纤维　5. 肌内膜　6. 肌束膜

图 3-19　肌肉的构造

（陈耀星，2019，动物解剖学与组织胚胎学）

肌腱由致密结缔组织构成，连于肌腹的一端或两端，有的伸入肌腹内部或覆盖于肌腹表面。肌腱多数呈索状，也有的呈膜状，称腱膜。肌腱无收缩能力，但具有极强的坚韧性和抗张力，且不易疲劳。肌腱有多种功能，可将肌腹的收缩力传递给其所附着的骨上，起韧带作用以加固关节，缓冲运动时的震动，在站立时支持体重等。

（二）肌肉的形态

肌肉的形态可分为纺锤形肌、多裂肌、板状肌和环形肌（图 3-20）。

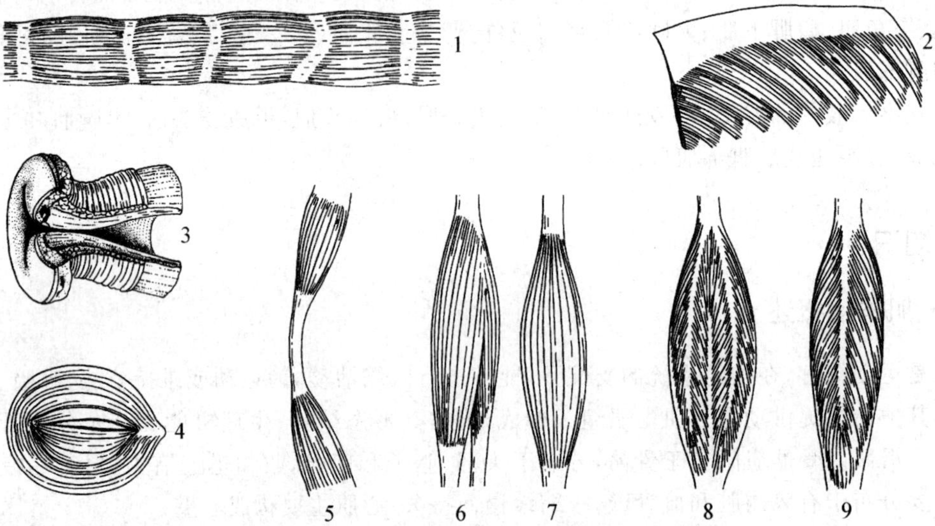

1.板状肌（腱在中间） 2.板状肌（形成腱膜） 3.括约肌 4.环形肌
5.二腹肌 6.二头肌 7.纺锤形肌 8.多羽肌 9.单羽肌

图 3-20 骨骼肌的分类

（陈耀星，2010，畜禽解剖学，第 3 版）

1.纺锤形肌

呈纺锤形或带状，主要分布于四肢，其近侧端的附着点常称为头，根据头的数量，有二头肌、三头肌、四头肌之称。有些长肌的肌腹被中间的腱分为二腹，称二腹肌。长肌能产生较大幅度的运动。

2.多裂肌

短而小，多位于躯干的深层，主要分布于多个椎骨之间，分节性明显。各肌束可独立存在，收缩时运动幅度小；也可互相结合成一大块肌，如背腰最长肌，可产生较大幅度的运动。

3.板状肌

呈薄板状，扁而宽，又称板状肌，多位于胸、腹壁和四肢带部，有的呈扇形或锯齿状，如背阔肌和腹侧锯肌。

4.环形肌

呈环行，又称环形肌，多分布于面部孔、裂的周围，形成括约肌，收缩时可缩小或关闭自然孔、裂。

(三)肌肉的起止点和作用

肌的两端通常附着于两块或多块骨上,有的附着于软骨、筋膜、韧带或皮肤上,肌收缩时变短变粗,牵引它所附着的骨发生位移而产生各种运动。肌收缩时相对不动的附着点称该肌的起点,而相对活动的附着点称止点。解剖学上通常将靠近身体正中面或四肢近端的附着点作为起点,另一附着点则作为止点。随着运动条件的变化,起点和止点是可以互相转化的。自然孔、裂周围的环形肌没有起点和止点之分。

(四)肌的命名

肌通常据其形状、位置、作用、起止点、结构、肌纤维走向等特点而命名。如三角肌、斜方肌、菱形肌是据其形状命名;冈上肌、冈下肌、臂肌据其位置命名;咬肌、内收肌、伸肌按其作用命名;胸头肌、臂头肌、胸骨甲状肌按其起止点命名;二腹肌、三头肌、四头肌是按其结构命名;斜肌、直肌是按其肌纤维走向命名。大多数肌是综合其数个特征而命名的,如腕桡侧伸肌、腹外斜肌。由此可见,许多肌名称本身就是对该肌的注释,了解肌的命名原则有助于记忆。

(五)肌的辅助装置

1.筋膜

被覆于肌或肌群外面的结缔组织膜,并形成一些特殊结构,辅助肌的活动。筋膜分浅筋膜和深筋膜两种。

(1)浅筋膜　位于真皮下,又称皮下筋膜,由疏松结缔组织构成,被覆于肌的表面。有些部位的浅筋膜内分布有皮肌,营养良好的家畜的浅筋膜还含有脂肪。浅筋膜有联系深部组织、保护、储存脂肪等作用。

(2)深筋膜　位于浅筋膜的深面,由致密结缔组织构成,致密而坚韧。深筋膜包在肌群的表面,并伸入肌之间,形成肌间隔而附着于骨上;在一些部位,如前臂、小腿等处形成包裹肌群的筋膜鞘;在某些关节部位形成伸肌、屈肌支持带和环状韧带固定肌腱;此外,还可作为肌肉的起、止点。总之,深筋膜可固定肌和肌腱的位置,使肌和肌群能够单独进行活动,为肌提供有利的工作条件。在炎症过程中,深筋膜较致密,可限制炎症的扩散,但一些部位的肌间深筋膜疏松,形成筋膜间隙,则可能成为炎症蔓延的途径。

2.黏液囊

为密闭的结缔组织囊,壁薄,内面衬有滑膜,囊内有少量滑液,起减少摩擦的作用。黏液囊多位于肌、腱、皮肤与骨的突起之间,分别称为肌下、腱下和皮下黏液囊。在关节附近的黏液囊,有的还与关节腔相通。黏液囊多数是先天性的,但有些皮下囊则是在后天因长期摩擦而逐渐形成的(图 3-21)。

3.腱鞘

为包围腱的滑膜囊,呈筒状,多位于活动性较大的关节部位,如腕、跗和指、趾部。腱鞘分两层,外层为纤维层,内层为滑膜层。滑膜层又分脏层和壁层;脏层又称腱层,紧贴于腱的表面;壁层紧贴于纤维层的内面,脏层与壁层移行处形成腱系膜,两层之间有少量滑液,可减少摩擦。

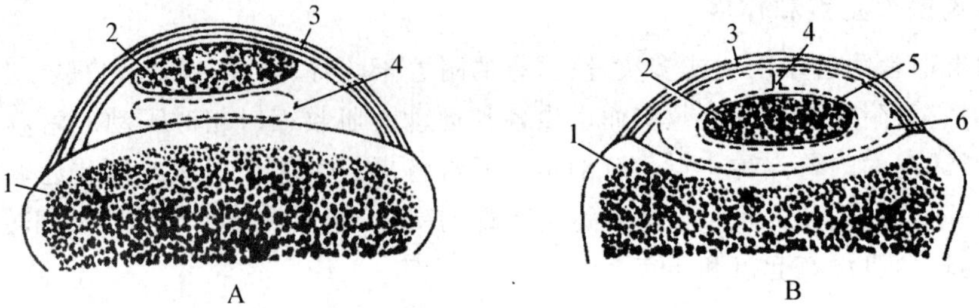

A.黏液囊 1.骨 2.肌腱 3.纤维膜 4.滑膜

B.腱鞘 1.骨 2.肌腱 3.纤维膜 4.腱系膜 5.滑膜腱层 6.滑膜壁层

图 3-21 黏液囊和腱鞘的结构

(陈耀星,2010,畜禽解剖学,第3版)

二、皮肌

皮肌是分布于浅筋膜内的薄层肌,紧贴在皮肤的深面。皮肌并不完全覆盖全身,根据所在部位可分为面皮肌、额皮肌、颈皮肌、肩臂皮肌和躯干皮肌。犬躯干皮肌非常发达,几乎覆盖整个胸腹部,牛、羊缺乏颈皮肌,马没有额皮肌。皮肌收缩时,可颤动皮肤,以驱赶蚊蝇和抖掉皮肤上的灰尘或水滴等。

三、头部肌

分为面肌、咀嚼肌、眼球肌、咽肌、喉肌、舌肌和舌骨肌等。

(一)面肌

薄肌,大部分起始于面骨或面部筋膜,止于面部自然孔裂的周围,分张肌和括约肌。张肌包括颧肌、鼻唇提肌、上唇提肌、犬齿肌、上唇降肌、下唇降肌和颧骨肌。括约肌包括口轮匝肌、眼轮匝肌和颊肌。颧肌为带状肌,从颧弓伸至口角;鼻唇提肌呈三角形,从鼻骨和额骨交界处伸至鼻翼和上唇,前部分浅、深两层;上唇提肌、犬齿肌、上唇降肌位于鼻唇提肌浅、深两层之间,自上而下按序排列;下唇降肌位于颊肌腹侧缘;颧骨肌呈三角形,位于眼眶前下方、颧肌背内侧。颊肌形成口腔侧壁,位于颧肌内侧和咬肌前方。

(二)咀嚼肌

位于颞下颌关节周围,参与咀嚼运动,分开口肌和闭口肌。

1.开口肌

二腹肌为开口肌,由前、后肌腹和中间腱组成,起自枕骨的颈静脉突,伸向前腹侧止于下颌骨体颊齿部腹侧缘和内侧面。该肌收缩可降下颌(开口)。

2.闭口肌

包括咬肌、颞肌、翼内肌和翼外肌。

(1)咬肌 位于下颌骨支的外侧面,起自面结节至颧弓的连线,按肌纤维方向分浅、中、深三部分,止于下颌骨支的外侧面。两侧肌肉同时收缩,可上提下颌(闭口);交替收缩,可使下颌向左、右作侧向运动,以咀嚼食物。

(2)颞肌　位于颞窝内,起自颞窝,止于下颌骨支的冠状突,作用同咬肌。

(3)翼内肌　位于下颌骨支内侧面的翼肌窝,起自腭骨、蝶骨翼突和翼骨,止于下颌骨支内侧面。作用同咬肌。

(4)翼外肌　位于翼内肌背外侧,起始于蝶骨翼突和翼腭窝,止于下颌骨髁突内侧面上部的翼肌凹。

四、躯干肌

躯干肌包括脊柱肌、颈腹侧肌、胸壁肌和腹壁肌。

1.脊柱肌

多为短肌,但部分短肌束愈合成大块的肌肉,如胸腰最长肌,分布于脊柱的周围,分为背侧肌系和腹侧肌系(图3-22)。脊柱背侧肌主要观察夹肌、头寰最长肌、头半棘肌、胸腰最长肌、颈最长肌和髂肋肌;脊柱腹侧肌主要观察斜角肌、腰大肌、腰小肌和腰方肌。除去前肢后才能观察躯干肌。

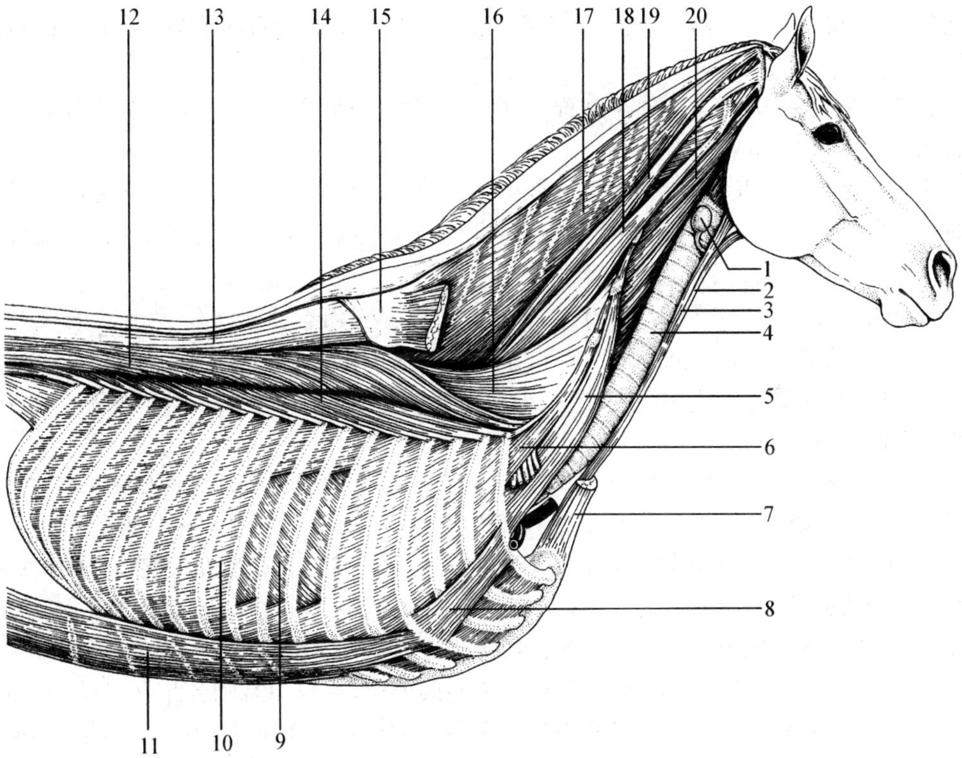

1.甲状腺　2.胸骨舌骨肌　3.胸骨甲状肌　4.气管　5.腹斜角肌　6.中斜角肌　7.胸头肌
8.胸直肌　9.肋间内肌　10.肋间外肌　11.腹直肌　12.胸最长肌　13.胸部和颈部棘肌
14.胸髂肋肌　15.夹肌和棘肋横筋膜　16.颈最长肌　17.头半棘肌
18.寰最长肌　19.头最长肌　20.头长肌

图3-22　马躯干中层肌

(陈耀星,2010,畜禽解剖学,第3版)

(1)脊柱背侧肌的识别　夹肌位于颈背侧、颈斜方肌的下方,部分被腹侧锯肌覆盖;头寰最长肌位于夹肌腹内侧;头半棘肌位于夹肌与项韧带之间;胸腰最长肌位于胸、腰椎棘突与横突及肋骨上端之间的三角形区域;颈最长肌为胸腰最长肌的延续,位于头寰最长肌的后腹侧;髂肋肌位于胸腰最长肌的外侧。

(2)脊柱背侧肌的位置形态、结构和作用　夹肌在鬐甲、项韧带索状部与颈椎和头部之间,略呈三角形。起于项韧带索状部和胸腰筋膜,止于枕骨及前 2 枚(牛)或 4、5 枚(马)颈椎,作用为伸或偏头颈。

头寰最长肌为两条平行的薄带状肌,起于后几个颈椎关节突和第 1 胸椎的横突。背侧部分较宽称头最长肌,止于颞骨;腹侧部分较窄称寰最长肌,止于寰椎翼,作用同夹肌。

头半棘肌呈三角形,分为背侧的复肌和腹侧的颈二腹肌,起于前 9 个胸椎的横突及后几个颈椎的关节突,止于枕骨项面,作用同夹肌。

胸腰最长肌在肉品上称眼肌,自髂骨前缘伸达最后颈椎,分为腰最长肌和胸最长肌,起始于髂骨翼前缘及荐椎、腰椎和后几个胸椎的棘突,形成一系列肌束,止于腰椎和胸椎横突、肋骨上端及第 7 颈椎横突。该肌为脊柱最强大的伸肌,有伸背腰的作用;家畜跨越障碍物时,当后肢着地负重时,可提举躯干前部,使家畜腾空而起;当前肢支地负重时,可提举躯干后部,使家畜后躯悬空。

颈最长肌呈三角形,位于后 5 个颈椎与前 5 个胸椎之间,起始于前 5 个胸椎横突,以肌齿止于后几个颈椎横突,其作用是伸颈。

髂肋肌位于胸腰最长肌外侧缘,由一系列斜向前下方的肌束构成,表面腱质发达,起自髂骨翼前缘、前几个腰椎横突和后几个肋骨的前缘肌纤维斜向前腹侧,止于所有肋骨的后缘和第 7 颈椎横突。其作用是向后牵引肋骨以协助呼气。

髂肋肌与胸腰最长肌之间有一条深沟,叫髂肋肌沟,沟内有神经分布,为针灸穴位。

(3)脊柱腹侧肌的识别　斜角肌主要位于颈最长肌的腹侧第 1 肋的前方;腰小肌位于腰椎椎体的腹外侧;腰大肌位于腰小肌外侧、腰椎横突腹侧;腰方肌位于腰大肌背外侧。后三者打开腹腔后才能观察到。

(4)脊柱腹侧肌的位置形态、结构和作用　斜角肌位于颈后部腹外侧深层和前 4 个肋骨外侧面,分三部分。腹侧斜角肌位于臂神经丛腹侧。中斜角肌位于臂神经丛背侧,起于后几个颈椎横突,止于第 1 肋骨。背侧斜角肌扁平,呈三角形,起于第 4～6 颈椎横突,止于第 2～4 肋骨。作用为屈或侧偏颈,还能向前牵引肋骨,协助吸气。腰小肌狭而长,起于最后胸椎及前 5 个腰椎椎体,止于髂骨体的腰小肌结节。作用为屈腰荐关节和向下牵拉骨盆。腰大肌宽扁而长,起于最后 1～2 个肋骨椎骨端、腰椎椎体和横突腹侧面,后部与髂肌合并,称髂腰肌,止于股骨小转子,可屈腰和髋关节。腰方肌起于后 4 个胸椎椎体腹外侧面和相应肋骨椎骨端以及腰椎横突的腹侧面,止于腰椎横突前缘和髂骨翼的荐盆面。

2. 颈腹侧肌

颈腹侧肌位于颈部腹侧,包括胸头肌、胸骨甲状肌、胸骨舌骨肌和肩胛舌骨肌(图 3-23)。

(1)胸头肌　位于颈部腹外侧,构成颈静脉沟的下缘,分浅、深两部:浅部为胸下颌肌,起于胸骨柄和第 1 肋骨,止于下颌骨下缘和咬肌前缘;深部为胸乳突肌,位于气管腹侧,起于胸骨柄,向前经颈静脉的深面止于颞骨乳突。作用为屈头颈。

(2)胸骨甲状肌、胸骨舌骨肌　呈扁平窄带状,位于气管腹侧。起于胸骨柄,与对侧同名肌

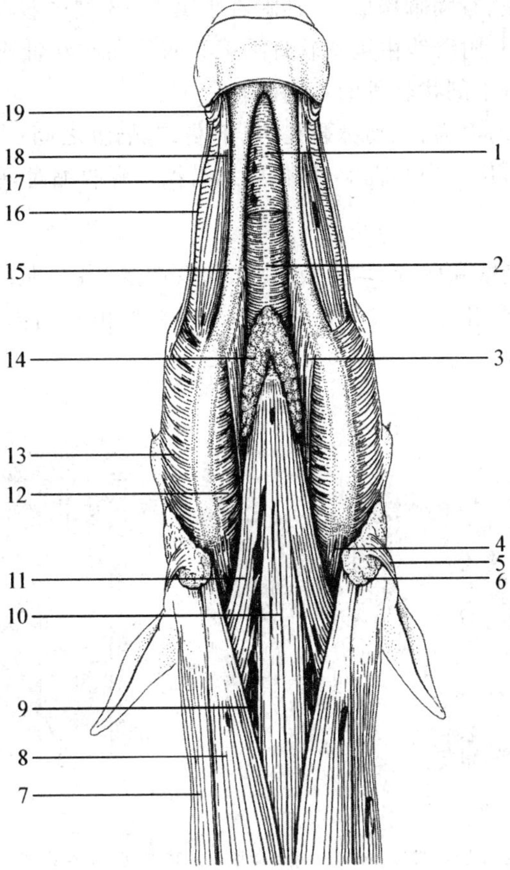

1.下颌舌骨肌前部 2.下颌舌骨肌后部 3.二腹肌前部 4.枕下颌肌 5.腮耳肌 6.腮腺 7.臂头肌 8.胸下颌肌 9.胸骨甲状肌 10.胸骨舌骨肌 11.肩胛舌骨肌 12.翼内肌 13.咬肌 14.下颌淋巴结 15.下颌骨 16.颧肌 17.颊肌 18.下唇降肌 19.口轮匝肌

图 3-23 马头颈部腹侧肌

（陈耀星，2010，畜禽解剖学，第3版）

紧密邻接，向前伸延至颈中部并分为内、外两支：外侧支止于喉的甲状软骨，称胸骨甲状肌；内侧支止于舌骨体，称胸骨舌骨肌。作用为向后牵引喉和舌骨，协助吞咽。

(3)肩胛舌骨肌 呈薄带状，起于第3～5颈椎横突，止于舌骨体。在颈后部位于臂头肌深面，在颈前部形成颈静脉沟底。作用同胸骨甲状肌、胸骨舌骨肌。

3.胸壁肌

胸壁肌位于胸腔侧壁和胸腔后壁，参与呼吸运动，包括肋间外肌、肋间内肌和膈。

(1)肋间外肌 位于肋间隙的浅层，但不达肋软骨间隙。起于前一肋骨的后缘，肌纤维斜向后下方，止于后一肋骨的前缘。作用为向前外方牵引肋骨，使胸腔扩大，引起吸气。

(2)肋间内肌 位于肋间外肌的深面，并向下伸达到肋软骨间隙。起于后一肋的前缘，肌纤维斜向前下方，止于前一肋的后缘。作用为向后方牵引肋骨，使胸腔变小，协助呼气。

(3)膈 位于胸腔和腹腔之间，呈圆顶状突向胸腔。膈由中央的腱质部和周围的肌质部组成。腱质部由强韧的腱膜构成，称中心腱；肌质部由肌纤维构成，根据其附着部位又分为腰部、肋部和胸骨部。腰部由左、右膈脚构成，分别附着于第 2～3 腰椎腹侧和前 4 个腰椎腹侧。肋部附着于胸侧壁的内面，其附着线由剑状软骨沿第 8 肋骨和肋软骨连接处向上，经过第 9～13 肋骨至腰部。胸骨部附着于剑状软骨的背侧面。

膈上有 3 个孔，自上向下为：主动脉裂孔，位于左、右膈脚之间；食管裂孔，位于右膈脚中，接近中心腱；腔静脉裂孔，位于中心腱上，稍偏中线右侧。膈收缩时，引起吸气动作。

4. 腹壁肌

腹壁肌构成腹腔的侧壁和底壁，均为板状肌，共有四层，各层肌纤维互相交错。两侧腹壁肌在腹底壁正中线以腱质相连，形成一条腹白线。腹壁肌由外向内依次为腹外斜肌、腹内斜肌、腹直肌和腹横肌(图 3-24)。

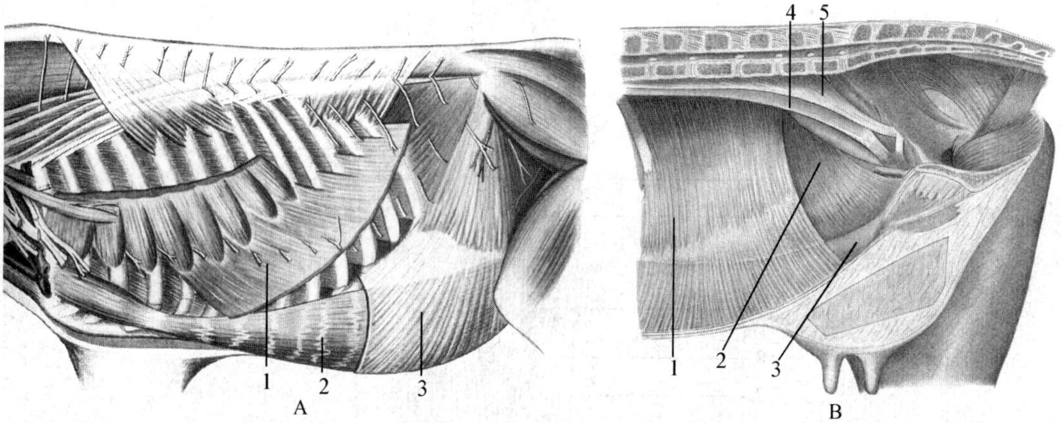

A. 牛腹壁肌(外侧)　1. 腹外斜肌　2. 腹直肌　3. 腹内斜肌

B 牛腹壁肌(内侧)　1. 腹横肌　2. 腹内斜肌　3. 腹直肌　4. 腰小肌　5. 腰大肌

图 3-24　牛腹壁肌

(陈耀星等，2010，畜禽解剖学，第 3 版)

(1)腹外斜肌　为腹壁肌的最外层，以肌齿起于第 5～13 肋骨的中上部外面和肋间外肌表面的筋膜，肌纤维斜向后下方，在肋弓的后下方延续为宽大的腱膜，止于腹白线、耻前腱和髋结节。腱膜自髋结节至耻前腱的部分特别强厚，称为腹股沟韧带，其前方有一裂孔，为腹股沟管皮下环。

(2)腹内斜肌　位于腹外斜肌深面，肌腹呈扇形。起于髋结节和第 3～5 腰椎横突，肌纤维斜向前下方，于腹侧壁中部转为腱膜，止于最后肋骨后缘、腹白线和耻前腱。腱膜在前下部分为内、外两层，外层与腹外斜肌腱膜结合，形成腹直肌的外鞘；内层与腹横肌腱膜结合，形成腹直肌的内鞘。

(3)腹直肌　位于腹底壁，在腹白线两侧，肌纤维纵行。起于胸骨和第 4～13 肋软骨的外侧面，在腹直肌鞘内向后伸延，以强厚的耻前腱止于耻骨前缘。肌表面有 5～6 条横行的腱划。牛于第 2 或第 3 腱划处，在剑状软骨外侧，有供腹皮下静脉通过的孔，称乳井。

(4)腹横肌　为腹壁肌的最内层，较薄，肌纤维上下行。起于肋弓内面和前 5 个腰椎横突，以腱膜止于腹白线。

(5)腹股沟管　位于腹底壁后部、耻前腱两侧，为腹外斜肌和腹内斜肌之间的斜行裂隙。

管的内口通腹腔，称腹股沟管腹环，由腹内斜肌和腹股沟韧带围成；外口通皮下，称腹股沟管皮下环，为腹外斜肌腱膜上的卵圆形裂孔。雄性动物的腹股沟管明显，内有精索和血管、神经通过。雌性的腹股沟管仅供血管、神经通过。

腹壁肌的作用是形成柔韧的腹壁，容纳、保护和支持腹腔脏器；当腹肌收缩时，可增大腹压，协助呼气、排粪、分娩等。

五、前肢肌

前肢肌分为肩带肌、肩部肌（肩关节肌）、臂部肌（肘关节肌）、前臂及前脚部肌（腕关节肌及指关节肌）。

（一）肩带肌

肩带肌是连接前肢与躯干的肌肉，包括背侧组的斜方肌、菱形肌、肩胛横突肌、臂头肌和背阔肌及腹侧组的腹侧锯肌和胸肌（胸降肌、胸横肌、锁骨下肌和胸升肌）。要从躯干上取下前肢，必须切断上述 7 块肌肉。

1. 肩带肌的识别

一三角形肌自颈前部至胸前部背中线向下止于肩胛冈为斜方肌，其深面有菱形肌；斜方肌前腹侧缘后部腹侧为肩胛横突肌；斜方肌前腹侧缘前部和肩胛横突肌，腹侧为臂头肌；一扇形肌自胸廓后上方斜向前下方止于前臂内侧面为背阔肌；连接前肢内侧面与胸骨和胸壁的肌肉自前向后为胸降肌、胸横肌和胸升肌；取下前肢后可见一肌呈扇形位于颈后部和胸前部外侧面连接躯干于肩胛骨锯肌面，为腹侧锯肌。锁骨下肌为一指宽的细小的肌带，连接第 1 肋与臂头肌锁划内面。

2. 肩带肌的位置形态、结构和作用

（1）斜方肌　呈三角形，分颈胸两部。颈斜方肌起于项韧带索状部，肌纤维由前上方斜向后下方，胸斜方肌起于前 10 个胸椎棘突，肌纤维由后上方斜向前下方，两部均止于肩胛冈。其作用为提举、摆动和固定肩胛骨。

（2）菱形肌　起始于项韧带索状部、棘上韧带和胸椎棘突，分颈、胸两部。颈菱形肌厚而狭长，肌纤维斜向后下方，胸菱形肌薄，略呈长四边形肌纤维接近垂直，两部均止于肩胛软骨内侧面。作用基本同斜方肌。

（3）肩胛横突肌　为长带状肌，大部分被臂头肌覆盖，仅后部暴露于颈斜方肌和臂头肌之间。起始于寰椎翼和枢椎横突，止于肩胛冈和肩臂筋膜。作用为牵引前肢向前或偏转头颈。

（4）臂头肌　为前宽后窄的长肌，自头部伸至臂部，分为锁头肌和锁臂肌两部分，两者以锁骨腱划为界，家畜锁骨腱划不明显，大约在锁臂肌止点处。锁臂肌位于臂部，止于肱骨嵴。锁头肌位于颈部，又分为两部分。背侧部称锁枕肌起于枕骨和项韧带，腹侧部称锁乳突肌，与夹肌同起于颞骨乳突，两部均止于锁骨腱划。臂头肌与胸头肌之间的肌沟称颈静脉沟。臂头肌的作用是牵引前肢向前、伸肩关节，在前肢踏地、两侧同时作用时可伸展头颈，仅一侧作用时可偏转头颈。

（5）背阔肌　为三角形阔肌以宽阔的腱膜起于胸腰筋膜、第 9～12 肋骨、肋间外肌和腹外斜肌表面的筋膜，肌纤维由后上方斜向前下方，止于大圆肌粗隆、臂三头肌长头内侧的腱膜等。其作用是在前肢踏地时牵引躯干向前、屈肩关节、协助吸气等。

(6)腹侧锯肌　呈扇形，分颈、胸两部。颈腹侧锯肌较厚，全为肉质，起于第2～7颈椎横突和前3个肋骨，肌纤维斜向后上方；胸腹侧锯肌较薄，表面被有腱膜，起于第4～9肋骨，肌纤维斜向前上方，两部均止于肩胛骨锯肌面和肩胛软骨内侧面。作用是将躯干悬挂在两前肢之间，两侧肌同时收缩可提举躯干，仅一侧收缩时可将身体重心移至对侧，颈部收缩可举颈，胸部收缩可协助吸气等。

(7)胸肌　位于臂部和前臂内侧与胸骨之间，分为胸前浅肌、胸后浅肌、胸前伸肌和胸后伸肌。其有内收前肢的作用，当前肢向前踏地时，可牵引躯干向前。

(二)肩部肌

肩部肌位于肩胛骨周围包括肩脚骨外侧面的冈上肌、冈下肌和三角肌及内侧面的肩胛下肌、大圆肌和喙臂肌。其中冈上肌为肩关节的伸肌，三角肌、大圆肌和喙臂肌为屈肌，冈下肌为外展肌，肩胛下肌为内收肌。

1.肩部肌的识别

(1)肩胛骨外侧面　冈上肌位于冈上窝，冈下肌位于冈下窝，覆盖于冈下肌下端表面的为三角肌。

(2)肩胛骨内侧面　肩胛下肌位于肩胛下窝，其后方为大圆肌，大圆肌下端内侧为喙臂肌。

2.肩部肌的形态结构和作用

(1)冈上肌　起自冈上窝、肩胛软骨和肩胛冈，止于臂骨近端的大结节和小结节，作用是固定和伸展肩关节。

(2)冈下肌　起自冈下窝及肩胛软骨，止于臂骨的大结节，其下部外侧面被三角肌所覆盖。可外展肱骨，固定肩关节，并起外侧韧带的作用。

(3)三角肌　分肩峰部和肩胛部，分别起自肩峰和肩胛骨后缘，止于臂骨的三角肌粗隆，可屈肩关节和外展肱骨。

(4)肩胛下肌　有三束，起自肩胛骨内侧面，止于臂骨近端的小结节，可内收肩关节，并起内侧韧带的作用。

(5)大圆肌　扁而长，位于肩胛下肌的后方，起自肩胛骨后角及后缘上部，止于臂骨的大圆肌粗隆。

(6)喙臂肌　位于臂骨内侧面，起自盂上结节内侧的喙突，止于臂骨内侧面，可屈肩关节。

(7)小圆肌　位于三角肌和冈下肌深面。

(三)臂部肌

臂部肌位于肱骨周围，包括臂二头肌、臂肌、臂三头肌和前臂筋膜张肌。其中臂二头肌和臂肌为肘关节的屈肌，臂三头肌和前臂筋膜张肌为伸肌。

1.臂部肌的识别

位于肱骨前方的肌肉为臂二头肌，其下端后外侧为臂肌；肩胛骨与肱骨所夹角内为臂三头肌，其后内侧为前臂筋膜张肌。

2.臂部肌的位置形态和作用

(1)臂二头肌　呈纺锤形，起自肩胛结节，经臂二头肌沟向下，止于桡骨结节。作用是屈肘关节，也可伸肩关节。

(2)臂肌　位于肱骨的臂肌沟内，起自肱骨后面上部，向前向下经臂二头肌与腕桡侧伸肌之间止于前臂骨近端内侧面，作用是屈肘关节。

(3)臂三头肌　分为长头、外侧头和内侧头，长头最大，起自肩胛骨后缘，外侧头起自臂骨外侧面，内侧头最小起自臂骨内侧面，三个头同止于尺骨鹰嘴。其作用是伸肘关节，长头也可屈肩关节。

(4)前臂筋膜张肌　为一狭长的带状肌，起自肩胛骨后角，止于尺骨鹰嘴，可屈肩关节、伸肘关节和紧张前臂筋膜。

(四)前臂和前脚部肌

前臂和前脚部肌位于前臂骨和前脚骨周围，包括背外侧面的腕桡侧伸肌、指总伸肌、指外侧伸肌和腕斜伸肌及掌侧面的腕桡侧屈肌腕尺侧屈肌、腕尺侧伸肌(尺骨外侧肌)、指浅屈肌和指深屈肌。其中，背外侧面的肌肉为腕和指的伸肌，掌侧面的肌肉为腕和指的屈肌；腕桡侧伸肌和屈肌、腕尺侧屈肌和伸肌、腕斜伸肌只作用于腕关节，为腕关节肌，其余肌肉既作用于指关节，也作用于腕关节。

1.前臂和前脚部肌的识别

(1)背外侧面　由前向后依次为腕桡侧伸肌、指总伸肌、指外侧伸肌和腕尺侧伸肌，在前臂下部经过指总伸肌和指外侧伸肌深面的为腕斜伸肌。

(2)掌内侧面　自桡骨后方依次向后为腕桡侧屈肌和腕尺侧屈肌(桡骨前方为腕桡侧伸肌)，腕尺侧屈肌与腕尺侧伸肌之间夹的是指屈肌：指浅屈肌有 2 个肌腹，位于后方，一个腹的腱经过腕管外面，一个经腕管内下行，两腱在掌中部合并；指深屈肌有 3 个头，桡骨头最小。

2.腕和指的伸肌

(1)腕桡侧伸肌　起自肱骨外侧上髁，以腱止于掌骨粗隆，可伸腕关节和屈肘关节。

(2)指总伸肌　位于腕桡侧伸肌外侧，分内侧肌腹和外侧肌腹。内侧肌腹亦称指内侧伸肌或第 3 指固有伸肌，起自肱骨外侧上髁，于前臂远端延续为肌腱，经腕、掌背侧向下伸延，止于第 3 指的冠骨和蹄骨。外侧肌腹起自肱骨外侧上髁和尺骨上部，于前臂远端延续为一腱，经腕、掌背侧向下伸延，至掌的远端分为两支，分别沿第 3、4 指的背内侧缘下行，止于蹄骨的伸肌突。可伸指关节和腕关节，也可屈肘关节。

(3)指外侧伸肌　也称第 4 指固有伸肌，位于指总伸肌后方，起自肱骨外侧上髁、桡骨和尺骨近端外侧面，于前臂远端延续为肌腱，经腕的外侧至掌部，沿指总伸肌腱后外侧缘下行，止于第 4 指的冠骨与蹄骨。可伸第 4 指和屈肘关节。

(4)腕斜伸肌　又名拇长外展肌，斜位于前臂下半部，起自桡骨和尺骨外侧面，肌腹斜行于指外侧伸肌和指总伸肌深面，肌腱经过腕桡侧伸肌远端外侧伸向内下方，止于大掌骨内侧面。可伸腕关节和旋外腕关节。

3.腕和指的屈肌

(1)腕桡侧屈肌　位于前臂内侧皮下，肌腹呈纺锤形，起自肱骨内侧上髁，止于大掌骨近端内侧后面。可屈腕关节和伸肘关节。

(2)腕尺侧屈肌　位于腕桡侧屈肌后方前臂内侧后部皮下，有两个头，肱骨头起自肱骨内侧上髁，尺骨头起始于尺骨鹰嘴内侧面，以腱止于副腕骨。可屈腕关节和伸肘关节。

(3)尺骨外侧肌　亦称腕外侧屈肌或腕尺侧伸肌，位于前臂外侧后部皮下、指外侧伸肌后方，起自肱骨外侧上髁，止于副腕骨和第4掌骨。可屈腕关节和伸肘关节。

(4)指浅屈肌　位于前臂后方、尺骨外侧肌和腕尺侧屈肌之间，在前臂中部切断腕尺侧屈肌的肌腹，可暴露此肌。该肌起自肱骨内侧上髁肌腹分浅、深两部，各有一腱，浅腱和深腱分别通过腕管的外面和内面，向下伸延至掌骨中部，两腱合成一总腱后又立即分为两支，分别止于第3、4指冠骨后方的屈肌粗隆，每一肌腱在系关节上方接受来自骨间肌的腱板，形成屈肌腱筒供指深屈肌通过。作用是屈指关节和腕关节，也可伸肘关节。

(5)指深屈肌　位于前臂骨后面，在前臂中部横向切断尺骨外侧肌和指浅屈肌，即可暴露此肌。该肌有三个头，肱骨头最大，起始于肱骨内侧上髁，尺骨头起始于尺骨鹰嘴，桡骨头最小，起自前臂骨间隙附近，三腱于前臂远端掌侧合成一总腱经腕管下行，在指浅屈肌与骨间肌之间伸延，至系关节上方分为两支，分别通过指浅屈肌的屈肌腱筒，止于第3、4指蹄骨掌侧的屈腱面。

(五)前肢肌重要的肌沟

主要有胸正中沟、胸外侧沟、正中沟、桡沟、尺沟及掌内、外侧沟。胸正中沟位于两侧胸降肌之间；胸外侧沟位于胸降肌与臂头肌之间；正中沟位于桡骨与腕桡侧屈肌之间；桡沟位于腕桡侧伸肌与指总伸肌之间；尺沟位于腕尺侧屈肌与尺骨外侧肌之间；掌内、外侧沟位于掌骨与指屈肌腱之间的内、外侧。

(六)前肢的黏液囊

有位于尺骨鹰嘴、掌骨粗隆、腕部背侧等处骨的突出部位与皮肤之间的皮下黏液囊，有臂二头肌通过臂二头肌沟的腱下滑膜囊和臂三头肌腱与尺骨鹰嘴之间的腱下黏液囊，还有包围腕关节和指关节肌腱的腱鞘。

六、后肢肌

后肢肌根据部位分为臀股肌群、小腿和后脚部肌，根据其主要作用分为作用于髋关节、膝关节、跗关节和趾关节的肌肉，由于一些肌肉跨越几个关节，作用复杂，以其主要作用分类。

(一)作用于髋关节的肌肉

作用于髋关节的肌肉简称髋关节肌，主要位于臀股部，又称臀股部肌，包括伸肌、屈肌和内收肌。

臀股部肌的识别：臀中肌位于髋结节后腹侧，其深面为臀深肌；自臀中肌向后至股后内侧依次为臀股二头肌、半腱肌和半膜肌。阔筋膜张肌位于臀中肌腹外侧，其深面为股四头肌。缝匠肌位于股内侧面浅层前方股四头肌内侧，其后方为股薄肌；耻骨肌位于缝匠肌与股薄肌上部之间，其后方为内收肌。髂腰肌位于缝匠肌起始部外侧。

1. 伸肌

髋关节的伸肌很强大，包括臀中肌、臀深肌、臀股二头肌、半腱肌和半膜肌。

(1)臀中肌　构成臀部的圆形轮廓，大而厚，起自髂骨翼臀肌面、胸腰最长肌腱及荐结节阔韧带，止于股骨大转子，其后部被臀股二头肌上部所遮盖；横向切断臀中肌浅部并翻开，其深面为细带状富含腱质的深部，即臀副肌。其作用为伸髋关节、外展和旋外后肢。

(2)臀深肌　位于臀中肌深面，从中部横向切开臀中肌并翻起，可见此肌略呈扇形，较薄，起自髂骨翼外侧面、坐骨嵴和荐结节阔韧带，止于股骨大转子。臀深肌与臀副肌之间有至阔筋膜张肌的臀前神经通过。主要作用是内旋和外展后肢。

(3)臀股二头肌　位于臀股部外侧皮下、臀中肌的后外侧，长而宽厚，起自荐骨棘突、荐结节阔韧带(椎骨头)及坐骨结节(坐骨头)，其下部分为前、后两部分，以腱膜止于膝盖骨外侧、胫骨嵴和跟结节。该肌作用复杂，在推进躯干、竖立、蹴踢时可伸髋、伸膝和伸跗关节，在提举后肢时可屈膝关节。

(4)半腱肌　位于臀股二头肌后内方，构成股部的后缘，起自坐骨结节，以腱膜止于胫骨嵴和跟结节。作用与臀股二头肌相似。

(5)半膜肌　呈三棱形，位于半腱肌的内侧，起自坐骨结节，止于股骨远端和胫骨近端内侧面，内下方被股薄肌所遮盖。作用为伸髋关节和内收后肢。

2.屈肌

髋关节的屈肌有阔筋膜张肌、缝匠肌、耻骨肌和髂腰肌。

(1)阔筋膜张肌　呈三角形，位于股前部外侧皮下、臀中肌的前外侧起自髋结节，肌腹向下至股外侧延续为强厚而呈腱性的阔筋膜，止于膝盖骨及胫骨近端外侧。作用为紧张阔筋膜、屈髋和伸膝关节。

(2)缝匠肌　为窄而薄的带状肌，位于股内侧前部皮下，起自髂骨体和腰小肌腱，止于膝内侧韧带和胫骨嵴。作用为伸膝、屈髋和内收后肢。

(3)耻骨肌　呈锥形，位于缝匠肌后方，起自耻骨前缘止于股骨远端内侧。作用为屈髋和内收后肢。

(4)髂腰肌　由腰大肌和髂肌组成，髂肌分内侧部和外侧部，起自髂骨翼的髂肌面和荐骨骨盆面，两部之间形成一沟容纳腰大肌的后部，三者组成腰肌，止于股骨小转子。作用为屈髋和旋外后肢。

3.内收肌

髋关节的内收肌包括股薄肌和内收肌。

(1)股薄肌　位于股部内侧皮下，为四边形的薄肌，前缘为缝匠肌，起始于骨盆联合和耻前腱，止于膝内侧韧带、小腿筋膜、胫骨嵴和跟腱。

(2)内收肌　位于耻骨肌和半膜肌之间，被股薄肌遮盖，从内侧切断股薄肌或从外侧股中部切开臀股二头肌并翻起，方可看到此肌，起自耻骨和坐骨腹侧面，止于股骨内侧面。

(二)作用于膝关节的肌肉

作用于膝关节的肌肉简称膝关节肌，膝关节只能作伸屈运动，配套的肌肉也只有伸肌和屈肌。伸肌相当发达，为股四头肌；屈肌不发达，为腘肌。

1.股四头肌

股四头肌位于股骨前方及内、外侧，大而圆，呈梭形，外侧被覆阔筋膜张肌及股阔筋膜。股四头肌有四个头，即股直肌(直头)、股内侧肌(内侧头)、股外侧肌(外侧头)及股中间肌(中间头)。股中间肌被其余三肌包围；股直肌起自髋臼的前方，其余三头分别起自股骨的内侧面、外侧面及前面，四肌同止于膝盖骨；作用为伸膝关节，股直肌亦可屈髋关节。

2.腘肌

紧贴胫骨近端后面，外被腓肠肌和趾浅屈肌所遮盖，起自股骨外侧上髁的腘肌窝，止于胫骨跖侧的腘线及其以上区域。作用为屈膝关节。

(三)作用于跗关节的肌肉

作用于跗关节的肌肉简称跗关节肌,位于小腿部,又称小腿部肌,分屈肌和伸肌。

1.小腿和后脚部肌的识别

背侧面浅层由浅到深依次为腓骨第3肌、趾长伸肌、胫骨前肌。腓骨第3肌后方为腓骨长肌,再后方为趾外侧伸肌。在小腿中部外侧切断臀股二头肌并翻起,小腿后方为腓肠肌,腓肠肌内、外侧头之间为趾浅屈肌;连接腓骨头与腓肠肌外侧头的细肌带为比目鱼肌;腓肠肌前方为趾深屈肌;在膝关节后方切断腓肠肌内侧头并翻起,可见趾深屈肌上方斜形的肌肉,为腘肌。

2.伸肌

跗关节的伸肌位于小腿跖侧面,包括腓肠肌和比目鱼肌。

(1)腓肠肌　位于小腿后部外侧被臀股二头肌、内侧被半腱肌和半膜肌所遮盖,肌腹分外侧头和内侧头,均呈扁纺锤形。外侧头起自股骨远端的外侧髁上粗隆,内侧头起自内侧髁上粗隆,二肌腹于小腿中部合成一强腱,腱的上半部紧贴于趾浅屈肌腱后面,下半部经趾浅屈肌腱外侧面扭转至其前,止于跟结节。作用为伸跗关节。

(2)比目鱼肌　为小而薄的带状肌,位于小腿外侧上半部,起自腓骨头,止于腓肠肌腱。腓肠肌内、外侧头及比目鱼肌合称小腿三头肌。

在跟骨的跟结节上附着一强大呈圆索状的跟腱,参于构成跟腱的肌肉有腓肠肌、趾浅屈肌、臀股二头肌和半腱肌,四块肌肉都有肌腱附着于跟结节。

3.屈肌

跗关节的屈肌位于小腿背外侧,包括腓骨第3肌、胫骨前肌和腓骨长肌。

(1)腓骨第3肌　位于小腿背侧皮下,起自股骨外侧上髁的伸肌窝,肌腱在跗关节背侧被近侧横韧带所固定,止于大跖骨的近端及第2、3跗骨。作用为屈跗关节。

(2)胫骨前肌　紧贴胫骨前外侧面、趾长伸肌的深面,起自胫骨粗隆,止于第3跖骨的近端及第2、3跗骨。

(3)腓骨长肌　位于腓骨第3肌后方,起自胫骨外侧髁及股胫外侧韧带,止于大跖骨近端及第1跗骨。作用为屈跗关节及旋内后脚。

(四)作用于趾关节的肌肉

简称趾关节肌,肌腹主要位于小腿部,在跖部和趾部转化为细长的腱索,又称为小腿部及后脚部肌。趾关节肌分伸肌和屈肌。

1.伸肌

趾关节的伸肌包括趾长伸肌和趾外侧伸肌。

(1)趾长伸肌　位于腓骨第3肌与胫骨前肌之间,起始于股骨的伸肌窝,分内侧肌腹(趾内侧伸肌、第3趾固有伸肌)和外侧肌腹。从腓骨第3肌中部切断该肌并向下翻转,可见2个肌腹,内侧肌腹至跗关节背侧变成腱下行止于第3趾的冠骨,外侧肌腹主腱与内侧肌腹腱相伴下行,于趾部背侧分成两支,分别止于第3、4趾骨的伸肌突。两肌腱通过跗关节背侧时被近侧和远侧伸肌支持带(横韧带)所固定。

(2)趾外侧伸肌(第4趾固有伸肌)　位于腓骨长肌后方,起自胫骨外侧髁及股胫外侧韧带,肌腱通过跗关节外侧向下伸延至跖背侧,伴随趾长伸肌腱外侧下行,止于第 4 趾的冠骨。

2. 屈肌

趾关节的屈肌包括趾浅屈肌和趾深屈肌。

(1)趾浅屈肌　起自股骨髁上窝,被腓肠肌内、外侧头包裹,至小腿远端变成腱,该腱经腓肠肌腱内侧向后扭转,在跟结节处变宽,附着于跟结节两侧,主腱继续向下伸延,止于第 3、4 趾的冠骨。自腓肠肌内、外侧头的中下部结合处纵向切开腓肠肌,或将腓肠肌内侧头向内翻转,可见到趾浅屈肌的肌腹部分。

(2)趾深屈肌　较发达,紧贴胫骨后面,有三个头:外侧浅头、外侧深头和内侧头。起于胫骨后面和外侧缘,胫骨后肌和长屈肌在小腿远端变成腱,两腱合并为主腱,通过跗管(跗骨沟)下行,趾长屈肌腱在跖骨后面上部与主腱连成一总腱,在系关节上方分为两支,分别通过屈肌腱,止于趾骨的屈腱面。

(五)肌沟

主要观察股管,臀股二头肌沟,小腿内、外侧沟和跖内、外侧沟。股管为股内侧上部的肌间隙,由缝匠肌、耻骨肌和股薄肌共同围成,供股动脉、股静脉、隐动脉、隐静脉及隐神经通过。臀股二头肌沟位于股外侧后部,为臀股二头肌与半腱肌之间的肌沟,牛的臀股二头肌沟位于臀股二头肌两部分之间。小腿内、外侧沟位于跟腱前方,小腿部的内、外侧。跖内、外侧沟位于跖骨与趾深屈肌腱之间,跖部的内、外侧。

【测试题】

一、名词解释

鼻旁窦　假肋　肋弓　胸廓　骨盆　关节　黏液囊　腹股沟管

二、填空题

1. 动物体内的骨,根据形态可以分为________、________、________和________。

2. 骨的基本构造包括骨膜、________、________、________和________。

3. 动物的骨髓可分为________和________两种。

4. 动物的脊柱由________、________、________、________和________组成。

5. 躯干骨包括________、________和________。

6. 小腿骨由________和________组成,后脚骨包括________、________、________和籽骨。

7. 关节的基本结构包括关节面、________、________、________和________。

8. 膈上有三个裂孔,由上至下依次为________、________和________。

三、选择题

1. 动物发生骨折损伤后能够参与修复的结构是(　　)。

A. 骨质　　B. 骨骺　　C. 骨膜　　D. 骨髓

2. 家畜体内经常愈合为一体的椎骨是(　　)。

A. 颈椎　　B. 胸椎　　C. 腰椎　　D 荐椎

3. 前肢骨中仅由一块骨构成的是(　　)。

A. 臂骨　　B. 前臂骨　　C. 腕骨　　D. 掌骨

4. 后肢骨中仅有一块骨构成的是(　　)。

A. 股骨　　B. 膝盖骨　　C. 跗骨　　D. 跖骨

5. 有关骨髓腔说法正确的是(　　)。

A. 位于骨端内　　B. 位于长骨的骨干内

C. 成年家畜骨髓腔骨髓腔内含红骨髓　　D. 以上全不对

6. 前肢关节中无韧带固定的关节是(　　)。

A. 肩关节　　B. 肘关节　　C. 腕关节　　D. 指关节

7. 后肢关节中,具有关节盘的关节是(　　)。

A. 髋关节　　B. 膝关节　　C. 跗关节　　D. 趾关节

8. 下列不属于关节辅助结构的是(　　)。

A. 关节囊　　B. 囊内韧带　　C. 囊外韧带　　D. 关节唇

9. 腹壁肌是构成软腹壁的基础,从外到内依次是(　　)。

A. 腹外斜肌、腹内斜肌、腹横肌、腹直肌

B. 腹外斜肌、腹内斜肌、腹直肌、腹横肌

C. 腹外斜肌、腹横肌、腹直肌、腹内斜肌

D. 腹外斜肌、腹横肌、腹内斜肌、腹直肌

10. 构成腹股沟管的肌肉是(　　)。

A. 腹直肌与腹外斜肌　　B. 腹内斜肌与腹直肌

C. 腹外斜肌与腹内斜肌　　D. 腹横肌与腹内斜肌

项目四

消化系统

【知识目标】

- 熟悉消化系统的组成和腹腔分区。
- 掌握消化系统各器官的位置、形态、构造及其功能的相互关系。
- 熟悉牛(羊)、猪、马、犬、猫、兔等动物消化器官的主要特点。

【能力目标】

- 能指出腹腔内消化器官的位置及体表投影。
- 能联系动物生活习性,总结其与消化器官形态结构特点的关系。

【素质目标】

- 联系不同动物的生活习性和消化特性,学习消化系统解剖特点,培养学生积极探索的能力。
- 培养学生养成合理安排饮食和保持饮食卫生的习惯。

任务4-1 消化系统的组成和腹腔分区

【学习任务单】

一、学习目标

1.熟悉消化系统的组成。
2.了解消化管的构造。
3.掌握体腔、浆膜及浆膜腔的含义。
4.熟悉腹腔的分区。

二、学习资源

1.各种动物整体模型和消化系统浸渍标本。
2.教材。
3.信息化教学资源。

三、学习任务

1. 能较熟练地叙述动物消化系统的组成。
2. 能在图片上指出消化管管壁的组织构造。
3. 能在动物整体模型上正确辨认腹腔的10个区域。
4. 能正确理解体腔、浆膜及浆膜腔的概念。

【相关知识】

一、消化系统的组成和功能

消化系统包括消化管和消化腺两部分。其中消化管为食物通过的管道，起于口腔，经咽、食管、胃、小肠、大肠，止于肛门；消化腺为分泌消化液的腺体，包括壁内腺（如胃腺和肠腺）和壁外腺（如肝、胰和唾液腺）（图4-1，图4-2）。

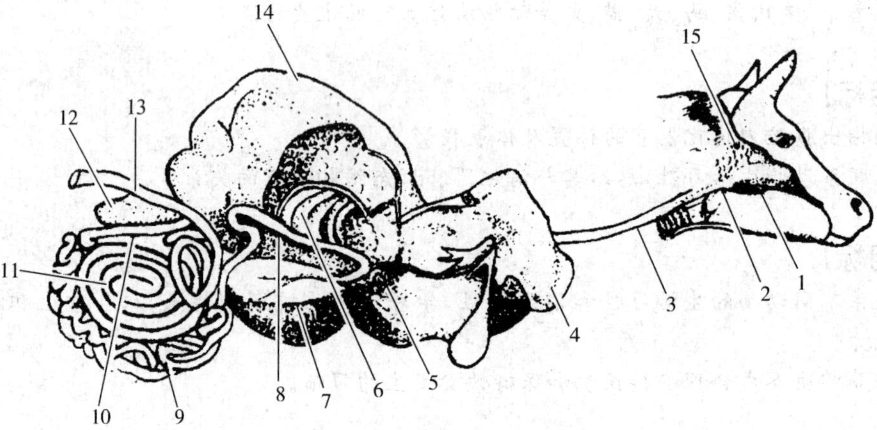

1.口腔　2.咽　3.食管　4.肝　5.网胃　6.瓣胃　7.皱胃　8.十二指肠
9.空肠　10.回肠　11.结肠　12.盲肠　13.直肠　14.瘤胃　15.腮腺

图4-1　牛消化系统模式图

（程会昌，2012.动物解剖与组织胚胎）

消化系统的功能主要是摄取和消化食物、吸收养料、排出粪便，消化系统正常运转是保证新陈代谢正常进行的重要条件。

二、消化管的构造

消化管各段管壁的组织结构，除口腔外，一般均可分为四层，由内向外分别为黏膜、黏膜下层、肌层和外膜（图4-3）。

1. 黏膜

位于消化管的最内层，正常黏膜呈淡红色或鲜红色，柔软而湿润，有一定的伸展性，当管腔内空虚时，常形成皱褶。因其表面常覆盖有分泌的黏液而得名。黏膜由内向外依次可分为黏膜上皮、黏膜固有层和黏膜肌层3层结构。

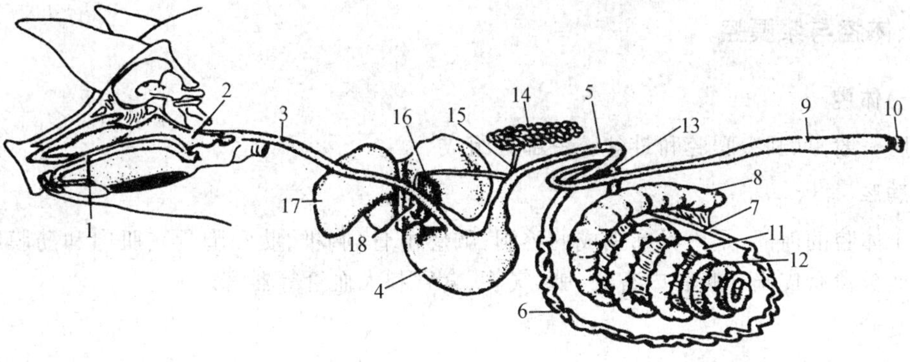

1.口腔 2.咽 3.食管 4.胃 5.十二指肠 6.空肠 7.回肠 8.盲肠 9.直肠 10.肛门
11.向心回 12.离心回 13.结肠终袢 14.胰 15.胰管 16.胆总管 17.肝 18.胆囊

图 4-2 猪消化系统模式图

(程会昌,2012.动物解剖与组织胚胎)

2.黏膜下层

位于黏膜和肌层之间的一层疏松结缔组织,有连接黏膜层和肌层的作用,并使黏膜有一定的活动性,在富有伸展性的器官(如胃)上特别发达。黏膜下层内有较大的血管、淋巴管和黏膜下神经丛,有些器官的黏膜下层内分布有淋巴组织和腺体(食管腺、十二指肠腺)。

3.肌层

一般可分为内环、外纵的两层平滑肌。

4.外膜或浆膜

位于管壁的最外面,为富有弹性纤维的薄层疏松结缔组织。在食管前部、直肠后部与周围器官相连接处称为外膜;而在胃肠外膜表面尚有一层间皮覆盖,称为浆膜(图 4-3)。

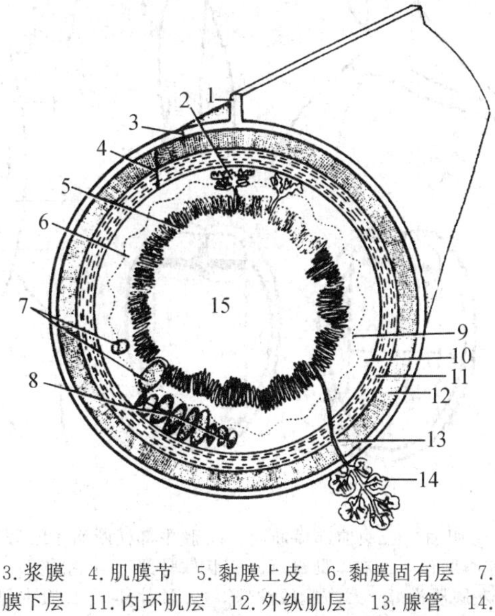

1.肠系膜 2.十二指肠 3.浆膜 4.肌膜节 5.黏膜上皮 6.黏膜固有层 7.淋巴孤结 8.淋巴集结
9.黏膜肌层 10.黏膜下层 11.内环肌层 12.外纵肌层 13.腺管 14.壁外腺 15.肠腔

图 4-3 管状器官结构模式图

(程会昌,2012.动物解剖与组织胚胎)

三、体腔与浆膜腔

(一)体腔

体腔一般由胸腔、腹腔和骨盆腔三部分组成。

1.胸腔

位于体腔的前部,是由胸廓围成的腔洞,胸廓由骨(胸椎、肋和胸骨)、肌肉和筋膜组成,胸廓外表面被覆有皮肤。胸腔内有心、肺、气管、食管和大血管等器官。

2.腹腔

腹腔是体内最大的腔,其前壁为膈,后通骨盆腔,两侧和底壁为腹壁肌及其腱膜,顶壁为腰椎、腰肌和膈脚。腹腔内有胃、肠、肝、胰、脾、肾、输尿管和生殖器官的一部分。

为了准确地表明各器官的位置,可将腹腔划分为10个部分(图4-4)。具体划分方法如下:

通过最后肋骨的最突出点以及髋结节前缘各做一个假想的横断面,将腹腔首先划分为腹前部、腹中部、腹后部。

(1)腹前部　分为三部分。以肋弓为界,下部称剑状软骨部;上部以正中矢状面为界分为左、右季肋部。

(2)腹中部　分为四部分。沿腰椎横突两侧顶点各做一个侧矢面,将腹中部分为左髂部、右髂部和中间部;沿第一肋骨的中点做额面,将中间部分为背侧的腰部和腹侧的脐部。

(3)腹后部　分为三部分。把腹中部的两个侧矢面平行后移,将腹后部分为左腹股沟部、右腹股沟部和中间的耻骨部。

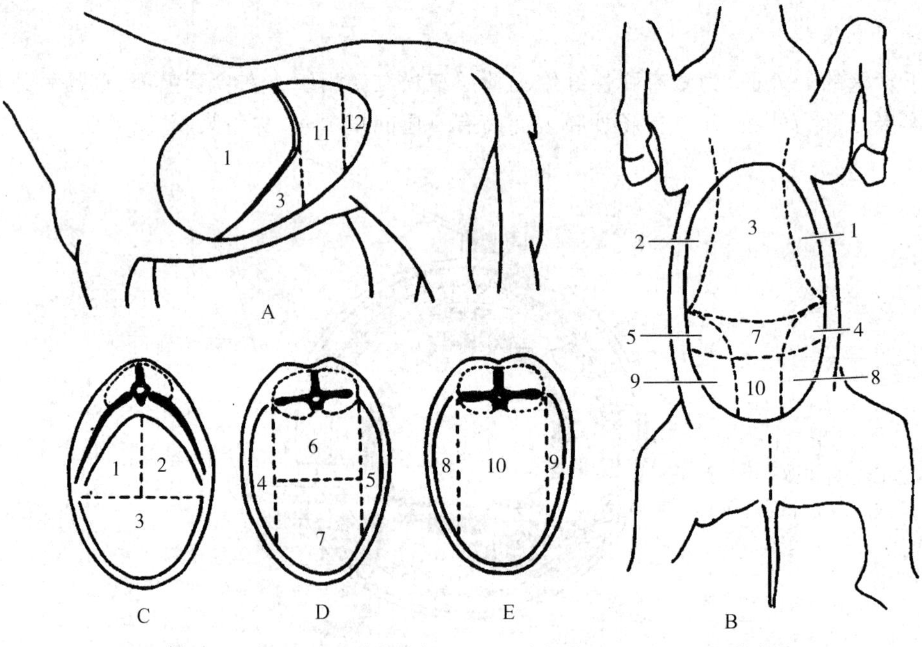

A.侧面　B.腹面　C.腹前部横断面　D.腹中部横断面　E.腹后部横断面
1～3.腹前部(1.左季肋部　2.右季肋部　3.剑状软骨部)　4.左髂部　5.右髂部　6.腰部
7.脐部　8.左腹股沟部　9.右腹股沟部　10.耻骨部　11.腹中部　12.腹后部

图4-4　腹腔各区的划分

(程会昌,2014.动物解剖学与组织胚胎学,第2版)

3. 骨盆腔

由背侧的荐骨和前4枚尾椎、两侧的髂骨和荐结节阔韧带，以及腹侧的坐骨和耻骨共同围成的前宽后窄、圆锥形的腔隙。

骨盆前口呈卵圆形，由荐骨岬、髂骨和耻骨前缘组成，与腹腔相通；骨盆腔后口由尾椎、髂骨、荐结节阔韧带后缘和坐骨弓围成。

骨盆腔内有直肠、输尿管和膀胱，雄性动物有输精管、尿生殖道骨盆部和副性腺，雌性动物有子宫（后）和阴道。

（二）浆膜和浆膜腔

体腔内衬有一层光滑、透明的薄膜（由间皮细胞组成），称为浆膜。其中贴在体壁内表面的部分，叫做浆膜壁层；包在内脏各器官外表面的部分，称为浆膜脏层。存在于壁层和脏层之间的腔隙为浆膜腔，腔内有少量浆液，起润滑作用。在胸腔内的浆膜称为胸膜，在腹腔和骨盆腔内的浆膜称为腹膜。由胸膜或腹膜壁层和脏层围成的腔隙分别称为胸膜腔（左、右各1个）和腹膜腔（1个）。

临床上的胸膜炎，就是位于胸腔内的浆膜发生了炎症。当腹膜有炎症时，腹膜的分泌增加，造成大量液体积蓄在腹膜腔内，这种病理现象称为腹水。此外，腹膜还具有吸收作用，在治疗某些疾病的情况下，必要时可以把药物注射到腹膜腔。通常所称的腹腔注射，实际上是把药物注射到腹膜腔内。

纵隔位于胸腔正中矢状面，略偏左，由左、右两层纵隔胸膜及夹在其间的器官（气管、食管、前腔静脉、主动脉、心和心包等）组成。

任务4-2　消化器官的解剖构造

【学习任务单】

一、学习目标

1. 掌握牛（羊）、猪、马、犬和兔消化系统各器官的位置、形态及其功能。
2. 了解各种消化器官的体表投影位置。

二、学习资源

1. 牛（羊）、猪、马、犬和兔的消化系统模型或浸渍标本。
2. 教材。
3. 信息化教学资源。

三、学习任务

1. 观察口腔内唇、颊、硬腭、软腭、唾液腺，以及齿的种类、形态和构造。
2. 识别咽的七个开口及其与周围的关系。
3. 在标本上观察食管颈段、胸段和腹段的位置及其与气管的位置关系。
4. 观察反刍动物（牛、羊）瘤胃、网胃、瓣胃和皱胃的形态，及其在体表的投影位置。
5. 观察马、猪、犬、兔胃的形态和解剖位置；胃的无腺部和有腺部的区别和形态特点。

6. 观察十二指肠、空肠和回肠的形态、位置和分段。

7. 观察盲肠、结肠和直肠的形态、位置；重点观察不同动物结肠的形态特点。

8. 观察肝的形态、位置和分叶，观察胰的形态、位置。

【相关知识】

一、口腔、咽和食管

(一)牛(羊)的口腔、咽和食管

1. 口腔

口腔是消化管的起始部，有采食、咀嚼、吸吮、泌涎、尝味与吞咽等功能。口腔的前壁是唇，两侧壁是颊，顶壁是硬腭，底壁为舌和下颌骨切齿部及其表面的黏膜。口腔分为口腔前庭和固有口腔，其中唇和颊与齿弓之间的空隙为口腔前庭，齿弓之内的空间称固有口腔。在口腔内有舌和齿，在口腔外有大唾液腺(腮腺、下颌腺和舌下腺)，通过导管与口腔相通。口腔内表面被覆黏膜，活体呈光滑、湿润、粉红色，有的牛口腔黏膜有色斑。此外，口腔内还分布有唇腺、颊腺、舌腺、腭腺等小唾液腺。

(1)唇　为口腔的前壁，分上唇和下唇。上、下唇之间为口裂，在两端汇合为口角。唇外被覆皮肤，内衬黏膜，中间为口轮匝肌。上唇短厚而不灵活，上唇与鼻孔之间无毛，形成鼻唇镜，正常呈湿润状态。羊上唇有极窄的唇镜，中间有明显的纵沟，称为人中。

(2)颊　为口腔的侧壁，外被皮肤，内衬黏膜，中间为颊肌。颊黏膜上有尖端向后的锥状乳头，在与第3～5上颊齿相对处有腮腺导管开口。

(3)硬腭　为固有口腔的顶壁，由骨质硬腭被覆黏膜构成，向后延续为软腭。牛硬腭短而宽，表面正中央有纵行的腭缝，两侧有横向的腭褶，其游离缘呈锯齿状。腭缝前端有一小突起，为切齿乳头。反刍动物无上切齿，硬腭前部的黏膜形成厚而致密的角质层，称齿枕。

(4)齿　着生于上颌骨和下颌骨上，排列形成上、下齿弓，上齿弓较宽。

①齿的分类和数目　根据齿的功能、位置和形态结构，可将齿分切齿、犬齿、颊齿，颊齿分为前臼齿和后臼齿。切齿位于齿弓前部，每侧由内向外依次为门齿、内中间齿、外中间齿和隅齿。牛、羊无上切齿和犬齿(图4-5)。

动物上、下齿弓的齿的分布一般左右对称，所以可用齿式来表示齿的数目：

$$\frac{\text{上齿弓}}{\text{下齿弓}}=2\left(\frac{\text{切齿}\quad\text{犬齿}\quad\text{前臼齿}\quad\text{后臼齿}}{\text{切齿}\quad\text{犬齿}\quad\text{前臼齿}\quad\text{后臼齿}}\right)$$

除臼齿外，其余各齿均要在一定年龄更换一次，更换前的齿称为乳齿，更换后的齿称为恒齿。乳齿较小，较白，易磨损。臼齿只有恒齿。

$$2\left(\frac{\text{切齿(I)}\quad\text{犬齿(C)}\quad\text{前臼齿(P)}\quad\text{后臼齿(M)}}{\text{切齿(I)}\quad\text{犬齿(C)}\quad\text{前臼齿(P)}\quad\text{后臼齿(M)}}\right)=32$$

牛的恒齿式：$$2\left(\frac{(I)0\quad(C)0\quad(P)3\quad(M)3}{(I)4\quad(C)0\quad(P)3\quad(M)3}\right)=32$$

牛的乳齿式：$$2\left(\frac{(I)0\quad(C)0\quad(P)3\quad(M)0}{(I)4\quad(C)0\quad(P)3\quad(M)0}\right)=20$$

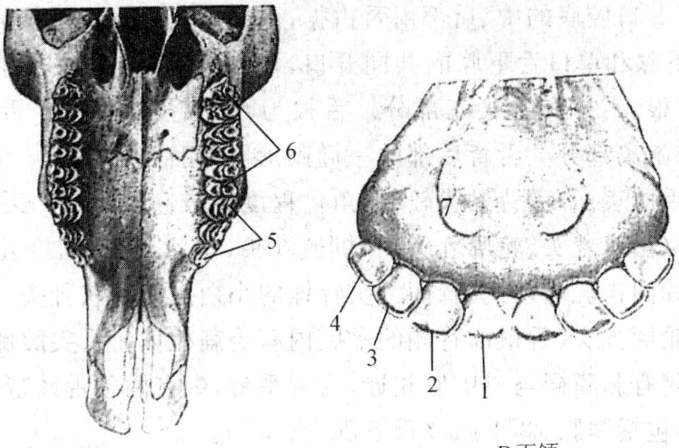

1. 门齿　2. 内中间齿　3. 外中间齿　4. 隅齿　5. 前臼齿　6. 后臼齿　7. 舌下肉阜

图 4-5　牛齿示意图

（董常生，2015，家畜解剖学，第 5 版）

②齿的形态和构造　露在齿龈外的部分为齿冠，被齿龈包裹的部分为齿颈，埋在齿槽内的部分为齿根。齿龈为被覆于齿颈及邻近骨表面的黏膜，是口腔黏膜的延续。正常情况下为淡粉色，临床常将齿龈的色泽作为诊断疾病的依据。切齿和犬齿只有 1 个齿根，颊齿 2～3 个齿根，齿根末端有孔连通齿髓腔。

齿由坚硬的矿物组织和柔软的结缔组织构成。柔软的结缔组织构成齿髓，由齿根尖孔伸入齿腔内。矿化组织有 3 种，齿质坚硬呈黄白色，构成齿的主体，围成齿腔；釉质包在齿冠的周围，乳白色，光滑而极坚硬；最外层是薄层的黏合质，极不完整，仅出现在齿根和齿颈，呈黄色。齿髓富含神经纤维（图 4-6）。

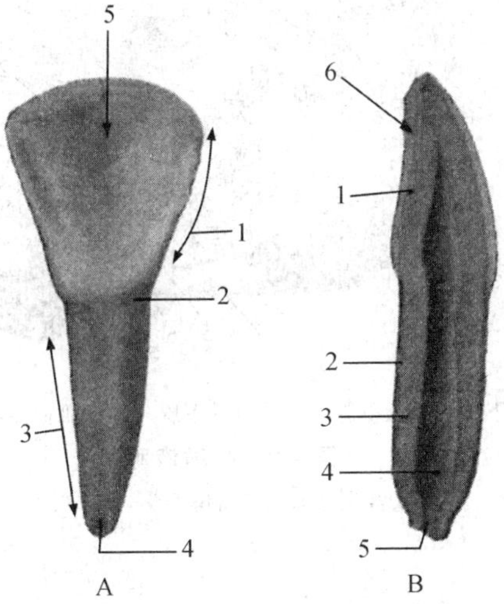

A. 形态构造：1. 齿冠　2. 齿颈　3. 齿根　4. 齿根尖孔　5. 咀嚼面（磨面）

B. 内部构成：1. 釉质　2. 黏合质　3. 齿质　4. 齿腔　5. 齿根尖孔　6. 咀嚼面（磨面）

图 4-6　牛切齿（短冠齿）的构造

（董常生，2015，家畜解剖学，第 5 版）

(5)口腔底和舌　口腔底的中、后部由舌占据，前部由下颌骨切齿部被覆黏膜组成，黏膜上有一对乳头，为颌下腺和单口舌下腺的共同开口，称为舌下阜(中兽医称为卧蚕)。舌为采食和味觉器官，分为舌根、舌体和舌尖三部分。舌根为舌的后部，附着于舌骨；舌体位于颊齿之间；舌尖为舌前端的游离部分。舌背后部的一椭圆形隆起称为舌圆枕。舌由舌肌和舌黏膜构成。舌黏膜被覆于舌肌表面，舌背黏膜较厚，角化程度也较高，形成许多形态和大小不等的两类乳头，即味觉乳头(菌状乳头、轮廓乳头)和机械乳头(丝状乳头、圆锥乳头和豆状乳头)。舌圆枕上有豆状乳头和圆锥乳头，舌尖背面大头针样的小白点是菌状乳头；舌体与舌根交界处两侧的圆圈状结构是轮廓乳头，舌根部背侧的黏膜内有舌扁桃体。舌尖腹侧面的黏膜较薄，在舌尖与舌体交界处腹侧有黏膜褶与口腔底相连，为舌系带，牛有两条舌系带。

(6)大唾液腺　包括腮腺、颌下腺和舌下腺(图 4-7)。

腮腺位于耳郭基部下方，下颌支后缘皮下，呈倒立的三角形，腮腺导管伴面动脉沿咬肌前缘走行，开口于与第 2 上臼齿相对的颊黏膜上。羊的腮腺管沿咬肌外面直向前行，开口于第 2 上臼齿相对的颊黏膜上。

颌下腺比腮腺大，呈新月形，部分被腮腺覆盖，淡黄色，自寰椎窝向前下延伸至下颌角内，导管开口于舌下阜。

舌下腺位于舌体与下颌骨体之间的黏膜下，分多口舌下腺和单口舌下腺。多口舌下腺位于背侧，以 20 余条小腺管开口于舌体腹外侧的口腔底黏膜，单口舌下腺位于腹侧，腺管与颌下腺管一起开口于舌下阜。

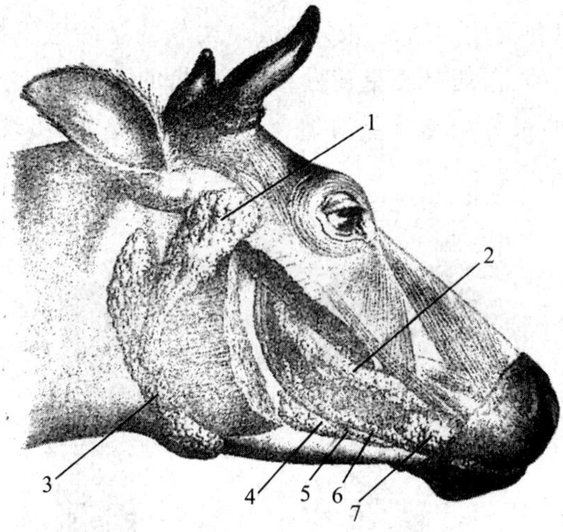

1. 腮腺　2. 多口舌下腺　3. 颌下腺　4. 单口舌下腺　5. 颊肌神经　6. 颊肌静脉　7. 颊腺

图 4-7　牛唾液腺

(董常生，2015，家畜解剖学，第 5 版)

2. 咽和软腭

(1)咽　是消化管与呼吸道的共同通道，位于鼻腔和口腔的后方，略呈漏斗状。被深入的软腭分为三部分：软腭上方的鼻咽部、软腭下方的口咽部和软腭游离缘之后与喉口之间的喉咽部。口咽部以咽口通口腔，侧壁上有腭扁桃体窦，窦壁上有腭扁桃体。鼻咽部以两个鼻后孔通鼻腔，顶壁有咽中隔和咽扁桃体，两侧壁上有裂隙状的咽鼓管咽口，通中耳。喉咽部经食管口和喉口分别通食管和喉，在喉口两侧形成咽隐窝。咽以 7 个口与 5 个部位相通：以两个鼻后孔与鼻腔相通，以两个咽鼓管咽口与中耳相通，以咽口与口腔相通，以食管口和喉口分别与食管和喉相通。

(2)软腭　前端附着于硬腭，两侧附着于咽前部侧壁上，后端游离呈弓形称腭弓。软腭由腭肌被覆黏膜构成。软腭向后与咽侧壁相连的月牙弓形的黏膜褶称腭咽弓，向腹侧与舌根相连的弯曲的黏膜褶称腭舌弓。在口咽部侧壁上，腭咽弓与腭舌弓之间有一凹陷，称为扁桃体窝，内含腭扁桃体，是重要的淋巴器官。软腭平时下垂而伏于舌根上，吞咽时上提。

3. 食管

起于咽，止于瘤胃，分颈、胸、腹三段。颈段初位于喉和气管背侧，至颈中部渐渐转至气管的左侧；胸段位于气管背侧、胸主动脉腹侧，穿过膈肌至腹腔延续为腹段；腹段很短，以贲门连接瘤胃。颈段食管左背外侧有颈总动脉和迷走交感干。胸段食管后段背、腹侧有迷走神经背侧干和腹侧干。

(二)马的口腔、咽和食管

1. 口腔

唇薄而灵活，是采食的主要器官。颊较长，黏膜光滑。硬腭发达，腭褶游离缘光滑，无齿枕。舌无舌圆枕，有舌系带，舌下发达，舌乳头有丝状乳头、菌状乳头、轮廓乳头和叶状乳头。丝状乳头呈丝绒样，柔软；轮廓乳头通常有两个，位于舌背后部中线两侧；叶状乳头位于舌背后部两侧腭舌弓前方。母马一般无犬齿，个别母马可具有犬齿，但不发达；公马的犬齿为短冠齿，前臼齿和后臼齿为长冠齿，磨面上可以见到黑色月牙状的齿漏斗和波浪状的釉质嵴。

公马的恒齿式为　$2\left(\frac{3(\mathrm{I})\quad 1(\mathrm{C})\quad 3(\mathrm{P})\quad 3(\mathrm{M})}{3(\mathrm{I})\quad 1(\mathrm{C})\quad 3(\mathrm{P})\quad 3(\mathrm{M})}\right)=40$

母马的恒齿式为　$2\left(\frac{3(\mathrm{I})\quad 0(\mathrm{C})\quad 3(\mathrm{P})\quad 3(\mathrm{M})}{3(\mathrm{I})\quad 0(\mathrm{C})\quad 3(\mathrm{P})\quad 3(\mathrm{M})}\right)=36$

乳齿式为　$2\left(\frac{3(\mathrm{I})\quad 0(\mathrm{C})\quad 3(\mathrm{P})\quad 0(\mathrm{M})}{3(\mathrm{I})\quad 0(\mathrm{C})\quad 3(\mathrm{P})\quad 0(\mathrm{M})}\right)=24$

腮腺是马最大的唾液腺，呈四边形。颌下腺比腮腺小，长而弯曲。舌下腺最小，仅有多口舌下腺，无单口舌下腺。

2. 咽与软腭

马的咽较牛的略长。在咽鼓管咽口后方的正中，黏膜向后上方形成一盲囊，深约 2.5 cm，称为咽隐窝。马的咽鼓管在颅底和咽后壁之间形成一膨大的黏膜囊，称为咽鼓管囊(图 4-8)。

马的软腭发达，平均长 15 cm，向后下方延伸，其游离缘围绕会厌基部，将口咽部与鼻咽部隔开，因此马不能用口呼吸，病理情况下逆呕时，逆呕物从鼻腔流出。马的腭扁桃体不如牛发达。

3. 食管

马食管管腔比牛细，食管肌层前部由横纹肌构成，在气管分叉之后转为平滑肌，且逐渐增厚。

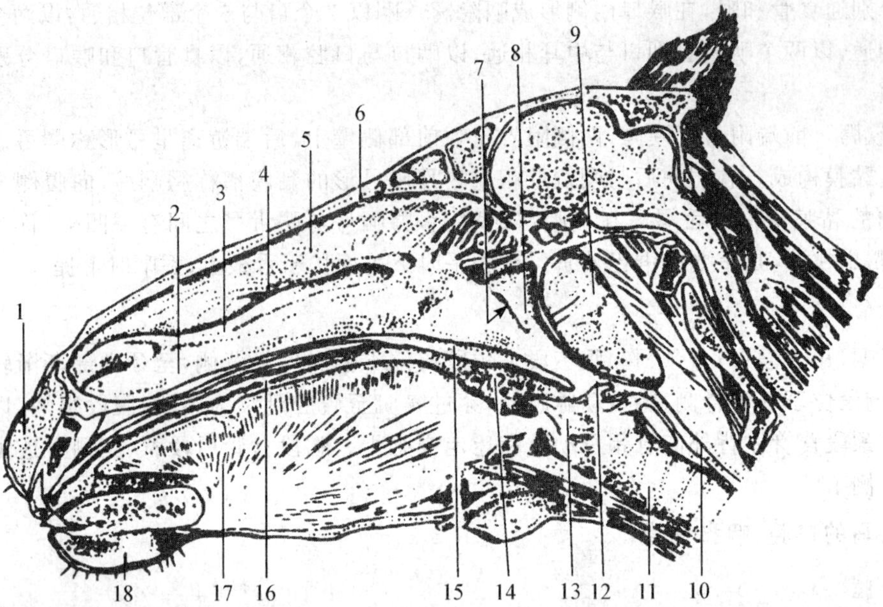

1.上唇 2.下鼻道 3.下鼻甲 4.中鼻道 5.上鼻甲 6.上鼻道 7.咽鼓管咽口 8.鼻咽部 9.咽鼓管囊 10.食管 11.气管 12.喉咽部 13.喉 14.口咽部 15.软腭 16.硬腭 17.舌 18.下唇

图 4-8 马头部矢状面

(陈耀星,2010,畜禽解剖学,第 3 版)

(三)猪的口腔、咽和食管

1.口腔

下唇尖小,上唇与鼻相连形成吻突,内有吻骨,有掘地觅食的作用。硬腭狭长,腭缝的两侧腭褶较密,有 20～23 条;腭缝前端有一隆起,为切齿乳头。切齿乳头的两侧有切齿管,通鼻腔。舌窄而长,舌尖薄,无舌圆枕;有 2 条舌系带;舌下阜小,位于舌系带处。犬齿为长冠齿,切齿和颊齿为短冠齿。猪恒切齿呈圆锥形,上切齿较小,方向近垂直排列较疏;下切齿方向近水平,排列较密。犬齿很发达,尤其是公猪,呈弯曲的三棱形,弯向后方,突出于口裂之外。前臼齿 4 枚,属于切齿型,第 1 前臼齿较小,又称狼齿,无乳狼齿。

	恒齿式	乳齿式
牛、羊:	$2\left\{\frac{0\quad 0\quad 3\quad 3}{4\quad 0\quad 3\quad 3}\right\}=32$	$2\left\{\frac{0\quad 0\quad 3\quad 0}{4\quad 0\quad 3\quad 0}\right\}=20$
猪:	$2\left\{\frac{3\quad 1\quad 4\quad 3}{3\quad 1\quad 4\quad 3}\right\}=44$	$2\left\{\frac{3\quad 1\quad 3\quad 0}{3\quad 1\quad 3\quad 0}\right\}=28$

腮腺发达,呈三角形,位于耳根下方。颌下腺小,圆形。舌下腺分为前部的多口舌下腺和后部的单口舌下腺。

2.咽

狭长,顶壁有咽中隔,是鼻中隔的延续。食管口上方有猪特有的咽憩室,喉口两侧有梨状隐窝,因而猪可以在饮水的同时继续呼吸。软腭游离缘有小的锥形突起,称悬雍垂。软腭的腹侧面有一浅矢状沟，沟的两侧是卵圆形隆起增厚部，具有许多小孔，为猪的腭扁桃体。

3.食管

短而直，颈段不偏向左侧，肌层大部分为横纹肌，仅腹段为平滑肌。

(四)犬的口腔、咽和食管

犬的口裂一般深而大，向后可达第3前臼齿水平。上、下唇密生被毛，下唇近口角处有锯齿状黏膜。具有沟状人中。

犬的唇薄而灵活，周围有触毛，上唇人中明显，口裂大。恒齿式为42枚。幼犬没有后臼齿。犬齿最发达，臼齿的数目因品种而异。

恒齿式：
$$2\left(\frac{3\quad 1\quad 4\quad 2}{3\quad 1\quad 4\quad 3}\right)=42$$

乳齿式：
$$2\left(\frac{3\quad 1\quad 3\quad 0}{3\quad 1\quad 3\quad 0}\right)=28$$

舌呈楔形，舌尖薄，舌体厚，舌背正中有正中沟，无舌圆枕，舌尖腹侧正中有蚓状体，舌系带一条。舌味觉乳头有轮廓乳头一对，叶状乳头一对，菌状乳头散在分布。硬腭腭褶7～8条，有不明显的腭缝。软腭与会厌靠近，吞咽食团时，食团压迫会厌关闭喉。腭扁桃体发达，长椭圆形，位于腭舌弓和腭咽弓围成的窝内，左右各一个。腮腺小，呈“V”形，位于耳根下方，分叶；下颌腺呈长椭圆形，分叶，在腮腺深面。食管较粗，管腔较大，有纵行皱褶。

(五)兔的口腔、咽和食管

上唇正中有纵裂，上唇和外鼻间形成“V”形沟。硬腭有16～17条腭褶。软腭长，咽扁桃体不明显。兔的上切齿每侧2枚，排成前后两排，前排大后排小；下切齿每侧1枚，上、下切齿锋利；无犬齿；上颌前臼齿和后臼齿各3枚；下颌前臼齿2枚，后臼齿3枚。舌狭长而厚，有舌隆起。舌味觉乳头有轮廓乳头1对，叶状乳头1对，菌状乳头散在分布。唾液腺不发达，除腮腺、下颌腺和舌下腺外，还有眶下腺，位于眼眶前下方，分叶，白色。食管黏膜形成纵行皱褶。

二、胃、肠、肝、胰

(一)牛(羊)的胃、肠、肝、胰

1.胃

牛(羊)的胃是复胃，由瘤胃、网胃、瓣胃和皱胃四个胃室组成(图4-9，图4-10)。

(1)瘤胃　瘤胃是成年牛4个胃室中最大的，约占胃总容积的80%，位于腹腔左侧半，为左右略扁、前后稍长的椭圆形大囊，前至膈，后至骨盆前口。瘤胃前、后端分别有较深的前沟和后沟，左右两侧有与前、后沟相连的左纵沟和右纵沟。瘤胃左、右纵沟背侧为瘤胃背囊，腹侧为腹囊；前沟背侧为瘤胃房(前囊)，腹侧为瘤胃隐窝；后沟背侧为后背盲囊，腹侧为后腹盲囊。瘤胃黏膜呈棕黑色，有许多圆锥状和叶片状的乳头。瘤胃内壁还有色淡的肉柱，与前沟、后沟及左右纵沟相对，分别称前柱、后柱、左纵柱和右纵柱，肉柱上无乳头；前、后柱和左、右纵柱围成瘤胃内口，沟通背腹囊。瘤胃的入口是贲门，开口于瘤网胃交界处，也称瘤胃前庭；瘤胃出口是瘤网口，由瘤网褶围成，与外表的瘤网胃沟相对。

(2)网胃　位于膈的后方，紧贴于瘤胃房的前方，两者之间有瘤网沟为界。网胃与心包之

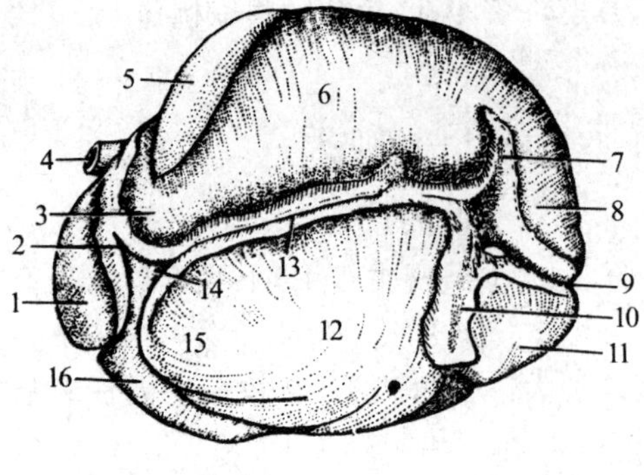

1.网胃　2.瘤网胃沟　3.瘤胃房　4.食管　5.脾
6.瘤胃背囊　7.背侧冠状沟　8.后背盲囊　9.后沟
10.腹侧冠状沟　11.后腹盲囊　12.瘤胃腹囊
13.左纵沟　14.前沟　15.瘤胃隐窝　16.皱胃

图 4-9　牛的胃(左侧)

(程会昌,2012,动物解剖与组织胚胎)

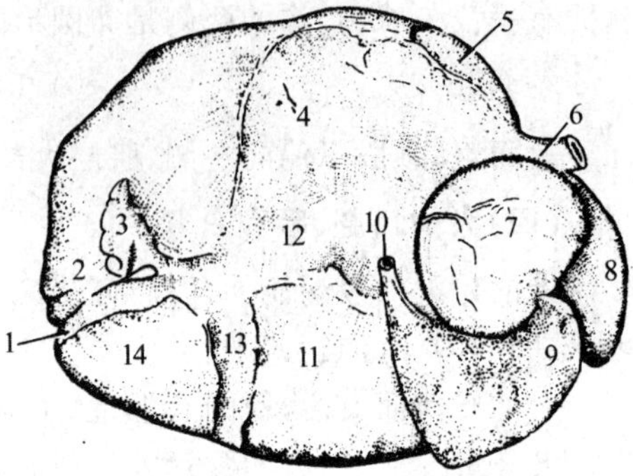

1.后沟　2.后背盲囊　3.背侧冠状沟　4.瘤胃
5.脾　6.食管　7.瓣胃　8.网胃　9.皱胃
10.十二指肠　11.瘤胃腹囊　12.右纵沟
13.腹侧冠状沟　14.后腹盲囊

图 4-10　牛的胃(右侧)

(程会昌,2012,动物解剖与组织胚胎)

间仅以膈相隔,当牛吞食的尖锐物体停留在网胃中时,常可穿通胃壁和膈而刺破心包,引起创伤性心包炎。网胃呈前后略扁的梨形,有游离的腹侧端网胃底。网胃体表投影与第 6～9 肋间相对。网胃黏膜形成网格状黏膜褶,似蜂房,在黏膜褶和网胃房底布满角质乳头。网胃的进口是瘤网口,出口是网瓣口,在贲门和网瓣口之间有胃沟相连,称网胃沟,亦称食管沟(图 4-11)。网胃沟由左、右沟唇和沟底组成,呈螺旋状扭曲,起始部开口向后,中部向左,末端向前。

(3)瓣胃　成年牛的瓣胃占胃总容积的 7%～8%,呈两侧稍压扁的圆球状。位于瘤胃和网胃交界处的右侧,体表投影与第 7～11 肋相对。凸缘(大弯、瓣胃弯)朝向右后上方,凹缘(小弯、瓣胃底)向左前下方,以细的瓣胃颈与网胃相连。瓣胃黏膜形成瓣胃叶,附着于大弯,其上布满角质乳头。瓣胃底无瓣叶,有瓣胃沟,大瓣叶的游离缘与瓣胃沟之间形成瓣胃管。瓣胃的进口是网瓣口,出口是瓣皱口,两口之间有瓣胃沟和瓣胃管相连。在瓣皱口的两侧黏膜各形成一小皱褶,为瓣胃帆。瓣胃因瓣叶间充满较干的饲料而较坚硬。

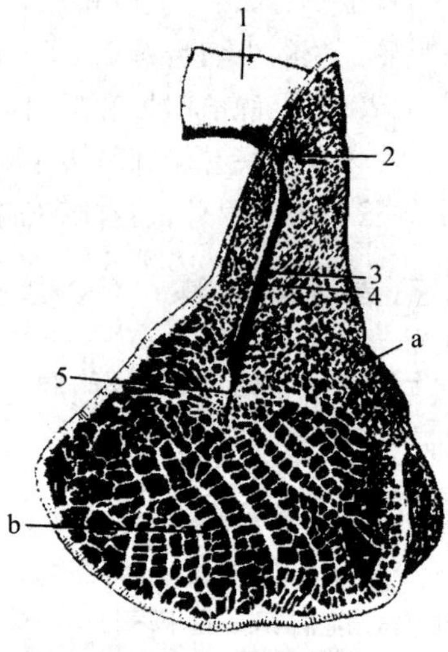

a.瘤网胃褶　b.网胃
1.食管　2.贲门　3.食管沟右唇
4.食管沟左唇　5.网瓣胃口

图 4-11　牛的食管沟

(程会昌,2012,动物解剖与组织胚胎)

(4)皱胃　成年牛的皱胃占胃容积的 7%～8%,位于右季肋部和剑状软骨部瓣胃的腹侧,体表投影与第 8～12 肋下部相对。皱胃为弯曲的长梨形囊,凸缘向下,为大弯,凹缘向上为小弯。皱胃分胃底、胃体和幽门部,胃底为起始部的膨大部分,在瘤胃隐窝和网胃底腹侧,向后延续为胃体,幽门部在瓣胃后方沿肋弓转向后上方,以幽门连接十二指肠。皱胃黏膜光滑、柔软,在胃底和胃体部有 12～14 条螺旋形皱褶,称皱胃旋褶。在小弯侧有皱胃沟,在幽门小弯侧肌膜形成幽门圆枕。根据黏膜颜色和位置可将皱胃分为贲门腺区

(色淡)、胃底腺区(灰红色)和幽门腺区(黄色)。

(5)大网膜和小网膜　大网膜发达,分浅、深两层。浅层起于瘤胃左纵沟,沿腹囊左侧面向下绕过腹囊腹侧至右侧腹壁,向上止于皱胃大弯及十二指肠的前部和降部。深层起于瘤胃右纵沟,沿瘤胃腹囊脏面向下达腹底壁,再经空肠和结肠右侧向上止于十二指肠降部。浅层与深层于瘤胃后沟处相延接,两者之间围成口袋状的网膜囊后隐窝,包裹瘤胃腹囊。小网膜起始于肝脏面,从肝门至食管压迹,经瓣胃右侧后行连接于皱胃小弯和十二指肠前部,瓣胃被包在其中。小网膜与瘤胃和肝之间形成网膜前庭,借网膜孔与腹膜腔相通。

2. 肠

由小肠和大肠组成,牛肠为体长的20倍,羊肠为25倍(图4-12)。

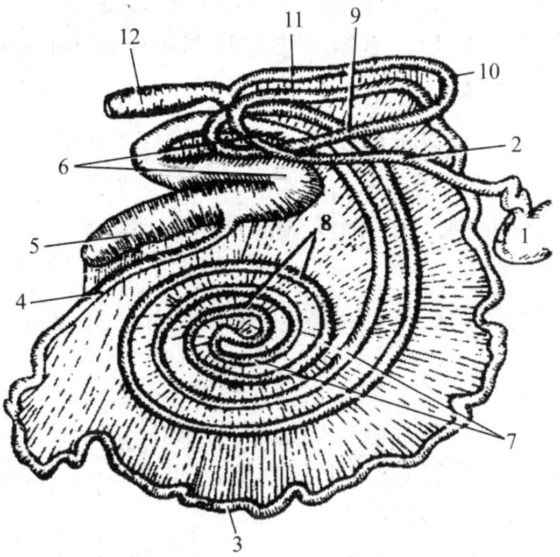

1. 胃　2. 十二指肠　3. 空肠　4. 回肠　5. 盲肠　6. 结肠初袢　7. 结肠旋袢向心回
8. 结肠旋袢离心回　9. 结肠终袢　10. 横结肠　11. 降结肠　12. 直肠

图4-12 牛肠模式图

(程会昌,2012,动物解剖与组织胚胎)

(1)小肠　几乎全部位于腹腔右侧,由总肠系膜悬于腹腔顶壁,在网膜囊上隐窝内。小肠分十二指肠、空肠和回肠。

①十二指肠　位于右季肋部和腰部,分三部三曲,顺序依次为前部、十二指肠前曲、降部、十二指肠后曲、升部和十二指肠空肠曲。前部起始于幽门,在肝的脏面形成乙状袢前曲,为由前部折转为降部的弯曲。降部位于腰部,自前曲伸向后上方,在髋结节附近转向内侧,延续为后曲。升部自后曲向前延伸,在胰腹侧以十二指肠空肠曲移行为空肠。升部位于降结肠右侧,两者之间有十二指肠结肠褶(韧带)相连,常以此作为十二指肠与空肠的分界。

②空肠　位于腹腔右侧,盘曲成许多肠袢,以空肠系膜悬挂于结肠盘腹侧。

③回肠　位于右髂部,继空肠由后下方走向前上方,约在第4腰椎腹侧以回肠口开口于盲肠结肠交界处腹侧。回肠与盲肠之间由回盲褶(韧带)相连,常以此韧带作为识别回肠的标志。回肠壁内含有大量的淋巴组织而较厚,其中丰富的淋巴集结肉眼可观察到,称集合淋巴小结,构成消化道重要的免疫屏障。

(2)大肠　大肠较粗,分为盲肠、结肠和直肠三段。反刍动物的盲肠和结肠没有纵肌带和肠袋。

①盲肠　位于右髂部的上半部,呈试管状,盲端向后伸延至骨盆腔前口,前端接结肠,以回肠口为界。

②结肠　较长,分为升结肠、横结肠和降结肠。

升结肠分为近袢、旋袢和远袢三部分。近袢(初袢)呈"S"形,自回肠口向前至右肾腹侧,折转向后行至十二指肠后曲腹侧,再折转向左向前沿肠系膜左侧延伸至第 2～3 腰椎腹侧移行为旋袢。旋袢外形似盘状蚊香,位于近袢和空肠之间,分向心回和离心回,两者折转相连处称中央曲。自右侧观察,向心回顺时针旋转 1.5～2 圈(羊 3～4 圈)至中央曲,离心回自中央曲起,逆时针旋转同样圈数,在第 1 腰椎腹侧延续为远袢。远袢(终袢)呈"U"形,位于近袢背侧,继离心回于十二指肠升部右侧向后行至第 5 腰椎腹侧折转向右向前,经肠系膜前动脉右侧前行至最后胸椎腹侧,折转向左移行为横结肠。

横结肠继承升结肠远袢,经肠系膜前动脉前方自右向左走行,然后折转向后延续为降结肠。

降结肠在肠系膜前动脉左侧、十二指肠升部左侧向后延伸,末端形成"S"形弯曲,称乙状结肠,入盆腔延续为直肠。

③直肠　位于骨盆腔的背侧,分为腹膜部和腹膜后部。肛门为消化管末端出口,在尾根腹侧,不向外突出。

3.肝

位于右季肋部、膈后方,红褐色,为厚的长方形,牛的肝因受瘤胃挤压而位于腹腔右侧,方向也发生了变化,由前腹侧斜向后背侧。

肝分两面(壁面和脏面)、四缘(背侧缘、腹侧缘、左侧缘和右侧缘),壁面凸,与膈相邻;脏面凹,与网胃、瓣胃、皱胃、十二指肠和胰等相邻,脏面中央有肝门;左侧缘位于前腹侧,与第 6～7 肋相对;右侧缘位于后背侧,达第 1～2 腰椎腹侧;背侧缘左侧有食管压迹,压迹右侧有腔静脉沟,有后腔静脉通过;腹侧缘较薄,有圆韧带切迹和胆囊窝。

牛的肝分叶不明显,以圆韧带切迹和胆囊窝分为三叶,圆韧带切迹左侧为左叶,胆囊窝右侧为右叶,两者之间为中叶,中叶又被肝门分为上方的尾叶(乳头突和尾状突)和下方的方叶(图 4-13)。在尾叶和右叶的背侧缘有肾压迹,在肝脏面胆囊窝内有呈梨形的胆囊,胆囊向下超出肝的腹侧缘,肝管与胆囊管合成胆总管,开口于十二指肠乙状曲的第 2 曲。肝由左右三角韧带、冠状韧带、镰状韧带和圆韧带固定。左三角韧带位于左叶背侧,靠近食管压迹;右三角韧带位于右侧缘肾压迹附近;冠状韧带自右三角韧带起沿肝壁面后腔静脉腹侧延伸至左三角韧带;镰状韧带自冠状韧带起沿肝壁面向腹侧延伸至圆韧带切迹;圆韧带为脐静脉的遗迹,成年常退化。

4.胰

大部分位于腹腔右侧,在第 12 肋至第 2～4 腰椎,呈不正的四边形,灰黄色或粉红色,分胰体、胰左叶和胰右叶。胰体伸至肝的脏面,左叶伸至瘤胃背囊与膈脚之间,右叶沿十二指肠降部延伸。胰体前部有胰切迹,供门静脉和肠系膜前动脉通过。牛的胰管为副胰管,自右叶走出,开口于胆总管开口后方 30～40 cm 处;羊则为主胰管,自胰体走出,与胆总管合成一条总管

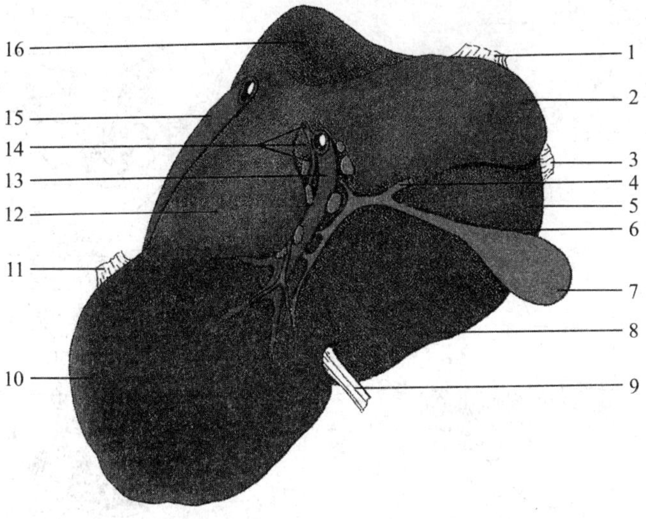

1. 肝肾韧带　2. 尾状突　3. 右三角韧带　4. 胆管　5. 肝右叶　6. 胆囊管　7. 胆囊　8. 肝方叶
9. 镰状韧带和圆韧带　10. 肝左叶　11. 左三角韧带　12. 乳状突　13. 门静脉
14. 肝动脉和肝门淋巴结　15. 后腔静脉　16. 肾压迹

图 4-13　牛肝的脏面

(Knig H E, 2005, Veterinary Anatomy of Domestic Mammals)

开口于十二指肠(图 4-14)。

(二)马的胃、肠、肝、胰

1. 胃

分贲门部、胃底、胃体和幽门部。胃底向左后上方膨大，称胃盲囊，幽门部分幽门管和幽门窦。胃黏膜亦分为无腺部和腺部。无腺部较大，呈白色，包括胃底和一部分胃体，以褶缘与腺部为界。腺部色深，分贲门腺区、胃底腺区和幽门腺区。贲门腺区小，灰黄色；胃底腺区大，棕红色；幽门腺区灰黄色。幽门黏膜形成环形褶，称幽门瓣。

2. 肠

小肠形态与牛的相似，主要位于腹腔左侧上半部，十二指肠位于右季肋部和腰部，空肠位于左髂部、左腹股沟部和耻骨部，回肠位于左髂部。大肠发达，分盲肠、结肠和直肠，盲肠和结肠有肠带和肠袋。盲肠特别发达、呈逗号形，位于腹腔右侧，分为盲肠底、盲肠体和盲肠尖三部分。盲肠底位于腹腔右后上部，向前可达第 14～15 肋，背侧缘凸，为大弯，腹侧缘凹，为小弯，有回肠口(左侧)和盲结口(右侧)。盲肠体位于右髂部、右腹股沟部、耻骨部和脐部，在肋弓下方沿右腹侧壁向前延伸。盲肠尖向前下方伸延到剑状软骨部。盲肠有 4 条肠带和 4 列肠袋。结肠分为升结肠、横结肠和降结肠。升结肠又称大结肠，特别发达，形成双层马蹄形肠袢，位于腹腔下半部，分四段三曲。从盲结口开始依次为：右下大结肠→胸骨曲→左下大结肠→骨盆曲→左上大结肠→膈曲→右上大结肠。大结肠粗细不等，最粗处是右上大结肠后部，膨大如胃，故称胃状膨大部，然后突然变细延续为横结肠，最细处是骨盆曲。大结肠有肠带和肠袋，下大结肠有 4 条肠带，骨盆曲有 1 条，上大结肠开始时有 1 条，以后逐渐增加至 3 条。横结肠位于肠系膜前动脉前方，管径骤然变细，呈漏斗状，延接降结肠。降结肠亦称小结肠，以长的后肠

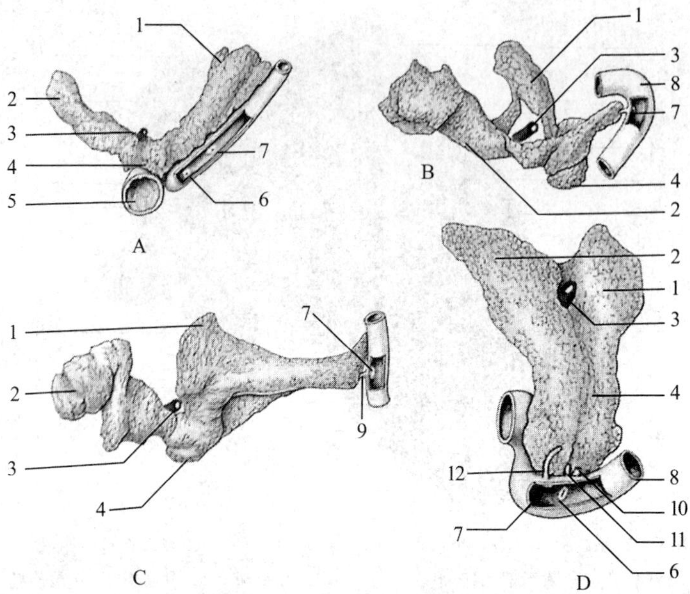

A.犬 B.猪 C.牛 D.马

1.胰右叶 2.胰左叶 3.门静脉 4.胰体 5.幽门 6.十二指肠大乳头 7.十二指肠小乳头 8.十二指肠 9.右侧胰管 10.胆管 11.胰管 12.副胰管

图 4-14 动物胰的形态

(Knig H E,2005,Veterinary Anatomy of Domestic Mammals)

系膜悬于第 4、5 腰椎腹侧,与空肠混在一起,位于腹腔左侧上半部,形成许多典型的肠袢,有 2 条纵肌带和 2 列肠袋(图 4-15)。马属动物如饲养管理不善易发生结肠阻塞,症状为直肠壶腹明显,肛门稍向外突出。

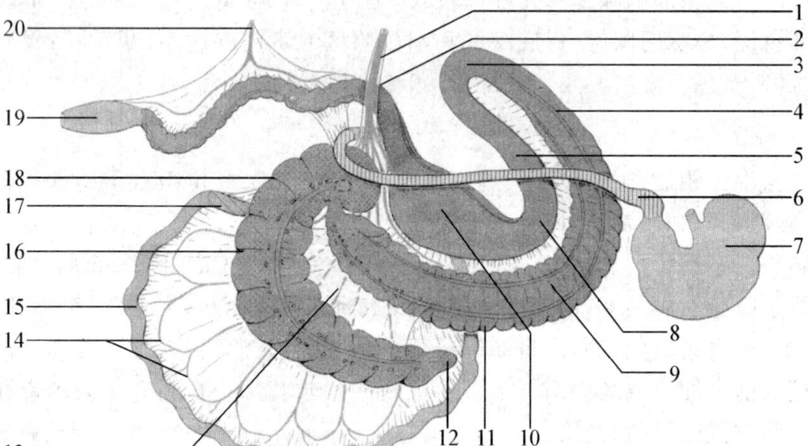

1.肠系膜前动脉 2.横结肠 3.盆曲 4.左下大结肠 5.左上大结肠 6.十二指肠降部 7.胃 8.膈曲 9.胸骨曲 10.右上大结肠 11.右下大结肠 12.盲肠尖 13.盲结褶 14.空肠动脉 15.空肠 16.盲肠体 17.回肠 18.盲肠底 19.直肠 20.肠系膜后动脉

图 4-15 马肠模式图

(陈耀星,2010,畜禽解剖学,第 3 版)

3.肝和胰

肝呈厚板状,斜位于季肋部膈的后方,大部分在右季肋部,小部分在左季肋部。分叶明显,有左叶、中叶(尾叶、方叶)和右叶,左叶以叶间裂分为左外叶和左内叶。肝有肾压迹,无胆囊,肝总管与胰管一起开口于十二指肠大乳头(肝胰壶腹)。胰位于第16～18胸椎腹侧,略呈三角形,分为胰体、左叶和右叶,胰后部中央有胰环。主胰管由胰体走出与肝总管共同开口于十二指肠。副胰管开口于主胰管开口对侧的十二指肠小乳头。

(三)猪的胃、肠、肝、胰

1.胃

为单室胃,横卧于腹前部,大部分位于左季肋部,小部分位于剑状软骨部,仅幽门部位于右季肋部。胃壁面朝前,与肝和膈相邻;脏面朝后,与肠、大网膜、肠系膜和胰等相邻;凸缘为胃大弯,凹缘为胃小弯,最弯曲处称角切迹;贲门位于小弯左侧上部,与食管连接。幽门位于小弯右侧上部,与十二指肠相连。胃分为四部分,贲门周围为贲门部;贲门以上为胃底,其左上端有突向右后方的盲囊,称胃憩室,为猪胃的特征性结构;角切迹左侧、胃底腹侧的部分为胃体;角切迹右侧的部分为幽门部。

猪胃黏膜分两部分,即无腺部和腺部(图4-16)。无腺部黏膜颜色苍白,小,位于贲门周围。腺部又分贲门腺区、胃底腺区和幽门腺区。贲门腺区最大,从胃底伸至胃体中部,浅灰色;胃底腺区较小,位于胃体的下部,棕红色;幽门腺区位于幽门部,灰白色。在幽门的小弯侧有幽门圆枕,与对侧的唇形隆起相对。大网膜呈网状,连接胃大弯与横结肠、十二指肠和脾等;小网膜连接胃小弯与肝和十二指肠。

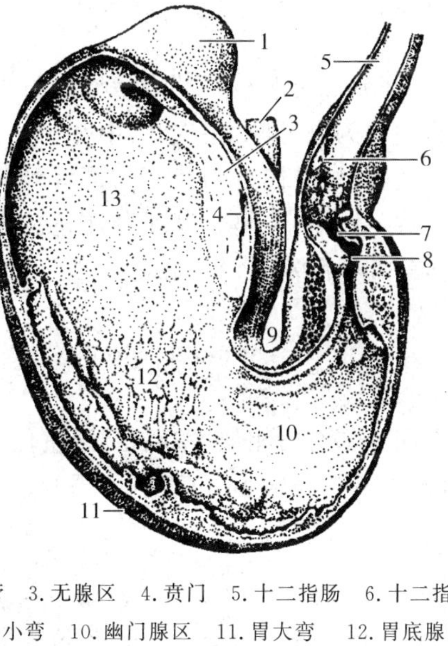

1.胃憩室　2.食管　3.无腺区　4.贲门　5.十二指肠　6.十二指肠憩室　7.幽门　8.幽门圆枕　9.胃小弯　10.幽门腺区　11.胃大弯　12.胃底腺区　13.贲门腺区

图4-16　猪胃黏膜

(程会昌,2012,动物解剖与组织胚胎)

2. 肠

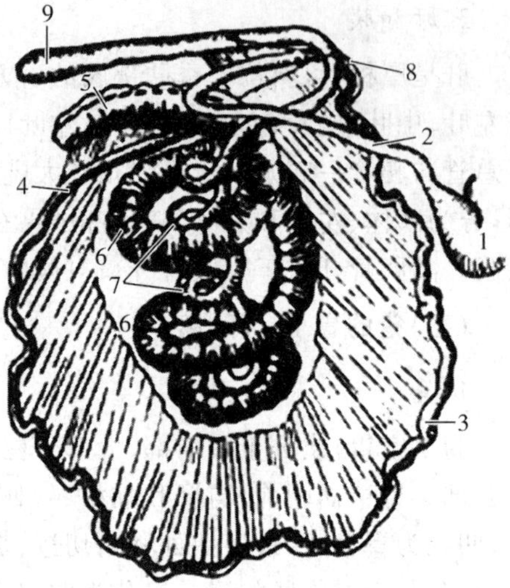

1. 胃 2. 十二指肠 3. 空肠 4. 回肠 5. 盲肠
6. 结肠圆锥向心回 7. 结肠圆锥离心回
8. 结肠终袢 9. 直肠

图 4-17 猪肠模式图

（程会昌，2012，动物解剖与组织胚胎）

全长 19～25 m，为体长的 15 倍，其中小肠全长 15～20 m，大肠全长 4～4.5 m（图 4-17）。十二指肠分"三部三曲"，与牛的基本相似。空肠大部分位于腹腔右侧，小部分位于左侧，借较宽的空肠系膜悬吊于胃后方的腰下部。回肠较直，壁较厚，位于左髂部，自空肠走向背内侧，末端突入盲肠、结肠交界处肠腔内，形成回肠乳头，上有回肠口。盲肠位于左髂部结肠圆锥后方，自起始部向后向下向内延伸，盲端可达脐与骨盆前口之间的腹腔底，盲肠有 3 条肠带（纵肌带）和 3 列肠袋。结肠分升结肠、横结肠和降结肠。升结肠分旋袢和远袢。旋袢形成螺旋状锥形肠袢，称结肠团锥；锥底在上，位于腰部和左髂部，锥尖向下向左，与腹底壁接触。旋袢分向心回和离心回，向心回位于结肠圆锥外周，肠管较粗，从背侧面观察顺时针向下旋转 3 圈至中央曲，管壁上有 2 条肠带和 2 列肠袋；离心回最初位于结肠圆锥外周，以后转至内心，肠管较小，无明显的肠带和肠袋，逆时针向上也旋转 3 圈，移行为远袢。远袢在腰下部经肠系膜前动脉左侧前行接横结肠。横结肠、降结肠、直肠与牛的相似。

3. 肝和胰

肝大部分位于右季肋部，小部分位于左季肋部。猪肝的特点是中央厚，边缘薄，肝腹侧缘的叶间裂明显，因此肝分叶明显，分为左外叶、左内叶、中叶、右内叶和右外叶，中叶位于左侧的圆韧带切迹与右侧的胆囊窝之间，亦被肝门分为背侧的尾叶和腹侧的方叶。胆囊不突出于肝腹侧缘。肝小叶间结缔组织发达，肝小叶明显。肝无肾压迹。胰位于最后 2 个胸椎和前 2 个腰椎的腹侧，略呈三角形，胰体前部有胰环供门静脉通过。

（四）犬的胃、肠、肝、胰

1. 胃

位于腹前部，肝后方，形态和分部与猪相似，左端粗，以贲门接食管，右端细，以幽门接十二指肠。胃属肠型胃，没有无腺部。贲门腺区小，位于贲门周围，白色；胃底腺区很大，浅红色；幽门腺区灰白色。

2. 肠

肠管长度是体长的 5 倍，大肠无纵肌带和肠袋。幼犬肠腔多有寄生虫，常为蛔虫和绦虫。十二指肠分三部三曲，黏膜形成环行皱褶。空肠较长，以空肠系膜悬于腰下部，位于腹底部，黏膜形成环行皱褶。回肠长约 15 cm，后段较粗。回肠前段黏膜形成环行皱褶，后段形成纵形皱褶，有散在的扁圆形淋巴集结。盲肠较短，折成"S"形，黏膜形成丰富的纵形皱褶。结肠亦分为升结肠、横结肠和降结肠，但外形简单，整体呈"U"形，黏膜形成纵形皱褶。

3.肝和胰

肝位于膈后方，浅褐色，分叶明显，一般分为6叶，即左外叶、左内叶、右外叶、右内叶、方叶、尾叶(尾状突和乳头突)，胆囊位于方叶与右内叶之间的深窝内。胰灰红色，呈"V"形，小叶状，胰体位于幽门附近，右叶位于右肾腹侧、十二指肠系膜内，左叶位于胃和肝后方、横结肠之前。

(五)兔的胃、肠、肝、胰

1.胃

呈弯曲的囊状，横位于腹前部，肝后方，大弯在剑状软骨背侧，左端接食管，右端接十二指肠。贲门腺区黏膜形成丰富的皱襞，淡黄色；胃底腺区灰红色，皱襞少；幽门腺区黄白色，皱襞少。

2.肠

十二指肠色红，较长，形成乙状弯曲，弯曲内有薄而淡红的胰腺。空肠长，以宽阔的空肠系膜悬挂于腰下部；回肠色淡红，几乎与盲肠等长，开口于盲肠和结肠交界处，开口处的肠壁形成囊状圆小囊，为兔所特有，透过浆膜可见黏膜呈多边形网格，色淡黄，其黏膜内富含淋巴组织。空肠、回肠黏膜形成不明显的环形皱褶。盲肠发达，位于腹底部，折成"Z"形，与体长相近，外观呈青色(内有粪便)，有一系列沟纹，相距2～3 cm，其黏膜形成约25圈螺旋褶。盲肠末端形成10 cm长的蚓突，色淡黄，黏膜光滑，富含淋巴组织。回肠口周缘的盲肠壁上有盲肠扁桃体。结肠长，外观淡红，形成3条纵肌带和3列肠袋，外形似算盘珠，剖开肠壁，可见黏膜形成3列半月形皱褶，后段结肠黏膜形成波浪状纵形皱褶。直肠位于盆腔。

3.肝和胰

肝位于膈后，浅黄色，分叶明显，胆囊位于右内叶；胰薄而宽，色淡黄。

【测试题】

一、名词解释

鼻唇镜　舌下阜　食管沟　肝门　齿星　胃盲囊　大网膜

二、填空题

1.三大唾液腺包括________、________、________。

2.牛、羊胃为________胃，包括________、________、________、________四个胃，其中________是真胃。

3.牛、羊肝分为两面，即________、________；两缘，即________、________；三叶，即________、________、________，其脏面________胆囊。

4.牛、羊小肠分为________、________、________三段。

5.牛、羊大肠分为________、________、________三段。

6.马的咽较牛的略长，在咽鼓管咽口后方的正中，黏膜向后上方形成一盲囊，为________。马属动物的咽鼓管在颅底和咽后壁之间形成一膨大的黏膜囊，为________。

7.马胃的左端向后背侧膨大，形成________。

8.胃有腺部分为________、________、________三部分。

9.马十二指肠近幽门处管腔膨大,为________;第二曲黏膜面具有一纽扣状突起,中央凹陷,为________憩室。在憩室对侧黏膜面具有________乳头。

10.在回肠与盲肠之间有三角形的________,可视作空肠和回肠的分界。

11.马大结肠盘曲成双层马蹄铁形,可分为“四部三曲”,即________、________、________、________、________、________、________。

12.猪胃向后上方突出一圆锥状的________,幽门内腔有一鞍形黏膜隆起,称为________,具有关闭幽门的作用。

13.猪肝由左向右分别是________、________、________、________。中叶又以肝门分为________、________。

三、选择题

1.牛胃中,起化学消化作用的胃是(　　)。

A.瘤胃　B.网胃　C.瓣胃　D.皱胃

2.成年牛胃中,体积最大的胃是(　　)。

A.瘤胃　B.网胃　C.瓣胃　D.皱胃

3.成年牛胃中,连通十二指肠的胃是(　　)。

A.瘤胃　B.网胃　C.瓣胃　D.皱胃

4.牛的消化器官中,无消化腺分布的器官是(　　)。

A.口腔　B.瘤胃　C.皱胃　D.十二指肠

5.猪的胆囊位于肝的(　　)。

A.左内叶　B.左外　C.右内叶　D.右外叶

6.下列器官中属于消化腺的是(　　)。

A.食管　B.肝　C.口腔　D.小肠

7.牛的结肠在系膜内是(　　)。

A.直管状　B.“V”形弯曲　C.螺旋状　D.圆盘状

8.消化道和呼吸道共同的器官是(　　)。

A.口腔　B.咽　C.食道　D.气管

9.位于牛、羊腹腔左半边的器官是(　　)。

A.肝　B.瘤胃　C.瓣胃　D.小肠

10.家畜体内最大的消化腺是(　　)。

A.胰　B.肝　C.腮腺　D.下颌腺

11.升结肠形成圆锥状旋袢的家畜是(　　)。

A.马　B.牛　C.羊　D.猪

12.咽通过(　　)与中耳相通。

A.鼻后孔　B.咽峡　C.食管口　D.咽鼓管

13.关于食管,说法错误的是(　　)。

A..颈前2/3位于气管背侧　B.颈后1/3位于气管的右侧

C.进胸前口后,位于气管的背侧　D.穿过膈上的食管裂孔进入腹腔

14.关于瓣胃,说法错误的是(　　)。

A.位于瘤网胃左侧　B.黏膜面有瓣叶,又称百叶胃

C. 底壁有瓣皱沟　　D. 有网瓣口与网胃相通

15. 关于单室胃，说法错误的是（　　）。

A. 马胃左端形成胃盲囊　　B. 猪胃右端形成胃憩室

C. 猪胃有幽门圆枕，可防止食物倒流　　D. 犬胃黏膜有无腺部

16. 关于结肠，说法错误的是（　　）。

A. 牛羊的升结肠呈圆盘状　　B. 马的大结肠呈双层的马蹄铁形

C. 猪升结肠为圆柱形　　D. 犬结肠呈“U”形

项目五

呼吸系统

【知识目标】

- 熟悉呼吸系统的组成和功能。
- 掌握鼻腔、喉和气管的结构。
- 掌握肺的形态、位置和结构。
- 熟悉纵隔的构成。
- 比较牛、羊、猪、犬和马肺的分叶特点。

【能力目标】

- 能在呼吸器官浸渍标本或解剖模型上指出各呼吸器官的位置和形态。
- 能说出各呼吸器官的结构和功能的关系。

【素质目标】

- 通过呼吸系统功能与呼吸器官解剖特点的学习，培养学生整体看待事物的能力。
- 培养学生养成良好呼吸卫生和保持环境空气清新的习惯。

动物有机体在新陈代谢过程中，要不断地吸入氧，呼出二氧化碳，这种气体交换的过程，称为呼吸。完整的呼吸过程包括外呼吸、气体运输和内呼吸三个环节。空气进入肺内，与肺毛细血管中的血液进行气体交换，称为外呼吸或肺呼吸；血液携带氧和二氧化碳往返循环于肺与全身器官组织之间，称为气体运输；血液与组织细胞之间进行氧和二氧化碳的交换，称为内呼吸或组织呼吸。呼吸主要靠呼吸系统来实现，但与心血管系统有着密切的联系。

呼吸系统包括鼻、咽、喉、气管、支气管和肺等器官及胸膜和胸膜腔等辅助装置。鼻、咽、喉、气管和支气管是气体出入肺的通道，称为呼吸道，其中鼻、咽和喉为上呼吸道，气管和支气管为下呼吸道。它们以骨或软骨作为支架，围成开放性的管腔，以保证气体自由畅通。肺是气体交换的器官，主要由许多薄壁的肺泡构成，总面积很大，有利于气体交换（图 5-1）。

任务5-1　鼻、咽、喉、气管和支气管

【学习任务单】

一、学习目标

1.熟悉呼吸系统的组成及功能。

2.掌握鼻腔、喉、气管和支气管的形态和内部构造。

二、学习资源

1.呼吸器官的标本、模型和图片。

2.教材。

3.信息化教学资源。

三、学习任务

1.在鼻腔纵、横断面标本上观察鼻孔、鼻前庭、鼻中隔、上下鼻甲骨、上中下鼻道;鼻旁窦的位置与鼻腔的关系。

2.观察喉软骨、喉腔、声带、声门裂等。

3.观察咽的位置和通路。

4.观察气管颈段、胸段的走向及与周围器官的关系,以及气管环、支气管的形态特点。

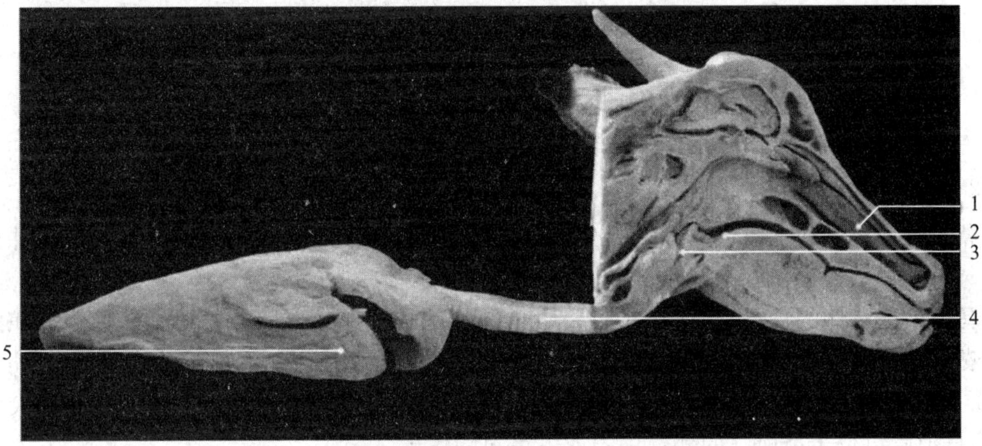

1.鼻　2.咽　3.喉　4.气管　5.肺

图5-1　牛呼吸系统的组成(塑化标本)

(陈耀星,2013,动物解剖学彩色图谱)

【相关知识】

一、鼻

鼻位于面部中央、口腔的背侧，既是气体出入肺的通道，又是嗅觉器官，对发声也有辅助作用。鼻包括鼻腔和鼻旁窦。

(一)鼻腔

鼻腔为呼吸道的起始部，呈长圆筒状，位于面部的上半部，由面骨构成骨性支架，内衬鼻黏膜。鼻腔前端经鼻孔与外界相通，后端经两个鼻后孔与咽相通，腹侧由硬腭与口腔隔开。正中有鼻中隔将其等分为左右互不相通的两半(牛的两侧鼻腔后 1/3 部分是相通的)。每侧鼻腔可分为鼻孔、鼻前庭和固有鼻腔三部分。

1. 鼻孔

鼻孔为鼻腔的入口，由内侧鼻翼和外侧鼻翼围成。鼻翼为包有鼻翼软骨和肌肉的皮肤褶，具有一定的弹性和活动性。

牛的鼻孔小，呈不规则的椭圆形，位于鼻唇镜的两侧，鼻翼厚而不灵活。猪的鼻孔也小，呈卵圆形，位于吻突前端的平面上。马和犬的鼻孔呈逗号状，兔的鼻孔与唇裂相连，鼻端随呼吸而活动(图 5-2)。羊的鼻孔呈裂缝状。

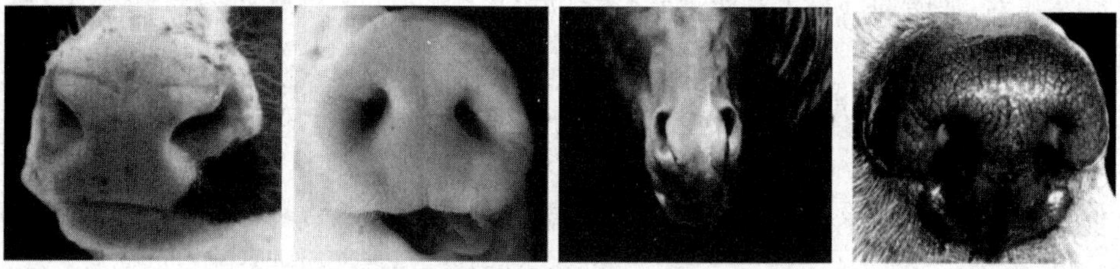

1　　2　　3　　4

1. 牛　2. 猪　3. 马　4. 犬

图 5-2　不同动物鼻孔的形态

(陈耀星，2013，动物解剖学彩色图谱)

2. 鼻前庭

鼻前庭为鼻腔前部衬有皮肤的部分，相当于鼻翼所围成的空间，表面有色素沉着，并长有短毛。其内侧壁有鼻泪管的开口。

马鼻前庭背侧的皮下有一盲囊，向后伸，达鼻切齿骨切迹(或称鼻颌切迹)，称为鼻憩室或鼻盲囊，囊内皮肤呈黑色，生有细毛，富含皮脂腺。在鼻前庭外侧的下部距黏膜约 0.5 cm(马)处，或上壁距鼻孔上联合 1.0～1.5 cm(驴、骡)处有一小孔，为鼻泪管口。牛、羊、猪和犬无鼻憩室，鼻泪管口位于鼻前庭的侧壁(牛)或下鼻道的后部。

3. 固有鼻腔

固有鼻腔位于鼻前庭之后，由骨性鼻腔内衬黏膜构成。在每侧鼻腔的侧壁上，附着有一上鼻甲和一下鼻甲，将鼻腔分为上、中、下 3 个鼻道。上鼻道较窄，位于鼻腔顶壁和上鼻甲之间，后通嗅区。中鼻道在上、下鼻甲之间，通鼻旁窦。下鼻道最宽，位于下鼻甲与鼻腔底壁之间，以鼻后孔直接连通鼻咽部。上、下鼻甲与鼻中隔之间的裂隙为总鼻道，与上、中、下鼻道相通(图

5-3，图 5-4）。

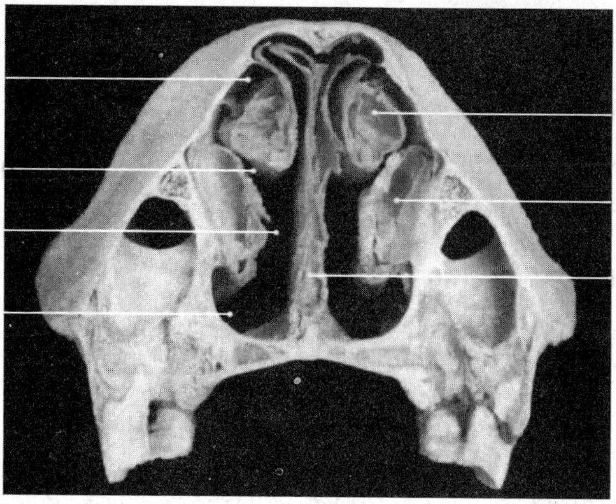

1. 上鼻甲　2. 下鼻甲　3. 鼻中隔　4. 上鼻道　5. 中鼻道　6. 总鼻道　7. 下鼻道

图 5-3　马鼻腔横断面头侧观

（陈耀星，2013，动物解剖学彩色图谱）

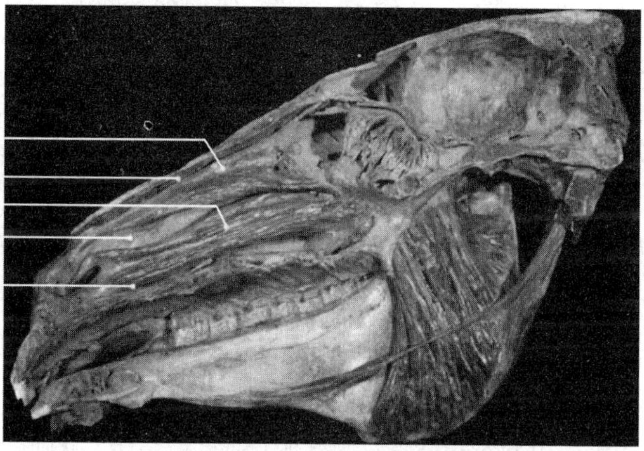

1. 上鼻甲　2. 上鼻道　3. 下鼻甲　4. 中鼻道　5. 下鼻道

图 5-4　马鼻腔纵切面（干制标本）

（陈耀星，2013，动物解剖学彩色图谱）

鼻黏膜被覆于固有鼻腔内表面及鼻甲表面，因结构与功能不同，可分为呼吸区和嗅区两部分。

呼吸区位于鼻前庭和嗅区之间，占鼻黏膜的大部分，呈粉红色，由黏膜上皮和固有层组成。上皮为假复层纤毛柱状上皮，杯状细胞较多；固有层为结缔组织，含有丰富的血管和腺体。呼吸区具有温暖、湿润和净化吸入空气的功能。

嗅区位于呼吸区之后，其黏膜颜色随动物种类不同而异。牛、马呈浅黄色，绵羊呈黄色，山羊呈黑色，猪呈棕色。肉食动物呈灰白色，也由黏膜上皮和固有层构成。上皮为假复层柱状上皮，含有嗅细胞；固有层由结缔组织构成，内含嗅腺。嗅区有嗅觉功能。

(二)鼻旁窦

鼻旁窦又称副鼻窦，为鼻腔周围头骨内的含气空腔，共有4对，即上颌窦、额窦、蝶腭窦(马)和筛窦。它们均直接或间接与鼻腔相通。鼻旁窦内面衬有黏膜，与鼻黏膜相延续，但较薄，血管较少。在鼻黏膜发炎时，常可波及鼻旁窦，引起副鼻窦炎。鼻旁窦具有减轻头骨重量、温暖和湿润吸入的空气以及对发声起共鸣等作用。

牛的额窦最发达，猪的额窦较小，马的上颌窦最发达。

二、咽

咽是消化管和呼吸道相交叉的部位，详见消化系统部分。

三、喉

喉位于下颌间隙的后方、头颈交界处的腹侧，悬于两个甲状舌骨之间，前端以喉口和咽相通，后端与气管相通。喉既是空气出入肺的通道，又是调节空气流量和发声的器官。喉由喉软骨、喉黏膜和喉肌构成。

(一)喉软骨

喉软骨包括不成对的会厌软骨、甲状软骨、环状软骨和成对的勺状软骨(图5-5)。

(1)会厌软骨　位于喉的前部，呈叶片状，基部厚，由弹性软骨构成，借弹性纤维与甲状软骨体相连；尖端钝圆，弯向舌根。会厌软骨与表面覆盖的黏膜合称会厌。会厌在吞咽时可关闭喉口，以防食物误入喉内。

(2)甲状软骨　最大，位于会厌软骨和环状软骨之间，呈弯曲的板状，可分为甲状软骨体和左右甲状软骨侧板。甲状软骨体连于两侧板之间，构成喉腔的底壁。牛和犬腹侧面后部有一隆起，称喉结。两侧板呈四边形(牛)或菱形(马)，从体的两侧伸出，构成喉腔左右两侧壁的大部分。

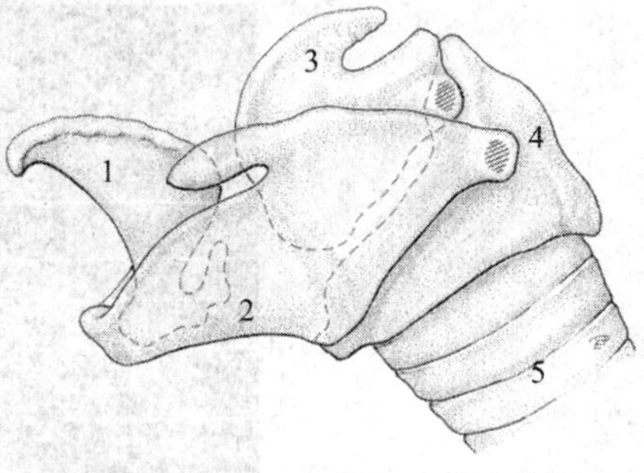

1. 会厌软骨　2. 甲状软骨　3. 勺状软骨
4. 环状软骨　5. 气管

图5-5　马喉软骨示意图(左侧观)

(陈耀星，2009，家畜兽医解剖学教程与彩色图谱，第3版)

(3)环状软骨　位于甲状软骨之后，呈指环状，背侧较宽，称为板，构成喉腔背侧壁。其余部分窄，称为弓，构成喉腔腹侧壁和外侧壁的后部。环状软骨前缘和后缘以弹性纤维分别与甲状软骨及气管软骨相连。

(4)勺状软骨　一对，位于环状软骨的前上方，在甲状软骨侧板的内侧，构成喉腔背侧壁的前部。勺状软骨呈三面锥体形，其尖端弯向后上方，上部较厚；下部变薄，形成声带突，供声韧带附着。

(二)喉腔和喉黏膜

喉软骨彼此借关节和韧带等连成支架、内衬黏膜所围成的腔隙，称喉腔。在喉腔中部的侧壁上有一对明显的黏膜褶，称为声带。声带是喉的发声器官，由声韧带覆以黏膜构成，连于勺状软骨声带突和甲状软骨体之间。两侧声带之间的狭窄缝隙，称为声门裂。喉腔在声门裂以前的部分称为喉前庭，其两侧壁凹陷，称喉侧室；以后的部分称为喉后腔。

喉黏膜被覆于喉腔内面，与咽黏膜相延续，由上皮和固有层组成。上皮有两种：被覆于喉前庭和声带的上皮为复层扁平上皮，在反刍动物、肉食动物和猪会厌部的上皮内还含味蕾；喉后腔（在马包括喉侧室）的黏膜上皮为假复层纤毛柱状上皮，柱状细胞之间常夹有数量不等的杯状细胞。固有层由结缔组织构成，内有淋巴小结（在反刍动物特别多，马次之，猪和肉食动物较少）和喉腺。喉腺分泌黏液和浆液，有润滑声带的作用。

（三）喉肌

喉肌属于横纹肌，分外来肌和固有肌。外来肌有胸骨甲状肌和舌骨甲状肌等，可牵引喉前后移动。固有肌有环甲肌、环勺肌等，均起止于喉软骨，可使喉腔扩大或缩小。

牛、羊的声带较短，声门裂宽大。猪的喉前庭宽而长，声门裂狭窄。

四、气管和支气管

气管和支气管是连接喉与肺之间的管道。气管为一圆筒状长管，由喉向后沿颈腹侧正中线而进入胸腔，然后经心前纵隔达心基的背侧，分为左、右两条主支气管，分别进入左、右肺。牛、羊和猪的气管在分出左、右支气管之前，还分出一较小的气管支气管（也称右尖叶支气管），进入右肺前叶。

气管由一连串软骨环借环韧带连接而成。软骨环的数目：牛约 50 个，猪 32～36 个，马 48～60 个，犬 40～45 个，兔 48～50 个。软骨环的背侧不完全闭合，两端或分开或略重叠，因动物种类而异（图 5-6）。软骨两端由结缔组织和平滑肌（气管肌）连接。

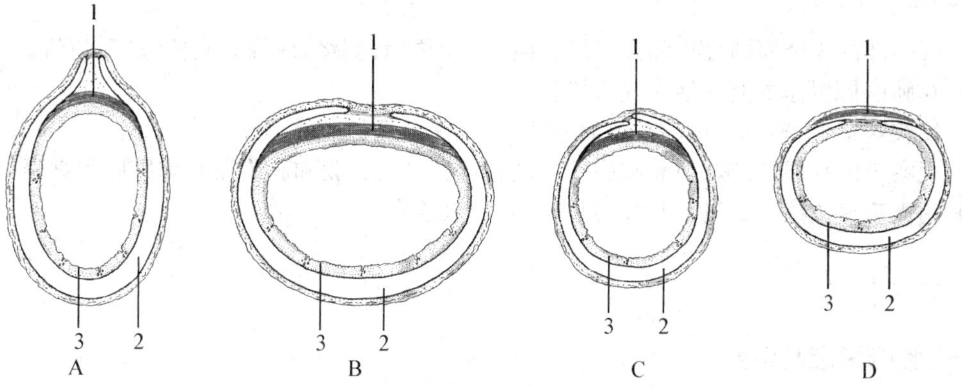

A. 牛　B. 马　C. 猪　D. 犬

1. 气管肌层　2. 气管软骨　3. 呼吸道黏膜

图 5-6　不同动物气管横切面模式图

气管和支气管的管壁结构基本相似，均由黏膜、黏膜下层和外膜构成。

黏膜由上皮和固有层构成。上皮为假复层柱状纤毛上皮，并夹有杯状细胞，基膜明显。杯状细胞分泌的黏液可黏附尘埃，纤毛向喉的方向摆动，能将尘埃和细菌等排出体外。固有层为含有弹性纤维的疏松结缔组织，并分布有较多的浆细胞和弥散淋巴组织。

黏膜下层为疏松结缔组织，与固有层和外膜均无明显分界，内含血管、淋巴管、神经和气管腺（混合腺）。气管腺的分泌物与杯状细胞分泌的黏液共同在黏膜表面形成黏液层，具有润滑和防御作用。

外膜又称软骨纤维膜，由透明软骨环和连接于软骨环之间的致密结缔组织所构成。软骨环的缺口处有平滑肌束，平滑肌的舒缩可适度调节气管腔的大小并有助于分泌物的排出。

任务 5-2　肺、胸膜和纵隔的认知

【学习任务单】

一、学习目标

1. 掌握肺的形态、位置和组织结构。
2. 熟悉牛(羊)、猪、马、犬等动物肺的分叶。
3. 熟悉胸膜的组成和构造。
4. 掌握胸膜腔和胸膜的概念。
5. 熟悉纵隔的组成。

二、学习资源

1. 肺的铸型标本、模型和图片。
2. 光学显微镜、气管切片和肺切片。
3. 教材。
4. 信息化教学资源。

三、学习任务

1. 观察肺的 3 个面(肋面、膈面和纵膈面)、3 个缘(背侧缘、底缘和腹侧缘)和肺门。
2. 在肺的铸型标本上观察支气管树。
3. 比较观察牛、羊、猪、马、犬、兔的分叶。
3. 观察胸膜脏层(肺胸膜)和胸膜壁层(肋胸膜、纵膈胸膜和膈胸膜)、胸膜腔和纵隔。
4. 用光学显微镜观察气管和肺切片,了解组织结构。

【相关知识】

一、肺的形态和位置

肺位于胸腔内,在纵隔的两侧,左、右各一,右肺通常比左肺大。健康动物的肺为粉红色,呈海绵状,质轻而柔软,富有弹性。

肺略呈锥形,具有三个面和三个缘。肋面凸,与胸腔侧壁接触,并显有肋骨压迹。膈面略凹,与膈接触。纵隔面与纵隔接触,并有心压迹以及食管和大血管的压迹。在心压迹的后上方有肺门,为支气管、肺动脉、肺静脉、淋巴管和神经出入肺的地方,这些结构被结缔组织包裹在一起,称为肺根。背侧缘钝而圆,腹侧缘和底缘薄而锐。腹侧缘有心切迹,左肺的心切迹大,体表投影位于第 3～6 肋骨;右肺的心切迹小,体表投影位于第 3、4 肋骨间隙。

二、肺的分叶

动物的左、右肺上的叶间裂把每个肺分成若干个叶。各种动物肺的分叶不同(图 5-7)。牛、羊的肺分叶明显,左肺分为前叶(或尖叶)、中叶(或心叶)和后叶(或膈叶),右肺分 4 叶,即前叶(又分前部和后部)、中叶、后叶和内侧的副叶。

马的肺分叶不明显，在心切迹以前的部分为前叶（或尖叶），以后的部分称后叶（或心膈叶）。右肺有副叶，位于后叶的内侧，纵隔和后腔静脉之间。

猪的肺分叶明显，左右肺均分为前、中、后叶，右肺有副叶。犬肺分叶与猪肺相同。

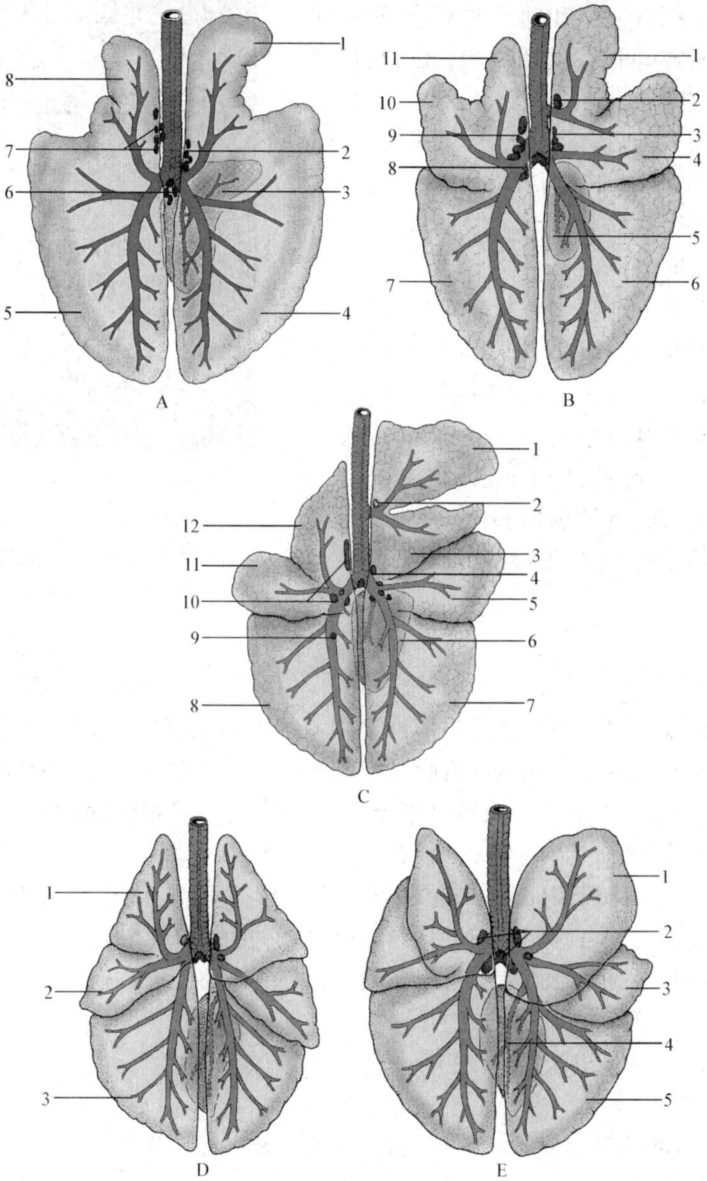

A. 马　1. 右前叶　2. 前气管支气管淋巴结　3. 副叶　4. 右后叶　5. 左后叶　6. 中气管支气管淋巴结　7. 左气管支气管淋巴结　8. 左前叶

B. 猪　1. 右前叶　2. 前气管支气管淋巴结　3. 右气管支气管淋巴结　4. 右中叶　5. 副叶　6. 右后叶　7. 左后叶　8. 中气管支气管淋巴结　9. 左气管支气管淋巴结　10. 左中叶　11. 左前叶

C. 牛　1. 右前叶(前部)　2. 前气管支气管淋巴结　3. 右前叶(后部)　4. 右气管支气管淋巴结　5. 右中叶　6. 副叶　7. 右后叶　8. 左后叶　9. 肺淋巴结　10. 左气管支气管淋巴结　11. 左中叶　12. 左前叶

D. 猫　1. 左前叶　2. 左中叶　3. 左后叶

E. 犬　1. 右前叶　2. 淋巴结　3. 右中叶　4. 副叶　5. 右后叶

图 5-7　不同动物肺的分叶模式图

（陈耀星，2010，畜禽解剖学，第 3 版）

三、肺的结构

肺表面覆有一层光滑而湿润的浆膜，称肺胸膜（胸膜脏层）。肺组织分实质和间质两部分，实质即肺内导气部和呼吸部，间质由结缔组织、血管、神经和淋巴管等构成。

支气管由肺门入肺后，反复分支，形成树枝状，称为支气管树（图 5-8）。其包括小支气管、细支气管和终末细支气管，它们是气体在肺内流通的通道，称为肺的导气部。

终末细支气管以下的分支包括呼吸性支气管、肺泡管、肺泡囊和肺泡。以上各段均有肺泡的开口，可进行气体的交换，称为肺的呼吸部。

每个细支气管及其所属的分支和肺泡，构成一个肺小叶。肺小叶是肺的结构单位，呈多面锥形体，锥底朝向肺的表面，锥顶朝向肺门，周围有薄层结缔组织与其他肺小叶分隔，界限一般清晰可辨。

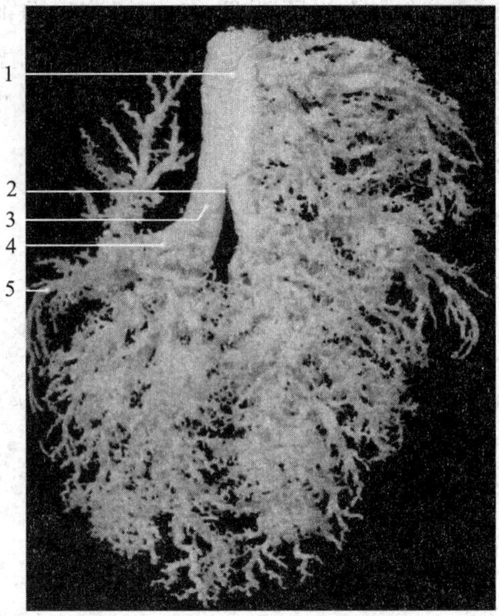

1. 气管　2. 气管分支处　3. 主支气管
4. 肺叶支气管　5. 节段性支气管

图 5-8　猪支气管树（铸型标本）

（陈耀星，2013，动物解剖学彩色图谱）

四、胸膜

胸膜是被覆在肺表面和衬贴于胸腔壁内面的一层浆膜。前者称为胸膜脏层或肺胸膜；后者称为胸膜壁层或壁胸膜。胸膜壁层按部位又分衬贴于胸腔侧壁内面的肋胸膜、衬贴于膈胸腔面的膈胸膜和参与构成纵隔的纵隔胸膜。胸膜壁层与脏层在肺根处互相移行，共同围成左、右密闭的两个胸膜腔。左、右胸膜腔被纵隔分开，腔内含有少量浆液，称为胸膜液，有减少呼吸时两层胸膜摩擦的作用。

牛、羊和猪的左、右胸膜腔完整，二者之间互不相通，一侧发生气胸时，不会影响另一侧肺的功能。而马属动物的左右胸膜腔间的纵隔较薄，常有小的孔道相通，打开一侧胸膜腔，造成气胸，会使另一侧同时发生气胸，使肺组织塌陷，失去呼吸功能。在临床手术时，应注意这一结构特点。

五、纵隔

纵隔位于左、右胸膜腔之间，由两侧的纵隔胸膜以及夹在其中的心脏、心包、食管、气管、出入心脏的大血管（除后腔静脉外）和神经（除右膈神经外）、胸导管、淋巴结和结缔组织等构成。

纵隔以肺根分为背侧纵隔和腹侧纵隔，腹侧纵隔又分为心脏所在部位的中纵隔、心脏之前的前纵隔和心脏之后的后纵隔。

【测试题】

一、名词解释

鼻旁窦　声带　肺门　肺小叶　胸膜腔　纵隔

二、填空题

1. 呼吸系统包括________、________、________、________、________和________。
2. 牛、羊的右肺可分为________、________、________和________。
3. 肺的呼吸部包括________、________、________和________。
4. ________是气体出入肺的重要通道，又是发声器官。
5. 喉部在吞咽时防止食物误入食管的结构是________软骨。

三、选择题

1. 家畜的肺位于(　　)。

A. 胸腔　　B. 胸廓　　C. 胸膜腔　　D. 胸纵隔

2. 鼻憩室是位于鼻前庭背侧皮下的一个盲囊，见于(　　)。

A. 牛　　B. 马　　C. 猪　　D. 犬

3. 下列属于下呼吸道器官的是(　　)。

A. 肺　　B. 鼻腔　　C. 气管　　D. 喉

4. 下列喉骨中，(　　)是成对的。

A. 甲状软骨　　B. 环状软骨　　C. 会厌软骨　　D. 杓状软骨

5. 与鼻旁窦相通的是(　　)。

A. 上鼻道　　B. 中鼻道　　C. 下鼻道　　D. 总鼻道

四、简答题

1. 简述纵隔的组成。
2. 比较牛、马、猪肺分叶的不同。

项目六

泌尿系统

【知识目标】

- 熟悉泌尿系统的组成。
- 掌握肾的基本结构特点。
- 掌握膀胱的位置、形态结构及与相邻器官的关系。
- 理解肾、输尿管、膀胱和尿道在尿液生成和排出的作用。
- 比较牛、羊、猪、马和犬肾的形状、位置及内部构造特征。

【能力目标】

- 能在泌尿器官浸渍标本或解剖模型上指出各泌尿器官的位置和形态。
- 能说出各泌尿器官的结构和功能的关系。

【素质目标】

- 通过联系尿液生成与肾脏组织结构特点,培养学生主动探究的能力。
- 培养学生理论联系实际、理论指导实践的学习和工作态度。

泌尿系统是动物体内最重要的排泄系统,由肾、输尿管、膀胱和尿道组成。机体在新陈代谢过程中产生许多代谢产物,如尿素、尿酸、多余的水分及无机盐类等,由血液运至肾形成尿液,经输尿管导入膀胱暂时储存,然后经尿道排出体外。肾除了排泄功能外,在维持机体水盐代谢、渗透压和酸碱平衡方面也起着重要作用。此外,肾还分泌多种生物活性物质如肾素、前列腺素等,对机体的某些生理功能起调节作用。

任务 6-1　泌尿器官的形态构造

【学习任务单】

一、学习目标

1. 掌握肾、输尿管、膀胱的形态、位置和构造。
2. 比较不同动物肾的形态、位置和构造的区别。

3.熟悉输尿管的位置和走向。

4.比较公畜和母畜尿道的区别。

二、学习资源

1.牛、羊、猪、马、犬、兔等动物泌尿器官的标本和模型,肾铸型标本。

2.显示泌尿器官位置的整体标本。

3.教材。

4.信息化教学资源。

三、学习任务

1.观察肾脂肪囊、肾门、肾窦、皮质、髓质、肾乳头、肾盂、肾盏等;比较不同动物肾的形态和内部构造。

2.在肾铸型标本上观察肾动脉、肾静脉的分布和肾盂的形态。

3.观察输尿管的走向、位置及其在膀胱上的开口。

4.观察膀胱的形态、位置以及其与雌性、雄性尿道的关系。

5.观察尿道的起点、开口部位,以及雌性、雄性的尿道特点。

【相关知识】

一、肾

(一)肾的一般构造

肾是成对的实质器官,红褐色,一般呈豆形,位于腰部的腹膜外,在腹主动脉和后腔静脉的两侧。肾的表面有一层致密结缔组织构成的纤维膜,在正常情况下此膜容易剥离。营养状况良好的动物,肾的外周包裹有脂肪囊。肾的内侧缘中部凹陷,称肾门,是肾动脉、肾静脉、淋巴管、神经和输尿管出入之处。肾门向内有一空隙,称肾窦,内有肾盏、肾盂、血管、淋巴管、神经和脂肪等。

肾的实质由若干个结构相同的肾叶组成,每个肾叶分为浅部的皮质和深部的髓质。皮质富含血管,新鲜标本呈红褐色,切面上有许多细小红点状颗粒,称肾小体。髓质位于皮质的深部,约占肾实质的2/3,血管较少,由许多平行排列的肾小管构成,呈淡红色条纹状。每个肾叶的髓质部均呈圆锥形,称肾锥体。肾锥体的底较宽大,并稍向外凸,与皮质相连。肾锥体的顶部钝圆,称肾乳头,与肾盏或肾盂相对。

哺乳动物的肾由于肾叶联合的程度不同,其外形和内部构造也不相同,可分为四种类型(图6-1):

(1)复肾　每个肾叶都是结构独立的小肾,互不愈合,见于熊、鲸、水獭等动物。

(2)有沟多乳头肾　相邻肾叶中间部合并,肾表面有沟,内部有分离的乳头,如牛肾。

(3)平滑多乳头肾　所有肾叶的皮质部完全合并,但内部仍有单独存在的肾乳头,见于猪和人。

(4)平滑单乳头肾　所有肾叶的皮质部和髓质部完全合并,肾乳头连成嵴状,如羊肾、马肾、犬肾和兔肾。

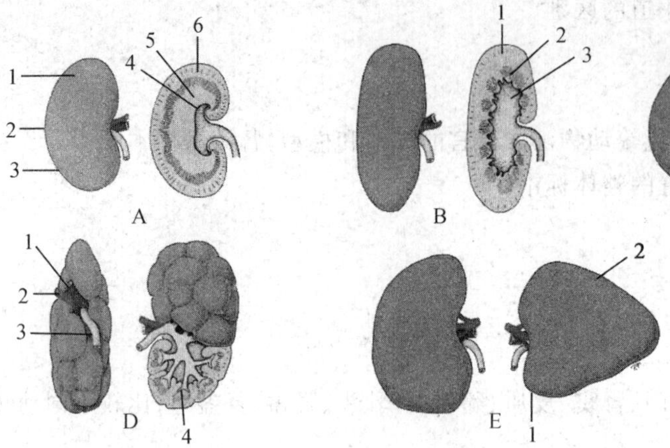

A. 犬左肾,平滑单乳头肾　1. 前端　2. 外侧缘　3. 后端　4. 肾盂　5. 肾髓质　6. 肾皮质
B. 猪左肾,平滑多乳头肾　1. 肾皮质　2. 肾髓质　3. 肾盂
C. 小型反刍动物左肾　1. 肾动脉　2. 肾静脉　3. 输尿管
D. 牛左肾和右肾,有沟多乳头肾　1. 肾静脉　2. 肾动脉　3. 输尿管　4. 肾盂
E. 马左、右肾,平滑单乳头肾　1. 内侧缘 2. 外侧缘

图 6-1　动物肾模式图

(陈耀星,2019,动物解剖学与组织胚胎学)

(二)肾的形态和位置

1. 牛肾

牛肾属于有沟多乳头肾,表面被深浅不等的沟分成 16～22 个大小不一的肾叶(图 6-2)。成年牛两肾总重 1 200～1 400 g,左肾略大于右肾。

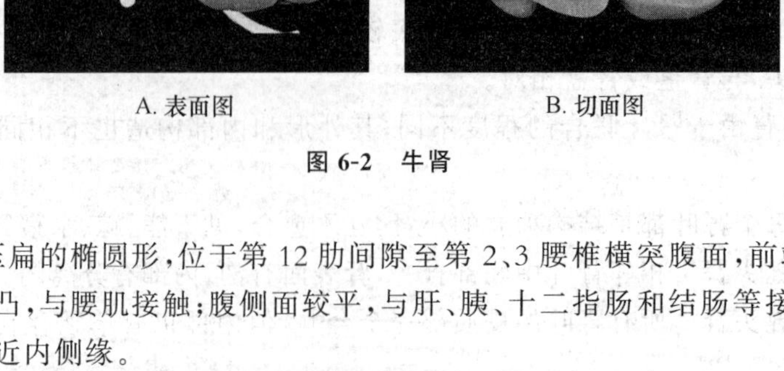

A. 表面图　　B. 切面图

图 6-2　牛肾

右肾呈上下压扁的椭圆形,位于第 12 肋间隙至第 2、3 腰椎横突腹面,前端位于肝的肾压迹内;背侧面稍隆凸,与腰肌接触;腹侧面较平,与肝、胰、十二指肠和结肠等接触;肾门位于肾腹侧面的前部,接近内侧缘。

左肾呈三棱形,前端较小,后端大而钝圆。一般位于第 2～5 腰椎横突腹侧,当瘤胃充满时可被挤至右肾的后下方。初生犊牛因瘤胃未充分发育，左、右肾位置近于对称。背侧面隆凸，与腹腔顶壁接触，肾门位于其前方；腹侧面接肠管；前端外侧面与瘤胃接触。

牛肾的肾叶明显，表面为皮质，内部为髓质。髓质形成较明显的肾锥体。肾乳头大部分单独存在，个别乳头较大，为两个乳头合并而成。输尿管的起始端，在肾窦内形成前、后两条集收管。每条集收管又分出许多分支，分支的末端膨大形成漏斗形的肾小盏，每个肾小盏包围着一个肾乳头。无明显的肾盂。

2. 猪肾

猪肾属于平滑多乳头肾，两肾总重 400～500 g。左、右肾形状相似，均呈蚕豆形，较长而扁。近似对称位于第 1～4 个腰椎横突腹侧（左肾稍偏前）。右肾前端不与肝相连。肾脂肪囊较发达。

肾门位于肾内侧缘正中部。肾的皮质完全合并，而髓质是分开的。每个肾乳头均与一个肾小盏相对，肾小盏汇入两个肾大盏，肾大盏汇注于肾盂，也有少数乳头直接突入肾盂。肾盂延接输尿管（图 6-3）。

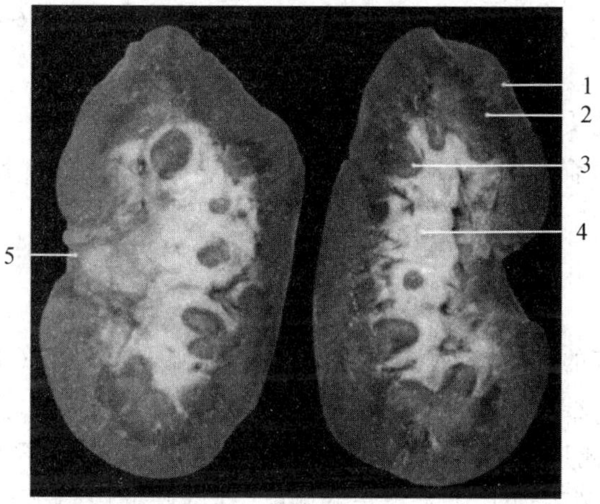

1. 肾皮质　2. 肾髓质　3. 肾乳头　4. 肾盂　5. 肾门

图 6-3　猪肾（纵切面）

（陈耀星，2013，动物解剖学彩色图谱）

3. 马肾

马肾属于平滑单乳头肾，两肾总重 900～1 500 g，右肾稍重。

右肾呈钝角等边三角形，位于最后 2～3 肋骨椎骨端及第 1 腰椎横突的腹侧。背侧面稍凸，与膈和腰肌接触；腹侧面稍凹，与肝、胰及盲肠底相接触；前端位于肝的肾压迹内；后端和外侧缘的后半部与十二指肠相邻；内侧缘前部与右肾上腺接触。

左肾呈豆形，较狭长，位置偏后，位于最后肋骨和前 2～3 腰椎横突的腹侧。背侧面凸，与腰肌及膈接触；腹侧面及后端与十二指肠、胰和小结肠接触；前端抵胃盲囊；外侧缘与脾的基部接触；内侧缘中部有肾门，前部接左肾上腺。

在肾切面上，可见皮质与髓质间有深红色的中间区。在中间区内每隔一定距离可见血管（弓状动脉、静脉）的断面，这些血管将髓质部分成一个个肾椎体。皮质部伸入髓质肾椎体之间形成肾柱。肾乳头融合成嵴状的肾总乳头，突入肾盂中。肾盂呈漏斗状，中部宽阔，直接接输尿管。肾盂向肾的前端和后端伸延形成裂隙状的终隐窝(图6-4)。

4. 羊肾

羊肾属于平滑单乳头肾，两肾均呈豆形。右肾位于最后肋骨至第2腰椎横突腹侧；左肾在瘤胃背囊的后方，第4～5腰椎横突腹侧，也常被瘤胃挤至中线右侧。羊肾乳头集合为总乳头，突入肾盂。

5. 犬肾

犬肾属于平滑单乳头肾，左、右肾均呈豆形。右肾位于前3个腰椎横突的腹侧，有的前缘可达最后胸椎。左肾一般位于第2～4腰椎横突腹侧，当胃内食物充满时，位置后移，其前端约与右肾后端相对应。犬肾的构造与马的肾相似。

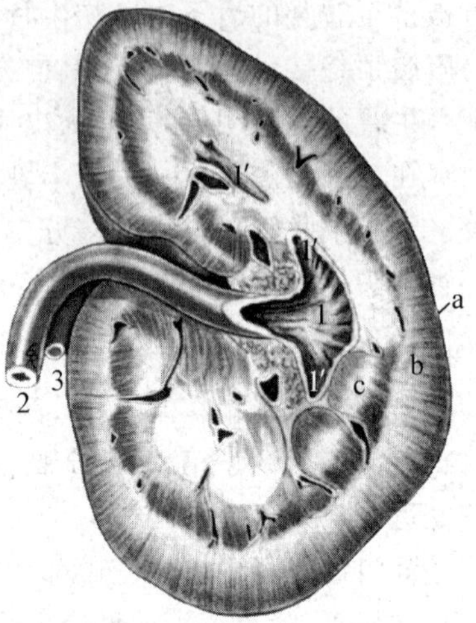

a. 被膜　b. 皮质区　c. 髓质区

1. 肾盂　1′. 终隐窝　2. 输尿管　3. 肾动脉

图 6-4　马肾纵切面模式图

(陈耀星，2010，畜禽解剖学，第3版)

6. 兔肾

兔肾属于平滑单乳头肾，左、右肾均呈卵圆形。右肾位于最后肋骨椎骨端和前两个腰椎椎体的腹侧。左肾位于第2～4腰椎横突腹侧。兔肾的构造与犬和羊的肾相似。

二、输尿管

输尿管为输送尿液的一对细而长的肌性管道，起始于集收管(牛)或肾盂(羊、猪、马、犬、兔)，出肾门后，沿腹腔顶壁向后伸延，左侧输尿管在腹主动脉外侧，右侧输尿管在后腔静脉外侧，横过髂内动脉的腹侧进入骨盆腔。在尿生殖褶中(雄性)或沿子宫阔韧带的背侧缘(雌性)继续向后伸延，至膀胱颈稍前方穿入膀胱背侧壁，在膀胱壁内斜走3～5 cm，有利于防止尿液逆流。

输尿管管壁由黏膜、肌层和外膜构成。黏膜形成很多纵行皱褶。黏膜上皮为变移上皮。肌层较发达，由内纵、中环和外纵三层平滑肌构成。外膜大部分为浆膜。

三、膀胱

膀胱为储存尿液的器官，略呈梨形，前端钝圆为膀胱顶，突向腹腔；后端细小，为膀胱颈，与尿道相连；膀胱顶和膀胱颈之间的部分为膀胱体。膀胱的形状、大小和位置均随尿液充盈的程度不同而异。膀胱空虚时，位于骨盆腔内；充满尿液时，其前端可突入腹腔内。雄性的膀胱背侧有直肠、尿生殖褶、输精管末端、精囊腺和前列腺；雌性有子宫及阴道。

膀胱的位置由三个浆膜褶来固定。连于膀胱腹侧和骨盆腔底壁之间的为膀胱中韧带；连于膀胱两侧与骨盆腔侧壁之间的为膀胱侧韧带，其游离缘各有一膀胱圆韧带，为胎儿脐动脉的遗迹。膀胱后部，由疏松结缔组织与周围器官联系，疏松结缔组织内常有多量脂肪。

膀胱壁由黏膜、肌层和外膜构成。黏膜形成不规则的皱褶，黏膜上皮为变移上皮。肌层为内纵、中环和外纵三层平滑肌，中环肌较厚，在膀胱颈部形成膀胱括约肌。在膀胱顶部和体部外层为浆膜，颈部为结缔组织外膜。

四、尿道

尿道是尿液从膀胱向外排出的通道。雌性尿道起于尿道内口，开口于尿生殖前庭腹侧壁的尿道外口。雄性尿道除有排尿功能外，还兼有排精的作用，又称尿生殖道（图 6-5）。

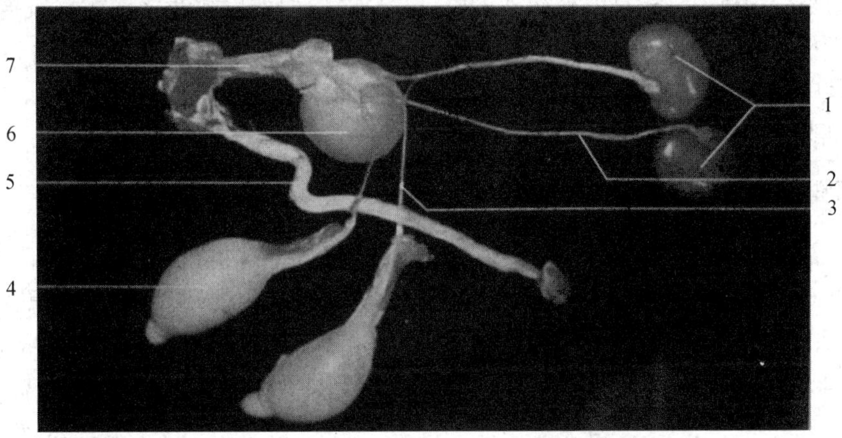

1.肾　2.输尿管　3.输精管　4.睾丸　5.尿生殖道阴茎部　6.膀胱　7.尿生殖道骨盆部

图 6-5　公羊泌尿生殖器官

（陈耀星，2019，动物解剖学与组织胚胎学）

任务 6-2　肾的组织结构

【学习任务单】

一、学习目标

掌握与尿液生成相适应的肾脏的组织结构特点。

二、学习资源

1.光学显微镜和肾组织切片。
2.教材。
3.信息化教学资源。

三、学习任务

1.用肉眼观察肾组织切片，区分皮质和髓质部分。

2.用低倍镜观察，被膜位于表面，深层为皮质和髓质；皮质染色红，观察肾小体和肾小管断端；髓质染色淡红。

3.用高倍镜观察被膜、皮质和髓质结构。被膜由结缔组织构成；观察皮质的肾小体、近曲小管和远曲小管；观察髓质的近端小管直部、远端小管直部、细段和集合管的管壁。

【相关知识】

肾由被膜和实质构成，被膜为一厚的结缔组织膜，分内、外两层。外层致密，含有胶原纤维和弹性纤维；内层疏松，含网状纤维和平滑肌纤维。实质分外周的皮质和深部的髓质。髓质由许多直行的小管构成，呈条纹状，伸延到皮质，称髓放线，两条髓放线之间的皮质称皮质迷路。每个髓放线及其周围的皮质迷路构成肾小叶。

肾实质由泌尿小管和肾间质组成。泌尿小管包括肾单位和集合小管两部分。泌尿小管间的少量结缔组织、血管和神经等为肾的间质。

一、肾单位

肾单位是尿液形成的结构和功能单位，由肾小体和肾小管组成。根据肾小体在皮质内的分布位置不同，可分为浅表肾单位和髓旁肾单位。浅表肾单位的数量较多，体积较小，髓袢较短，位于皮质的浅层和中部，对尿的形成有重要作用；髓旁肾单位的数量较少，体积较大，髓袢较长，位于皮质的深层近髓质处，对尿的浓缩有重要作用（图 6-6）。

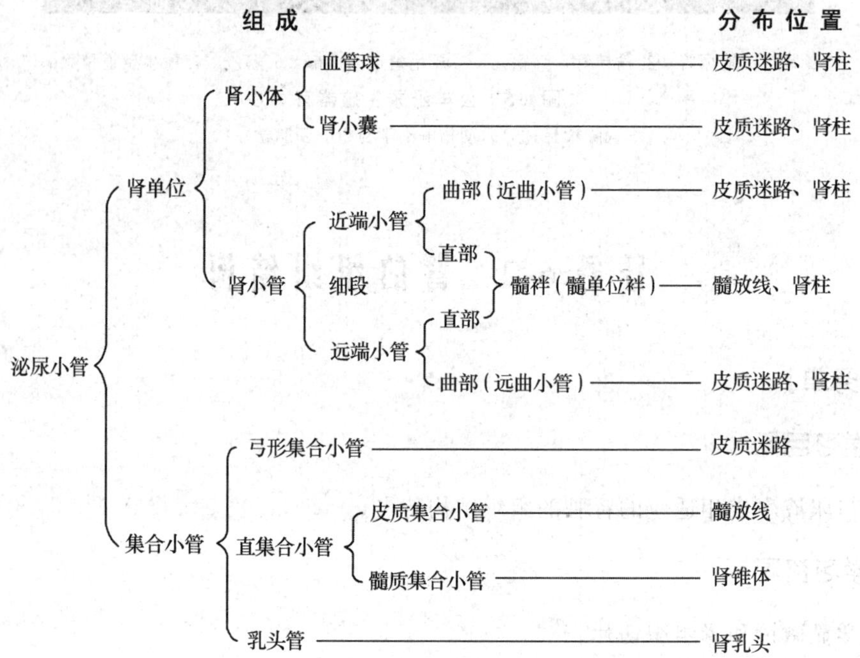

图 6-6 泌尿小管的组成及各段的分布位置

（陈耀星，2019，动物解剖学与组织胚胎学）

1. 肾小体

呈圆形或卵圆形，由肾小球和肾小囊组成。肾小体一侧为微动脉出入端，称血管极；血管极的对侧为尿极，与近曲小管相连。

(1)肾小球　由一团盘曲的毛细血管组成，包裹在肾小囊内。入球微动脉由血管极进入肾小囊后，分为3～5条初级分支，每支又分成几条相互吻合的毛细血管袢。毛细血管袢又逐步汇合成一条出球微动脉，从血管极离开肾小囊。入球微动脉比出球微动脉短而粗，因此肾小球内的血压较高，当血液流经肾小球时，大量水和小分子物质滤出管壁进入肾小囊内。肾小球毛细血管内皮有直径50～100 nm的窗孔，呈筛状，窗孔无隔膜，仅有薄层基膜覆盖，有利于血液中小分子物质通过。

(2)肾小囊　是肾小管起始端膨大凹陷形成的双层杯状囊，囊壁分内、外两层，两层之间狭窄的腔隙称肾小囊腔。外层(壁层)由单层扁平上皮构成。内层(脏层)为一层多突的扁平细胞，称足细胞。足细胞自胞体伸出几个大的初级突起，每个初级突起又垂直分出许多指状的次级突起。相邻足细胞的次级突起相互交错穿插，形成栅栏状，紧贴在毛细血管基膜外面。突起间的间隙称为裂孔，裂孔上覆盖有裂孔膜。足细胞突起内有微丝，收缩时可调节裂孔的大小，从而影响其通透性。

毛细血管内的物质滤入肾小囊腔，必须经过三层滤过屏障，即有孔的内皮细胞、基膜和足细胞次级突起之间的裂孔膜。

2.肾小管

由单层上皮围成的细长而弯曲的小管，包括近端小管、细段和远端小管。肾小管有重吸收、分泌和排泄等作用。

(1)近端小管　是肾小管最长的一段，管长约占肾小管总长度的一半，可分曲部和直部。

近端小管曲部又称为近曲小管，盘曲在肾小体附近，管腔不规则，管壁上皮细胞呈锥形或立方形，细胞界限不清。胞质呈强嗜酸性，核圆形，偏于基底部。细胞游离面有刷状缘，基部有纵纹。电镜下，刷状缘是由内皮细胞大量密集而整齐排列的微绒毛构成；纵纹为基部细胞膜向细胞质内陷而成的质膜内褶，周围有较多的线粒体。细胞侧面伸出许多侧突，并与相邻细胞的侧突相互交叉。这些结构大大地增加了细胞的表面积，与近曲小管的重吸收功能有关。原尿中几乎所有的葡萄糖、氨基酸和蛋白质以及大部分水、钠等均在此被重吸收。

近端小管直部又称为近直小管，由皮质沿髓放线直行入髓质，其结构与曲部基本相同，但上皮较矮，微绒毛与质膜内褶均不如曲部明显。

(2)细段　位于髓质内，管径小，由单层扁平细胞构成。胞质弱嗜酸性，胞核扁圆，突入管腔。细胞游离面仅有少量不规则的微绒毛。细段的管壁薄，有利于水和离子透过。

(3)远端小管　是细段的延续，管径比近端小管细，但管腔大而明显，包括直部和曲部。

远端小管直部又称远直小管，由髓质经髓放线返回皮质。管壁为单层立方上皮，细胞分界较清晰。胞质弱嗜酸性，核圆形，位于细胞中央。游离面无刷状缘，基部纵纹明显。主要起到重吸收钠的作用。

远端小管曲部又称远曲小管，位于皮质内，结构与远直小管相同，数量比近曲小管少。远曲小管有重吸收钠和排钾的功能，还能继续吸收原尿中的水分。

二、集合小管

集合小管由弓形集合小管、直集合小管和乳头管三部分构成。弓形集合小管起始端接远曲小管的末端，呈弓状进入髓放线，与直集合小管相连。直集合小管由皮质向髓质下行，与其他直集合小管汇合，在肾乳头处移行为乳头管。弓形集合小管和直集合小管的上皮由单层立方逐渐过渡为单层柱状，细胞界限清楚，胞质清亮，核圆形，位于细胞中央。乳头管上皮为单层柱状，近开口处转为变移上皮。集合小管也有重吸收钠离子和水及排出钾离子和氢离子的作用。

三、球旁复合体

球旁复合体又称肾小球旁器，是肾内具有内分泌功能的结构，位于肾小体血管极一侧三角区周围，由球旁细胞、致密斑和球外系膜细胞组成（图 6-7）。

1.球旁细胞

在入球微动脉进入肾小囊处，其管壁中膜的平滑肌细胞转变为上皮样细胞，称为球旁细胞。细胞呈立方形或多边形，核圆形，位于细胞中央。胞质弱嗜碱性，内有分泌颗粒，含有肾素。肾素具有收缩血管、升高血压和增强肾小球滤过的作用。

2.致密斑

远端小管靠近肾小体血管极一侧的管壁上皮细胞，由单层立方体变为单层柱状，排列紧密，胞核深染，形成椭圆形斑，称为致密斑。致密斑可感受远曲小管内滤液的钠离子浓度的变化，对球旁细胞分泌肾素起调节作用。

3.球外系膜细胞

位于肾小体血管极的三角区内，又称极垫细胞。细胞较小，具有小突起，染色较浅。该细胞在球旁复合体的功能活动中可能起传递信息的作用。

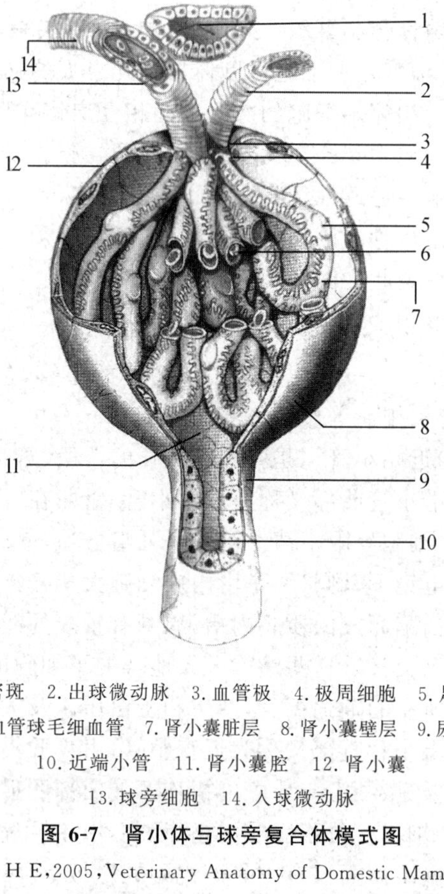

1.致密斑 2.出球微动脉 3.血管极 4.极周细胞 5.足细胞 6.血管球毛细血管 7.肾小囊脏层 8.肾小囊壁层 9.尿极 10.近端小管 11.肾小囊腔 12.肾小囊 13.球旁细胞 14.入球微动脉

图 6-7 肾小体与球旁复合体模式图

(Knig H E, 2005, Veterinary Anatomy of Domestic Mammals)

四、肾的血液循环

肾血液循环的特点是：①肾动脉直接起于腹主动脉，血流量大，流速快。②两次形成毛细血管网，即肾小球和球后毛细血管网。③肾小体入球微动脉管径比出球微动脉粗，可提高血管球内的血压，有利于滤过。④髓质内直小血管袢与髓袢伴行，有利于肾小管和集合小管的重吸收和尿液浓缩。

【测试题】

一、名词解释

肾门　肾锥体　肾单位　球旁复合体

二、选择题

1.牛的肾脏内没有（　　）。

A.肾皮质　　B.肾髓质　　C.肾盂　　D.肾盏

2. 肾有多种类型，属于平滑单乳头肾的动物是(　　)。

A. 牛　　B. 猪　　C. 马　　D. 羊

3. 哺乳动物肾有四种类型，属有沟多乳头肾的是(　　)。

A. 牛　　B. 猪　　C. 犬　　D. 马

4. 肾外表面坚韧的结缔组织膜构成(　　)。

A. 滑膜　　B. 浆膜　　C. 纤维膜　　D. 脂肪囊

5. 下列不是由肾门出入的是(　　)。

A. 肾动脉　　B. 肾静脉　　C. 输尿管　　D. 输精管

三、填空题

1. 泌尿系统包括________、________、________和________。

2. 肾的每个肾叶分为浅部的________和深部的________。

3. 肾皮质切面上有许多细小颗粒状小体，叫________；肾髓质切面上可见许多纵向条纹，它是由许多________构成的。

4. 肾小管是由单层上皮围成的细长而弯曲的小管，包括________、________和________三个部分。

四、简答题

根据肾形态和结构的不同，简述牛、羊、马、猪、犬的肾脏各属于什么类型。

项目七

生 殖 系 统

【知识目标】

- 掌握雄性、雌性生殖器官的组成及其功能。
- 掌握睾丸、附睾和阴囊的形态结构。
- 熟悉不同动物副性腺的形态。
- 掌握卵巢、子宫的形态、位置及结构。

【能力目标】

- 能在大体标本中或模型上指出各生殖器官的位置和形态。
- 能说出各生殖器官的结构和功能的关系。

【素质目标】

- 通过联系受精、胚胎发育的过程以及雌性生殖器官的结构特点，培养学生尊重生命、崇尚科学的素养。
- 培养学生自主探究、总结与归纳的能力。

生殖系统的功能是产生生殖细胞和分泌性激素，以繁衍后代，保证动物种族延续，并形成和维持第二性征。生殖系统包括雄性生殖器官和雌性生殖器官。

任务 7-1　雄性生殖器官

【学习任务单】

一、学习目标

1. 掌握雄性生殖器官的形态构造及相互位置关系。
2. 比较牛(羊)、马、猪、犬、兔等动物雄性生殖器官的区别。

二、学习资源

1. 牛(羊)、马、猪、犬、兔等动物雄性生殖器官的标本和模型。

2.教材。
3.信息化教学资源。

三、学习任务

1.观察睾丸和附睾的形态，在纵切面标本上观察其构造。
2.观察精索的组成，以及输精管的径路。
3.观察精囊腺、前列腺和尿道球腺的位置。
4.观察尿生殖道的位置，以及与膀胱和输精管壶腹部的位置关系。
5.观察阴囊各层构造及其与睾丸、附睾的关系。
6.比较各种雄性动物生殖器官的结构特点。

【相关知识】

雄性生殖器官由睾丸、附睾、输精管、尿生殖道、副性腺、阴茎、包皮和阴囊组成。其中睾丸为生殖腺；附睾、输精管、尿生殖道为生殖管道；阴茎、包皮和阴囊为外生殖器官。

一、睾丸

（一）睾丸的形态和位置

睾丸是公畜的主要性器官，位于阴囊内，左、右各一，由阴囊中隔分开。睾丸可产生精子，分泌雄性激素，促进第二性征出现和其他性器官的发育。

睾丸呈左右稍扁的椭圆形，表面光滑。外侧面稍隆凸，与阴囊外侧壁接触；内侧面平坦，与阴囊中隔相贴。一侧有附睾附着，称为附睾缘；另一侧为游离缘。血管和神经进出的一端为睾丸头，接附睾头；另一端为睾丸尾，与附睾尾相连。

在胚胎时期，睾丸位于腹腔内，在肾脏附近。随着胚胎的发育，在出生前后，睾丸和附睾一起经腹股沟管下降到阴囊中，这一过程称为睾丸下降。动物出生后，如果有一侧或两侧睾丸没有下降到阴囊，仍留在腹腔内，称为单睾或隐睾，其生殖功能弱或无生殖能力，不宜作种用。但是也有例外，如大象的睾丸始终位于腹腔，能够在腹腔内的温度下产生精子。很多小型哺乳动物，如啮齿类，呈现周期性改变，在繁殖季节睾丸下降到阴囊，而后睾丸又返回到腹腔。

不同动物睾丸的形态和位置

（1）牛（羊）的睾丸　较大，呈长椭圆形，位于两股部之间的阴囊内，长轴方向与地面垂直。睾丸头位于上方，附睾位于睾丸的后缘。牛的睾丸实质呈微黄色，羊的则呈白色。

（2）猪的睾丸　很大，位于会阴部的阴囊内，质较软，长轴斜向后上方。睾丸头位于前下方。游离缘朝向后方。睾丸实质呈淡灰色，但因品种不同常有深浅之分。

（3）马的睾丸　呈椭圆形，长轴与地面平行，睾丸头向前。睾丸实质呈淡棕色，左侧睾丸通常较大。

（4）犬的睾丸　较小，呈白色，卵圆形，长轴略斜向后上方。

（5）兔的睾丸　呈卵圆形，可自由地下降到阴囊或缩回腹腔。

（二）睾丸的组织结构与功能

睾丸的结构包括被膜和实质两部分。

1. 被膜

除附睾缘与附睾借结缔组织连接外，睾丸表面大部分被覆着一层浆膜，称为睾丸固有鞘膜。固有鞘膜的深面为致密结缔组织构成的白膜。白膜的结缔组织从睾丸头伸入睾丸实质内，由睾丸头向睾丸尾延伸，形成睾丸纵隔，贯穿睾丸的长轴。马的睾丸纵隔只局限在睾丸头。纵隔结缔组织分出睾丸小隔，将睾丸实质分成许多锥形的睾丸小叶。牛、羊的睾丸小隔薄而不完整，肉食动物、猪和马的睾丸小隔较发达。

2. 实质

睾丸实质由精小管、睾丸网和间质组织组成。在每个睾丸小叶内有 2～3 条精小管，精小管之间为间质组织。精小管在睾丸纵隔直精小管内吻合成睾丸网。睾丸网在睾丸头处汇合成睾丸输出小管，穿出睾丸形成附睾头（图 7-1）。

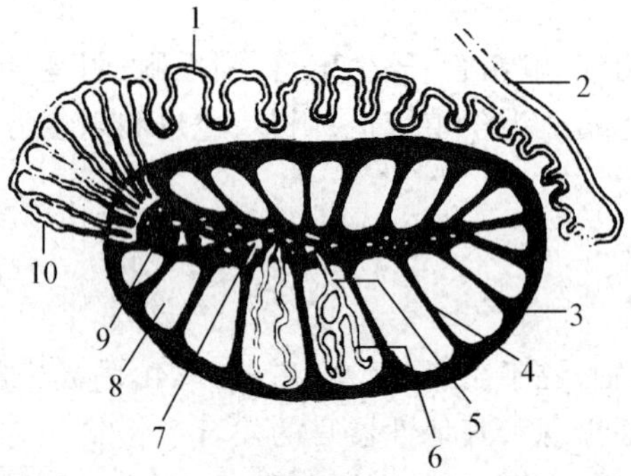

1. 附睾管　2. 输精管　3. 白膜　4. 睾丸小隔　5. 直精小管　6. 曲精小管
7. 睾丸网　8. 睾丸小叶　9. 睾丸纵隔　10. 睾丸输出小管

图 7-1　睾丸和附睾结构模式图

（1）精小管　包括曲精小管和直精小管两部分。

曲精小管为精子发生的场所，是细而弯曲的上皮性管道，管壁由基膜和多层上皮细胞组成。上皮包括两种类型的细胞：一种是产生精子的生精细胞；另一种是支持细胞，具有支持和营养生精细胞的作用。

直精小管是曲精小管在近睾丸纵隔处变成短而直的一段管道，其管径细，管壁无生精细胞，仅衬以单层立方或扁平上皮。

（2）睾丸网　是由直精小管进入睾丸纵隔内互相吻合而成的网状小管，管腔大小不一，管壁上皮为单层立方或扁平上皮。牛的睾丸网为假复层立方上皮；猪的睾丸网细胞顶端常有水泡隆起；马的睾丸网细胞内含大量糖原。

（3）间质组织　为填充在曲精小管之间的疏松结缔组织，其中含有血管、淋巴管、神经纤维和间质细胞。间质细胞常成群分布在曲精小管之间，胞体较大，呈卵圆形或多边形。胞核大而圆，细胞质嗜酸性，含有脂滴和褐色素。间质细胞分泌雄激素，可促进精子的发生和成熟、维持正常的性欲、促进生殖器官发育和第二性征的出现。

二、附睾

附睾位于阴囊中，附着于睾丸边缘，外面被覆固有鞘膜和薄的白膜。附睾是精子储存和进一步成熟的场所。

附睾可分为附睾头、附睾体和附睾尾三部分。附睾头膨大，由十几条睾丸输出小管组成，与睾丸头相对应。睾丸输出小管进而汇合成一条很长的附睾管，迂曲并逐渐增粗，构成附睾体和附睾尾，在附睾尾处管径增大，最后延续为输精管（图 7-1）。附睾尾借睾丸固有韧带与睾丸尾相连，以附睾尾韧带（或阴囊韧带）与鞘膜壁层相连。去势时，切开阴囊后，必须切断阴囊韧带和睾丸系膜，方能摘除睾丸和附睾。

睾丸输出小管上皮由单层高柱状纤毛细胞群与低柱状无纤毛细胞群相间排列而成，两种细胞都具有分泌功能。上皮细胞位于基膜上，基膜外为薄的固有层。有纤毛的柱状细胞除有分泌功能外，还可以吸收管腔内的液体。纤毛的摆动有利于腔内精子的运送。

不同动物附睾的形态和位置：

（1）牛、羊的附睾位于睾丸的后缘，附睾头长，连于睾丸头端及上部 1/3 处。

（2）猪的附睾位于睾丸的前上方。

（3）马的附睾位于睾丸背侧缘稍偏外侧。

（4）犬和兔的附睾附着于睾丸的背外侧。

三、输精管

输精管为输送精子的管道，由附睾管直接延续而成。输精管起始于附睾尾，沿附睾体至附睾头附近，进入精索后缘内侧的输精管褶中，经腹股沟管入腹腔，然后向后上方进入骨盆腔，在膀胱背侧的尿生殖褶内继续向后伸延，与精囊腺管共同开口于尿生殖道起始部背侧壁的精阜。有些动物的输精管在膀胱背侧的尿生殖褶内膨大形成输精管壶腹，其黏膜内分布有腺体，分泌物参与构成精液。牛、羊和犬的输精管壶腹很小，马的很发达，猪无输精管壶腹。

四、精索

精索呈扁平的圆锥形索状，其基部附着于睾丸和附睾上，上端达腹股沟管内环，内由睾丸动脉、静脉、神经、淋巴管、睾内提肌和输精管等组成，外表包以固有鞘膜。

五、阴囊

阴囊为呈袋状的腹壁囊，借助腹股沟管与腹腔相通，内有睾丸、附睾和部分精索。阴囊具有保护睾丸和附睾等功能，并可调节阴囊内的温度，使其略低于体腔内的温度，有利于精子的生长、发育和活动。

阴囊壁的结构与腹壁相似，由外向内依次分为皮肤、肉膜、阴囊筋膜和鞘膜（图 7-2）。

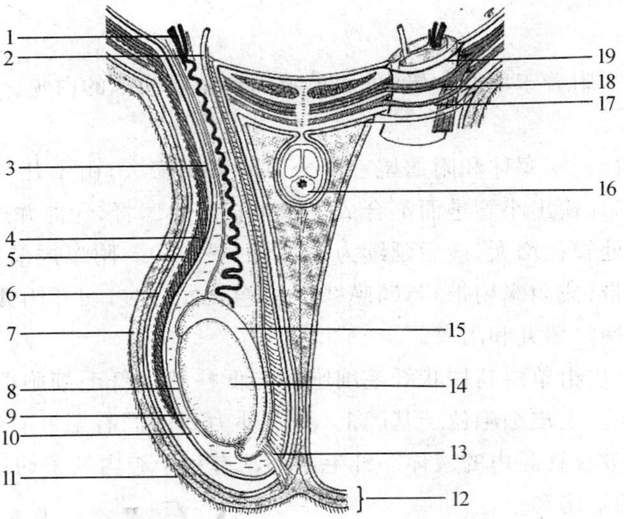

1.睾丸动、静脉 2.输精管 3.精索内筋膜 4.提睾肌 5.提睾肌筋膜 6.精索外筋膜 7.肉膜 8.睾丸鞘膜脏层 9.鞘膜腔 10.睾丸鞘膜壁层 11.皮肤 12.阴囊 13.附睾尾韧带 14.睾丸 15.附睾 16.阴茎 17.腹股沟浅环 18.腹股沟深环 19.鞘膜环

图 7-2 阴囊结构模式图

(Knig H E,2005,Veterinary Anatomy of Domestic Mammals)

(一)皮肤

阴囊皮肤薄而柔软,富有弹性,表面生有短而细的毛,内有丰富的皮脂腺和汗腺。阴囊表面的腹侧正中有一条阴囊缝,将阴囊从外表分为左、右两部分,是畜牧生产中去势定位的标志。

(二)肉膜

肉膜紧贴于皮肤的内面,相当于皮下组织,不易分离,由含有弹性纤维和平滑肌纤维的致密结缔组织构成。肉膜在阴囊的正中矢面形成阴囊中隔,将阴囊分为左、右互不相通的两个腔。阴囊中隔背侧分为两层,沿阴茎两侧附着于腹壁。肉膜的收缩和舒张有调节阴囊内温度的作用。天冷时肉膜收缩,使阴囊起皱,面积减小;天热时肉膜松弛,使阴囊下垂,面积扩大。公猪去势时切开阴囊中隔,可取出另一侧的睾丸。

(三)阴囊筋膜

阴囊筋膜位于肉膜深面,由腹壁深筋膜和腹外斜肌腱膜伸延而来,将肉膜与总鞘膜较疏松地连接起来,其深面有睾外提肌,是由腹内斜肌分出的横纹肌,包于总鞘膜的外侧面和后缘。睾外提肌的收缩和舒张,可调节阴囊和睾丸与腹壁的距离,以获得利于精子发育和生存的适宜温度。

(四)鞘膜

鞘膜包括总鞘膜和固有鞘膜。总鞘膜为阴囊最内层,由腹膜壁层延伸而来,为腹横筋膜所加强。总鞘膜折转而覆盖于睾丸和附睾表面,称为固有鞘膜。折转处所形成的浆膜褶,称为睾丸系膜。在总鞘膜和固有鞘膜之间的腔隙,称为鞘膜腔,内有少量浆液。鞘膜腔上段细窄,形成鞘膜管,通过腹股沟管以鞘膜管口或鞘环与腹膜腔相通。当鞘膜管口过大时,小肠可脱入鞘膜管或鞘膜腔内，形成腹股沟疝或阴囊疝，严重者需进行手术治疗。

不同动物阴囊形态及位置：

(1)牛的阴囊位于两股之间，在松弛状态下呈瓶状，阴囊颈较明显；

(2)猪的阴囊位于股后部、肛门腹侧，与周围皮肤的界限不明显；

(3)马的阴囊位于两股之间，阴囊颈较明显；

(4)犬的阴囊位于股后部；兔的阴囊位于股后部，呈"八"字形，阴囊皮肤多毛。

六、尿生殖道

公畜的尿道兼有排尿和排精作用，故称为尿生殖道。其前端以尿道内口起于膀胱颈，沿骨盆腔底壁向后伸延，绕过坐骨弓，再沿阴茎腹侧的尿道沟，向前伸延至阴茎头末端，以尿道外口开口于外界。

尿生殖道可分为骨盆部和阴茎部两部分，二者以坐骨弓为界。在两部交界处，尿生殖道的管腔稍变窄，称为尿道峡。公畜导尿时，要在坐骨弓部压迫导尿管的前端，使其绕过坐骨弓，转向骨盆腔，以利于插入膀胱。

尿生殖道骨盆部是指自膀胱到骨盆后口的一段，位于骨盆腔底壁与直肠之间。在起始部背侧壁的中央有一圆形隆起，称为精阜。输精管和精囊腺管共同开口于此。此外，在骨盆部黏膜表面，还有其他副性腺的开口。

尿生殖道阴茎部是骨盆部的直接延续，起于坐骨弓，经左、右阴茎脚之间进入阴茎腹侧的尿道沟，末端以尿道外口开口于阴茎头。

尿生殖道管壁从内向外由黏膜层、海绵体层、肌层和外膜构成。黏膜层有很多纵褶，在盆部的固有层含有小而分散的尿道腺。海绵体层主要是由毛细血管膨大而形成的海绵腔，在尿道峡的背侧壁较厚，称尿道球；在阴茎部较发达，称尿道海绵体。肌层由深层的平滑肌和浅层的横纹肌组成。横纹肌在骨盆部呈环行，称为尿道肌。在尿道球和尿道球腺背侧呈横向，称为球海绵体肌。其收缩有协助射精和排空余尿的作用。外膜为结缔组织，与周围器官相连。

七、副性腺

副性腺是位于尿生殖道骨盆部背侧的腺体，包括精囊腺、前列腺和尿道球腺，其分泌物与输精管壶腹部的分泌物以及睾丸产生的精子共同组成精液(图 7-3)。

(一)精囊腺

精囊腺有一对，位于膀胱颈背侧的尿生殖褶中，在输精管的外侧。每侧精囊腺的导管与同侧输精管共同开口于精阜。其分泌物为黄白色黏稠液体，呈弱碱性，富含果糖，有稀释精子、供给精子能量、促进精子运动等作用。牛、羊的精囊腺是一对实质性的分叶性腺体，左、右精囊腺的大小和形状常不对称，精囊腺导管与输精管一同开口于精阜；猪的精囊腺特别发达，外形似菱形三面体，由许多腺小叶组成，精囊腺导管单独或与输精管一同开口于精阜；马的精囊腺呈梨形、囊状，壁薄而腔大，表面光滑，囊壁由腺体组织构成，精囊腺导管与同侧输精管合并成射精管，开口于精阜；犬无精囊腺；兔的精囊腺结构特殊，由精囊和精囊腺组成，前端分为两叶称精囊，在精囊后部背侧为精囊腺。

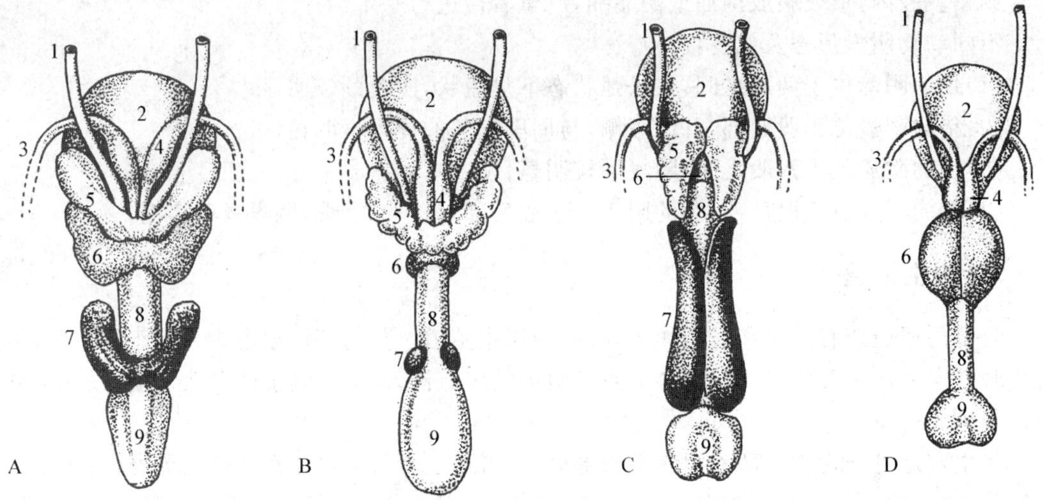

A. 公马 B. 公牛 C. 公猪 D. 公犬

1. 输尿管 2. 膀胱 3. 输精管 4. 壶腹腺 5. 精囊腺 6. 前列腺体部

7. 尿道球腺 8. 尿道 9. 阴茎球

图 7-3 公马、公牛、公猪、公犬副性腺模式图

（陈耀星，2010，畜禽解剖学，第 3 版）

（二）前列腺

前列腺位于尿生殖道起始部背侧，以许多导管开口于尿生殖道内。其分泌物为一种黏稠的蛋白质液体，呈弱碱性，具有特殊腥味，可中和精液中精子代谢时产生的二氧化碳。牛、猪的前列腺分为体部和扩散部；羊无体部；马的前列腺较发达，由左、右两侧腺叶和中间的峡部构成；犬的前列腺呈球形，大而坚实；兔的前列腺被结缔组织中隔分为左、右两部分。

（三）尿道球腺

尿道球腺有一对，位于尿生殖道骨盆部末端的背面两侧，导管开口于尿生殖道黏膜上。其分泌物透明黏滑，为黏液性和蛋白样液组成，有冲洗和润滑尿生殖道的作用。牛的尿道球腺为圆形的实质性腺体，大小似核桃；猪的尿道球腺很发达，呈圆柱状；马的尿道球腺呈椭圆形；犬无尿道球腺；兔的尿道球腺分为两叶，表面被球海绵体肌覆盖。

八、阴茎

阴茎是公畜排尿、排精和交配的器官，平时很柔软，退缩在包皮内，交配时勃起，伸长并变粗变硬，以利于交配。阴茎位于腹壁之下，起自坐骨弓，附着于两侧的坐骨结节，经两股部之间向前伸延至脐部的后方。

阴茎可分为阴茎根、阴茎体和阴茎头三部分。阴茎根以两个阴茎脚附着于坐骨弓两侧的坐骨结节，两阴茎脚向前合并为阴茎体。阴茎头为阴茎的游离端，位于阴茎的前端，其形态因家畜种类不同而有较大差异。

阴茎主要由阴茎海绵体、尿生殖道阴茎部和肌肉构成。阴茎海绵体外面包有很厚的致密结缔组织白膜。白膜的结缔组织伸入海绵体内形成小梁，并分支互相连接成网。小梁内含有血管和神经。在小梁及其分支之间有许多腔隙，称为海绵腔。腔壁衬以内皮，并与血管直接相通。海绵腔实为扩大的毛细血管。当充血时，阴茎膨大变硬而发生勃起现象。尿生殖道阴茎部位于阴茎海绵体腹侧的尿道沟内，周围包有尿道海绵体。尿道海绵体的外面被覆有球海绵体肌。

阴茎的肌肉除球海绵体肌外，还有坐骨海绵体肌和阴茎缩肌。坐骨海绵体肌较发达，起于坐骨结节，止于阴茎脚的表面。收缩时将阴茎向后向上牵拉，压迫阴茎海绵体及阴茎背侧静脉，阻止血液回流，使海绵腔充血，阴茎勃起。阴茎缩肌为两条带状平滑肌，起于荐椎或尾椎腹侧，沿阴茎腹侧向前伸延，止于阴茎头后方。收缩时可使阴茎退缩，将阴茎头隐藏于包皮腔内。

不同动物阴茎的形态和位置：

(1)牛的阴茎呈圆柱状，长而细，阴茎体在阴囊的后方形成一"乙"状弯曲，勃起时伸直。阴茎头长而尖，呈扭转状，尿生殖道外口位于阴茎头前端螺旋沟中的尿道突上。

(2)羊的阴茎与牛的基本相似，阴茎头前端有一细而长的尿道突，绵羊的阴茎长 3～4 cm，呈弯曲状，山羊的阴茎稍短而直。

(3)猪的阴茎与牛的阴茎相似，但"乙"状弯曲部在阴囊前方。阴茎头呈螺旋状扭转，尿生殖道外口为一裂隙状口，位于阴茎头前端的腹外侧。

(4)马的阴茎粗大，呈左、右压扁的圆柱状。阴茎海绵体发达。阴茎头膨大形成龟头，其基部的周缘显著隆起形成龟头冠。在龟头前端的腹侧面有一凹陷的龟头窝。龟头窝内有一短的尿道突，尿道外口在此开口(图 7-4)。

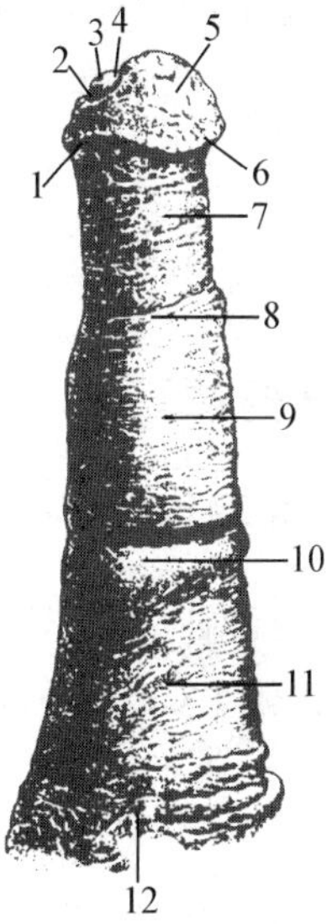

1.阴茎头颈　2.阴茎头窝　3.尿道外口　4.尿道突　5.阴茎头　6.阴茎头冠　7.阴茎游离部　8.包皮褶内层到阴茎的附着部　9.包皮褶内层　10.包皮环　11.外包皮褶内层　12.外包皮褶外层

图 7-4　公马的阴茎和包皮

(陈耀星，2010，畜禽解剖学，第 3 版)

(5)犬的阴茎后部有两个阴茎海绵体，前端有一块阴茎骨，长约 10 cm，其腹侧有尿生殖道沟。

(6)兔的阴茎呈圆柱状，阴茎头细而稍弯。在平静时阴茎向后伸至肛门腹侧；勃起时因坐骨海绵体肌收缩，牵引阴茎游离端向前。

九、包皮

包皮为皮肤折转而形成的一管状皮肤鞘，有容纳和保护阴茎头的作用。阴茎勃起时包皮即展平。

不同动物包皮的形态和位置如下：

(1)牛的包皮长而狭窄，具有两对较发达的包皮肌，完全包裹着退缩的阴茎头。包皮口位于脐的后方约 5 cm，周围生有长毛，形成特殊的毛丛。去势牛的阴茎头短，附着于包皮的深部，故阉公牛必须从包皮的深部排尿。

(2)猪的包皮口狭窄，前部背侧壁有一圆口，通入一卵圆形盲囊，称为包皮盲囊或包皮憩室，囊腔内常聚积有余尿和腐败的脱落上皮，具有特殊的腥臭味。

(3)马的包皮为双层皮肤褶，分外包皮和内包皮，均由深、浅两层构成。

(4)犬的包皮呈圆筒状，内含淋巴结。

(5)兔的包皮连于阴囊的皮肤，包皮深层在阴茎根两侧，有一对包皮腺。

任务 7-2　雌性生殖器官

【学习任务单】

一、学习目标

1. 掌握雌性生殖器官的形态构造及相互位置关系。
2. 比较牛(羊)、马、猪、犬、兔等动物雌性生殖器官的区别。

二、学习资源

1. 牛(羊)、马、猪、犬、兔等动物雌性生殖器官的标本和模型。
2. 教材。
3. 信息化教学资源。

三、学习任务

1. 观察卵巢的形态、大小、位置和结构。
2. 观察输卵管漏斗部、壶腹部和峡部的形态。
3. 观察子宫角、子宫体和子宫颈的形态和位置。
4. 观察阴道穹窿、尿生殖前庭与周围器官的位置关系。
5. 比较各种雌性动物生殖器官的结构特点。

【相关知识】

雌性生殖器官由卵巢、输卵管、子宫、阴道、尿生殖前庭和阴门等组成，其中卵巢、输卵管、子宫和阴道为内生殖器官，尿生殖前庭和阴门为外生殖器官(图 7-5，图 7-6)。

一、卵巢

卵巢一对，是母畜的主要性器官，可产生卵子和分泌雌性激素，以促进其他生殖器官及乳腺的发育。

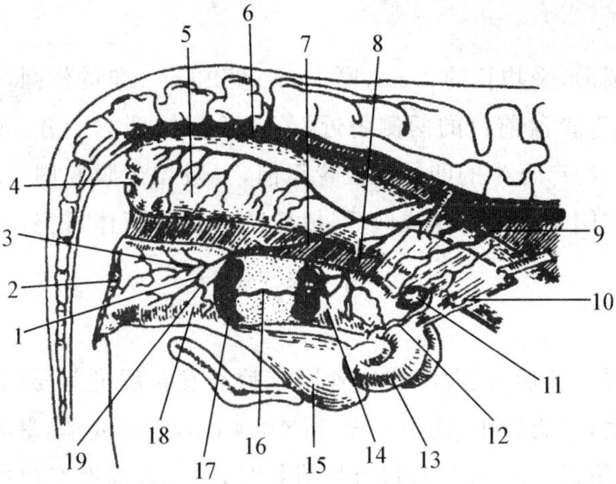

1.尿生殖动脉　2.阴门　3,7.阴部内动脉　4.肛门　5.直肠　6.荐中动脉　8.子宫中动脉　9.子宫卵巢动脉
10.子宫阔韧带　11.卵巢　12.输卵管　13.子宫角　14.子宫体　15.膀胱
16.子宫颈管　17.子宫颈阴道部　18.阴道　19.子宫后动脉

图 7-5　母牛生殖器官位置关系(右侧观)

(陈耀星,2010,畜禽解剖学,第 3 版)

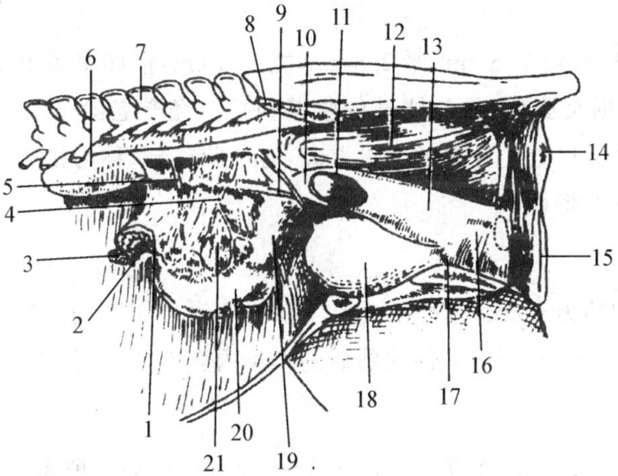

1.输卵管　2.卵巢　3.输卵管伞　4.子宫中动脉　5.子宫卵巢动脉　6.左肾　7.腰椎　8.髂骨(断面)　9.输尿管
10.子宫颈　11.子宫颈阴道部　12.直肠　13.阴道　14.肛门　15.阴门　16.尿生殖前庭
17.尿道　18.膀胱　19.子宫体　20.子宫角　21.子宫阔韧带

图 7-6　母马生殖器官位置关系(左侧观)

(陈耀星,2010,畜禽解剖学,第 3 版)

(一)卵巢的形态和位置

卵巢由卵巢系膜悬吊在腹腔的腰下部,在肾的后方或骨盆前口两侧。卵巢的子宫端借卵巢固有韧带与子宫角的末端相连,前端接输卵管伞。背侧缘为卵巢系膜缘,血管、神经和淋巴管由此出入卵巢,此处称为卵巢门。腹侧缘为游离缘。卵巢的形状和大小因畜种、个体、年龄及性周期而异。

1.牛(羊)的卵巢

牛的卵巢呈扁椭圆形,平均长约 4 cm、厚 1 cm、宽 2 cm。羊的较圆,较小,长约 1.5 cm,宽 0.5～1.0 cm。一般位于骨盆前口的两侧附近,子宫角起始部的上方。未产母牛的卵巢稍向后移,多位于骨盆腔内;经产母牛的卵巢则位置靠前,一般位于腹腔内,在耻骨前缘的前下方。成年牛右侧的卵巢比左侧的稍大。性成熟后,成熟的卵泡和黄体可突出于卵巢表面。卵巢囊宽大。

2.猪的卵巢

一般较大,呈卵圆形,其形状、大小和位置因年龄和发育程度等不同而有明显差异。4 月龄前未性成熟的小母猪,卵巢较小,约为 0.5 cm×0.4 cm,表面光滑,呈淡红色,位于荐骨岬两侧稍后方,在腰小肌腱附近。5～6 月龄接近性成熟时,卵巢表面有突出的小卵泡而呈桑葚状,大小约 2 cm×1.5 cm。位置稍下垂前移,位于髋结节前缘横断面处的腰下部。性成熟后及经产母猪,卵巢长 3～5 cm,表面因有卵泡、黄体突出而呈结节状。卵巢位于髋结节前缘 4 cm 的横断面上,或在髋结节与膝关节连线中点的水平面上,一般左侧卵巢在正中矢面上,右侧卵巢在正中面稍偏右侧。

3.马的卵巢

较大,呈豆形,平均长约 7.5 cm,厚 2.5 cm,宽 3.5 cm,借卵巢系膜悬于腰下部肾的后方,约在第 4 或第 5 腰椎横突腹侧,常与腰部的腹壁相接。经产老龄马的卵巢,常因卵巢系膜松弛,而被肠管挤到骨盆前口处。卵巢的腹缘游离,有一凹陷部,称为排卵窝,成熟卵泡由此排出卵细胞,这是马属动物的特征。

4.犬的卵巢

较小,其长度平均约为 2 cm,呈长卵圆形。两侧卵巢位于距同侧肾脏的后端 1～2 cm 处的卵巢囊内,卵巢囊的腹侧有裂口。性成熟后的卵巢内含有卵泡,其表面隆凸不平。

5.兔的卵巢

呈卵圆形,淡红色,长 1.0～1.7 cm,宽 0.3～0.7 cm,以短的卵巢系膜悬于第 5 腰椎横突的腹侧。幼兔卵巢表面光滑,成年兔卵巢表面有透明、小、圆形、突出的成熟卵泡。

(二)卵巢的组织结构

卵巢的结构随动物种类、年龄和性周期不同而异。卵巢为实质性器官,可分为被膜和实质,实质由外周的皮质和中央的髓质构成。马属动物卵巢皮质和髓质的位置与其他动物相反,即皮质在内部,髓质在外周(图 7-7)。

1.被膜

卵巢的被膜由生殖上皮和白膜组成。卵巢表面除卵巢系膜附着部外,都覆盖着一层生殖上皮。年轻动物的生殖上皮为单层立方或柱状上皮,到老龄时变为扁平。在生殖上皮的深面为致密结缔组织构成的白膜。马卵巢的生殖上皮仅分布于排卵窝处,其余部分均被覆浆膜。

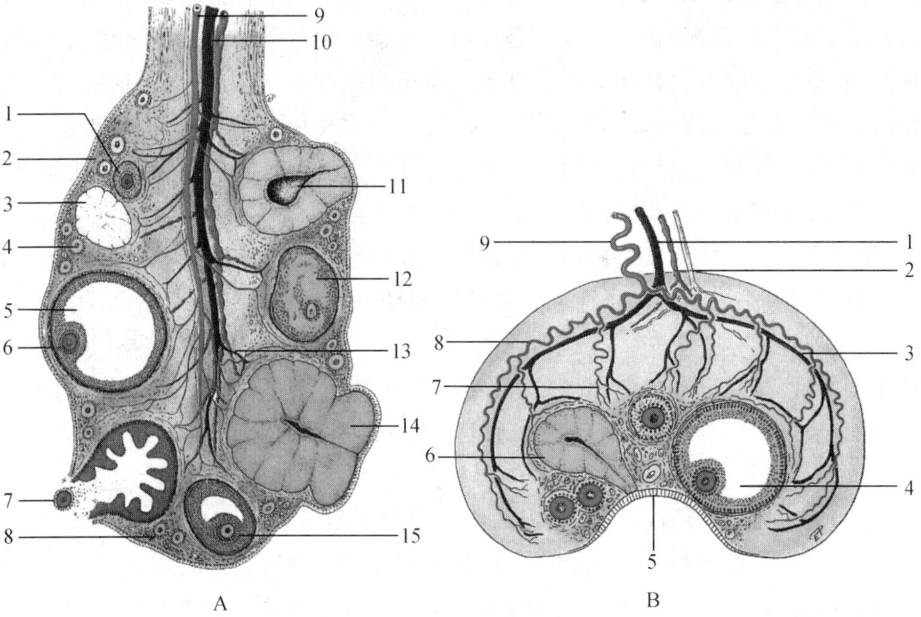

A. 母牛　1. 次级卵泡　2. 皮质　3. 白体　4. 初级卵泡　5. 卵泡腔　6. 含卵母细胞的格拉夫卵泡　7. 排卵期卵泡　8. 初级卵泡　9. 卵巢动脉　10. 卵巢静脉　11. 退化中的黄体　12. 闭锁卵泡　13. 髓质　14. 黄体　15. 三级卵泡

B. 母马　1. 卵巢静脉　2. 淋巴管　3. 血管区　4. 格拉夫卵泡　5. 排卵窝　6. 黄体　7. 皮质　8. 血管区　9. 卵巢动脉

图 7-7　母牛、母马卵巢结构示意图

（Knig H E，2005，Veterinary Anatomy of Domestic Mammals）

2. 皮质

较厚，由基质、不同发育阶段的卵泡、黄体和闭锁卵泡等组成。

基质由致密结缔组织构成，主要参与形成卵泡膜和间质腺。另外，基质内含有大量的网状纤维和少量的胶原纤维、弹性纤维。

卵泡是由中央的一个卵母细胞和包在其周围的一些卵泡细胞所构成。在皮质中有许多处于不同发育阶段的卵泡。可根据发育程度的不同，将卵泡分成原始卵泡、生长卵泡和成熟卵泡。

（1）原始卵泡　呈球形，数量多、体积小，位于卵巢皮质的浅层，由初级卵母细胞及周围的单层扁平的卵泡细胞构成。

（2）生长卵泡　性成熟后，原始卵泡在垂体分泌的卵泡刺激素作用下开始生长发育。此时原始卵泡的卵泡细胞由扁平变为立方或柱状。根据发育阶段不同，可将生长卵泡分为初级卵泡和次级卵泡。

①初级卵泡　卵泡内的卵母细胞逐渐增大，卵母细胞周围出现一层嗜酸性、折光强的透明带。单层扁平的卵泡细胞变成立方或柱状，并通过分裂增生而成为多层。随着卵泡的变大，围绕卵泡的结缔组织细胞逐渐分化成卵泡膜。

②次级卵泡　当卵泡体积不断增大时，在卵泡细胞之间出现卵泡腔，腔内有卵泡液。随着

卵泡腔的扩大和卵泡液的增多，卵母细胞及其周围的一些卵泡细胞被挤到卵泡腔的一侧，形成一个突入卵泡腔的丘状隆起，称为卵丘。卵丘上紧靠透明带的卵泡细胞呈高柱状，围绕透明带呈放射状排列，称为放射冠。其余的卵泡细胞密集排列成数层，衬在卵泡内壁上，称为颗粒层，组成颗粒层的卵泡细胞也改称为颗粒细胞。卵泡周围的梭形结缔组织细胞也进一步增生分化，成熟卵泡的卵丘部分放大形成卵泡膜。卵泡膜分为内、外两层，内层为细胞性膜，可分泌雌激素。外层为结缔组织性膜，与周围结缔组织无明显界限。

(3)成熟卵泡　生长卵泡发育到最后阶段成为成熟卵泡。卵泡体积显著增大，向卵巢表面隆起。成熟卵泡的大小因动物种类而异。牛的成熟卵泡直径约 15 mm，猪和羊为 5～8 mm，马为 25～45 mm。

动物在发情后的数日内，成熟卵泡破裂，初级卵母细胞及其周围的放射冠随同卵泡液一起排出，此过程称为排卵。排卵时，由于毛细血管受损可以引起出血，血液充于卵泡腔内，形成血体。

(4)闭锁卵泡　在正常情况下，卵巢内的绝大多数卵泡不能发育成熟，而在各发育阶段中逐渐退化，这些退化的卵泡称为闭锁卵泡。原始卵泡和初级卵泡退化时，初级卵母细胞和卵泡细胞最后都解体消失；次级卵泡和成熟卵泡退化时，有时可见萎缩的卵母细胞和皱缩的透明带，此时的卵泡内层细胞增大，呈多角形，如黄体细胞，这些细胞被结缔组织分隔成团索状，形成间质腺细胞（如兔和肉食类）。间质腺可分泌雌激素、孕酮和雄激素。

(5)黄体　排卵后，残留在卵泡内的颗粒层细胞和卵泡内膜细胞随同血管一起向卵泡腔内塌陷，在垂体促黄体生成素的作用下，增殖分化为富有血管的细胞团索，称黄体。颗粒层细胞分化成粒性黄体细胞，卵泡内膜细胞分化成膜性黄体细胞。前者主要分泌孕酮，后者主要分泌雌激素。

黄体的发育程度和存在时间，取决于排出的卵是否受精。如果受精，则黄体继续发育，并存在到妊娠后期（马除外），这种黄体称为妊娠黄体或真黄体。如果未受精，黄体逐渐退化，这种黄体称为发情黄体或假黄体。真黄体或假黄体在完成其功能后即退化，退化的黄体被结缔组织代替，形成瘢痕，称为白体。

3.髓质

由富含弹性纤维的疏松结缔组织构成，其中有许多血管、淋巴管和神经等，而梭性细胞和平滑肌纤维较少。在卵巢门靠近卵巢系膜根部有成群的上皮样细胞称门细胞，形态类似间质腺细胞，能分泌少量雄激素。

二、输卵管

输卵管是位于卵巢和子宫角之间的一对细长而弯曲的管道，是输送卵细胞和受精卵的场所。输卵管通过输卵管系膜与卵巢、子宫连接和固定。输卵管系膜与卵巢固有韧带之间形成卵巢囊。卵巢囊能保证卵巢排出的卵细胞顺利地进入输卵管。输卵管可分为漏斗部、壶腹部和峡部（图 7-8）。

(1)漏斗部　漏斗部为输卵管起始膨大的部分，漏斗的边缘有许多不规则的皱褶，呈伞状，称为输卵管伞。漏斗的中央有一小的开口为输卵管腹腔口，与腹膜腔相通。

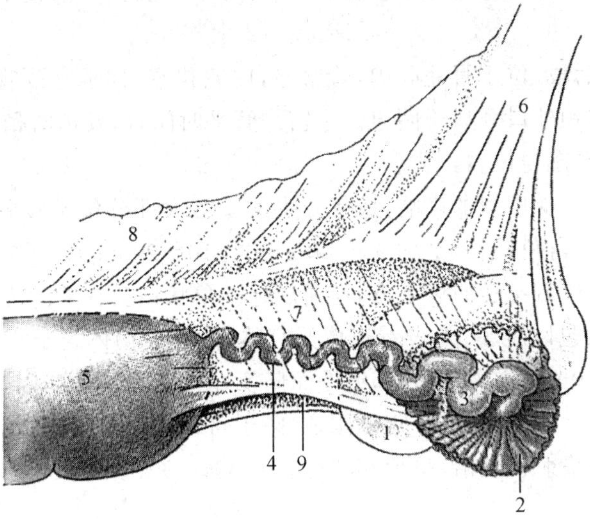

1.卵巢 2.输卵管漏斗 3.输卵管壶腹 4.输卵管峡 5.子宫角 6.卵巢系膜
7.输卵管系膜 8.子宫系膜 9.卵巢囊口

图 7-8 输卵管模式图

(Knig H E,2005,Veterinary Anatomy of Domestic Mammals)

(2)壶腹部 壶腹部较长,是位于漏斗部和峡部之间的膨大部分,壁薄而弯曲,为卵子受精处。

(3)峡部 峡部位于壶腹部之后,细而直,末端以小的输卵管子宫口与子宫角相接。

输卵管的管壁由黏膜、肌层和浆膜三层构成。黏膜形成许多纵行的皱褶,上皮为单层柱状,反刍动物和猪输卵管有些部分是假复层柱状上皮。上皮细胞有两种类型:一种是有纤毛的柱状细胞;另一种是无纤毛的分泌细胞,二者相间排列。固有层很薄,无黏膜肌层。肌层由内环、外纵两层平滑肌组成。浆膜由疏松结缔组织和间皮构成。

牛的输卵管长,弯曲少,输卵管伞较大,末端与子宫角的连接处无明显分界;猪的输卵管弯曲度小;马的输卵管壶腹部明显且特别弯曲,末端与子宫角之间界限明显;犬的输卵管细小,输卵管伞大部分位于卵巢囊内;兔的输卵管壶腹不甚膨大,峡部后端连接子宫,二者无明显界限。

三、子宫

1.子宫的形态和位置

子宫是胚胎生长发育的器官,借子宫阔韧带附着于腹腔顶壁和骨盆腔侧壁,大部分位于腹腔内,小部分位于骨盆腔内,背侧为直肠,腹侧为膀胱,前端与输卵管相接,后端与阴道相通。

子宫可分为子宫角、子宫体和子宫颈三部分。子宫的形状、大小、位置和结构,因畜种、年龄、个体、性周期以及妊娠时期等不同而差异很大。

子宫角一对,为子宫的前部,呈弯曲的圆筒状,位于腹腔内(未经产的牛、羊则位于骨盆腔内)。前端以输卵管子宫口与同侧输卵管相通,后端汇合形成子宫体。

子宫体呈背腹略扁的圆筒状，位于骨盆腔内，部分在腹腔内。前接子宫角，向后延续为子宫颈。

子宫颈为子宫的后段，位于骨盆腔内，管壁厚，内腔狭窄，称子宫颈管，前端以子宫颈内口通子宫体，后端与子宫颈外口开口于阴道。子宫颈管平时闭合，发情时稍松弛，分娩时扩大。

不同动物子宫的形态与位置：

(1)牛(羊)的子宫　受瘤胃的影响，成年母牛的子宫大部分位于腹腔内，妊娠子宫大部分偏于腹腔的右半部。子宫角较长，平均 35～40 cm(羊 10～20 cm)。子宫角的前部互相分开，开始先弯向前下外方，然后又转向后上方，卷曲成绵羊角状；左、右子宫角的后部因有肌组织和结缔组织相连，表面又包以腹膜，外表看很像子宫体，故称为伪体。子宫体短，长 3～4 cm(羊约 2 cm)。子宫颈长 10 cm(羊约 4 cm)，壁厚而坚实；后端突入阴道内。

母牛的生殖器官(背侧面)形成子宫颈阴道部；子宫颈管窄细，呈螺旋状，平时紧闭，不易开张，子宫外口黏膜形成辐射状皱褶，呈菊花状(图 7-9A)。

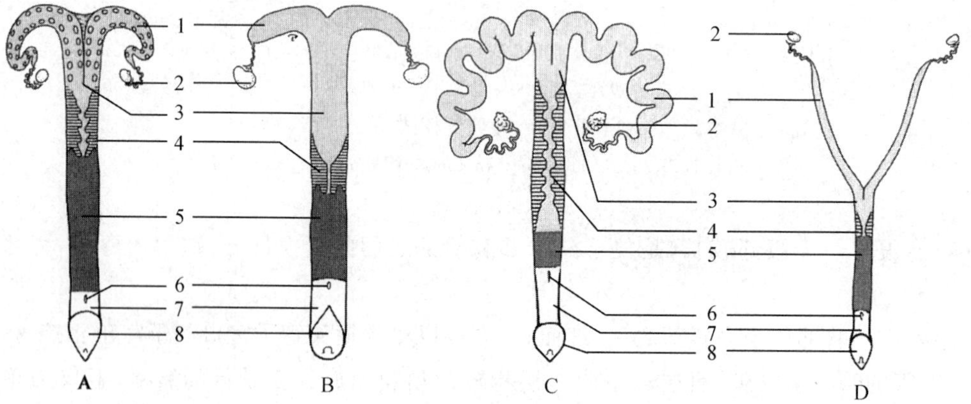

A.牛　B.马　C.猪　D.犬

1.子宫角　2.卵巢　3.子宫体　4.子宫颈及子宫颈管　5.阴道　6.尿道外口　7.尿生殖前庭　8.阴门

图 7-9　雌性动物生殖器官模式图

(Knig H E，2005，Veterinary Anatomy of Domestic Mammals)

子宫体和子宫角的黏膜上有 100 多个特殊的圆形隆起，称为子宫阜或子宫子叶。未妊娠时，子宫阜很小，直径约 15 mm；妊娠时逐渐增大，最大的有拳头大，是胎膜与子宫壁结合的部位。在牛胎衣不下时，剥离胎衣就是将子宫阜与胎盘之间的联系进行分离。羊的子宫阜有 60 多个，其顶端有一凹陷。

(2)马的子宫　母马子宫呈“Y”形。子宫角稍弯曲成弓状，背侧缘凹，有子宫阔韧带附着。腹侧缘凸而游离。子宫体与子宫角等长。子宫颈后端突入阴道内，形成明显的子宫颈阴道部，其黏膜褶呈花冠状。妊娠后期子宫位于腹腔左下部(图 7-9B)。

(3)猪的子宫　母猪的子宫角特别长，经产母猪可达 1.2～1.5 m，外形弯曲似小肠。小母猪的子宫角细而弯曲，壁厚色红。子宫角的位置依年龄而不同，小母猪的子宫角位于骨盆腔入口处附近。性成熟后子宫角增粗，壁厚色白，因子宫阔韧带较长，子宫角移向前下方，位于髋结节的前下部；子宫体很短，长约 5 cm；子宫颈较长。成年母猪长 10～15 cm，无子宫颈阴道部，因此子宫颈与阴道无明显界限，黏膜褶形成两行半圆形隆起，交错排列，使子宫颈管呈狭窄的螺旋形(图 7-9C)。

(4)犬的子宫　子宫角细长而直，中等体型的犬子宫角长 12～15 cm。两子宫角在骨盆联合前方自子宫体呈“V”形分出。子宫体和子宫颈均很短。子宫颈壁厚，位于腹腔内，形成子宫颈阴道部(图 7-9D)。

(5)兔的子宫　属于双子宫，左、右子宫完全分离，无子宫角与子宫体之分，子宫全长 7 cm。每侧子宫后端的内括约肌形成子宫颈，开口于阴道。兔为多胎动物，妊娠期短，仅为 30～31 d，两侧子宫可同时孕育胚胎，但胚胎数量不一定相同。

2. 子宫的组织构造

子宫的形态及结构因发情周期及妊娠而有变化。子宫壁由子宫内膜、肌层和外膜三层组成。

(1)子宫内膜　由上皮和固有层构成。上皮随动物发情周期而有变化，一般为单层柱状。反刍动物和猪为单层柱状或假复层柱状上皮。马和犬为单层柱状上皮。上皮具有分泌作用，游离缘有时有暂时性的纤毛。

固有层的浅层有较多的细胞成分及子宫腺导管。细胞以梭形或星形的胚型结缔组织细胞为主，细胞借突起互相连接。还含有各种白细胞及巨噬细胞。固有层深层的细胞成分少，内有子宫腺分布。子宫腺为弯曲的分支管状腺，其数量因畜种、胎次和发情周期而不同。牛、羊的子宫阜上无子宫腺分布。腺上皮由分泌黏液的柱状细胞构成，胞质内富含黏原颗粒和糖原，分泌物对附植前的早期胚胎有营养作用。

(2)肌层　为平滑肌，由强厚的内环肌和较薄的外纵肌构成，两层肌之间为血管层，内有许多血管和神经分布。牛和猪的血管层有时夹于环行肌内，牛、羊的子宫阜处血管层特别发达。

(3)外膜　为浆膜，由疏松结缔组织和间皮组成，在子宫外膜中有时可见少量平滑肌细胞存在。

四、阴道

阴道是雌性动物的交配器官，也是产道。阴道呈扁管状，位于骨盆腔内，背侧为直肠，腹侧为膀胱和尿道；前接子宫，后接尿生殖前庭。在阴道前端由于子宫颈阴道部突入而形成一个环状(马)或半环状(牛)的陷窝，称为阴道穹隆。阴道壁由黏膜、肌层和外膜构成。黏膜粉红色，较厚，形成许多纵褶。上皮大部分为复层扁平上皮，固有层为疏松结缔组织，没有腺体。肌层为平滑肌，包括内环肌和外纵肌。外膜由疏松结缔组织构成。

五、尿生殖前庭

尿生殖前庭又称阴道前庭，是交配器官和产道，也是尿液排出的径路。位于骨盆腔内，直肠的腹侧，左、右压扁，前接阴道，后连阴门。在与阴道交界处腹侧形成一横行的黏膜褶，称为阴瓣。在尿生殖前庭的腹侧壁上，靠近阴瓣的后方有一尿道外口。在尿道外口后方两侧，有前庭小腺的开口；两侧壁内有前庭大腺的开口。牛、羊的阴瓣不明显，在尿道外口的腹侧，有一个伸向前方的短盲囊，称尿道下憩室。因此，给母牛导尿时应避免导尿管插入憩室内。

六、阴门

阴门是尿生殖前庭的外口，也是泌尿和生殖系统与外界相通的天然孔。阴门位于肛门腹侧，以短的会阴部与肛门隔开，由左、右两片阴唇构成，两阴唇间的垂直裂缝称为阴门裂。两阴唇上、下两端的联合，分别称为阴门背侧联合和阴门腹侧联合。在阴门腹侧联合前方有一阴蒂窝，内有小而凸出的阴蒂。阴蒂相当于公畜的阴茎，也由海绵体构成，与阴茎属同源器官。

【测试题】

一、名词解释

精索　精阜　副性腺　睾丸下降　输精管壶腹　子宫阜　尿生殖前庭

二、填空题

1. 尿生殖道骨盆部和阴茎部交界处，内腔变细，称为________，是临床上公畜尿道结石或尿道阻塞的常发部位。

2. 公畜副性腺包括________、________、________。

3. 牛阴茎体在阴囊后方形成“乙”状弯曲，但是________（填动物种类）阴茎体在阴囊前方形成“乙”状弯曲，________有阴茎骨。

4. 尿生殖道可分为________和________两部分，两部分以________为界。

5. 卵巢固有韧带与输卵管系膜之间形成________，包裹卵巢。

6. 马属动物卵巢的游离缘有一凹陷部，称为________。

三、选择题

1. 家畜精子排出不通过的结构是(　　)。

A. 输精管　B. 尿道骨盆部　C. 输尿管　D. 尿道阴茎部

2. 家畜受精的场所在(　　)。

A. 输卵管漏斗部　B. 输卵管壶腹部　C. 输卵管峡部　D. 子宫体

3. 猪子宫不具有的特点是(　　)。

A. 有二个子宫角　B. 子宫角长形似小肠　C. 子宫体短　D. 形成子宫颈阴道部

4. 输精管末端开口于(　　)。

A. 膀胱颈　B. 尿道内口腹侧　C. 精阜　D. 前列腺

5. 雌性生殖器官中，产生卵细胞的器官是(　　)。

A. 卵巢　B. 输卵管　C. 子宫　D. 阴道

6. 下列腺体中属于副性腺的是(　　)。

A. 肾上腺　B. 颌下腺　C. 前列腺　D. 胰腺

7. 卵巢表面平滑，皮质在内，髓质在外，有排卵窝的动物是(　　)。

A. 牛　B. 羊　C. 马　D. 猪

8. 下列关于子宫的说法，错误的是(　　)。

A. 马子宫角呈“Y”形，子宫颈阴道部明显　B. 牛羊子宫角呈绵羊角状，有伪体

C.牛羊子宫角、体黏膜上有卵圆形的子宫阜　D.牛羊无子宫颈阴道部

9.精索不包括(　　)。

A.输精管　　B.血管和淋巴管　　C.神经　　D.尿道

10.下列说法,错误的是(　　)。

A.马精囊腺呈囊状　　B.犬前列腺很发达

C.猪尿道球腺发达　　D.犬尿道球腺发达

四、简答题

1.阴囊壁包括哪几层结构?

2.简述母畜生殖器官的组成及功能。

3.试比较牛(羊)、猪、马、犬子宫的形态和结构特点。

项目八

心血管系统

【知识目标】

- 熟悉心血管系统的组成。
- 掌握心脏的基本结构特点。
- 掌握血液循环的顺序。
- 了解血管的分类及分支特点。
- 掌握牛、犬等动物全身动脉、静脉主干和主要分支的名称和位置，熟悉临床采血、注射常用血管的名称及位置。

【能力目标】

- 能在动物体上指出心脏检查、脉搏检查和静脉注射部位。
- 能说明药物经内服吸收或静脉注射到达各器官的径路。

【素质目标】

- 培养学生自我学习、自我总结的素养。
- 通过动物体肺循环和体循环的学习，培养学生整体看待事物的意识。

心血管系统由心脏、动脉、毛细血管和静脉组成。心脏是血液循环的动力器官，动脉是输送血液到肺和全身各部的血管，静脉是收集血液回心的血管，毛细血管是动脉和静脉之间的微细血管，也是血液与周围组织进行物质交换的场所。

血液从心脏流出，经动脉到毛细血管，然后再沿静脉返回心脏，这一过程称为血液循环。根据循环途径和功能的不同，可将血液循环分为体循环和肺循环。

体循环又称大循环，是指血液从左心室搏出，经主动脉及其分支到全身各部的毛细血管，在此与组织细胞进行物质和气体交换后变成静脉血，再经各级静脉汇注入前、后腔静脉，返回右心房的流动过程。

肺循环又称小循环，是血液从右心室搏出，经肺动脉干及其各级分支至肺泡壁毛细血管，在此与肺泡进行气体交换后变成了动脉血，然后经肺静脉返回左心房的过程。

任务 8-1　心　　脏

【学习任务单】

一、学习目标

1. 掌握心脏的形态、位置和结构。
2. 了解心脏的传导系统。
3. 熟悉心脏的血管。

二、学习资源

1. 心脏的标本和模型，心脏传导系统模型。
2. 教材。
3. 信息化教学资源。

三、学习任务

1. 观察心脏外形，识别冠状沟、窦下室间沟、锥旁室间沟，心房和心室的外部分界，心基部相连的血管。

2. 观察心腔的结构，识别右心房、右心室、左心房、左心室、室间隔、房间隔、左右房室口、二尖瓣、三尖瓣、主动脉瓣、肺动脉瓣的形态和构造。

3. 观察左、右冠状动脉的分支和分布。

4. 观察心包腔、心外膜、心肌和心内膜，注意各室的厚度与功能间的关系。

5. 观察窦房结、房室结的形态和位置，房室束和浦肯野纤维的径路和分支。

【相关知识】

一、心脏的形态与位置

（一）形态

心脏为左右稍扁、倒圆锥形、中空的肌质性器官，外由心包包裹。心脏的前缘凸，后缘短而直。上部宽大，称为心基；下端尖细，为心尖。心脏表面有一环形冠状沟，是心房和心室的外表分界。沟的上部为心房，下部为心室。在心脏的左前方和右后方，分别有一锥旁室间沟和一窦下室间沟。两室间沟是左、右心室的外表分界，两沟的右前部为右心室，左后部为左心室。牛的心脏后面还有一条副纵沟（中间沟）。在冠状沟、室间沟及副纵沟内有营养心脏的血管，并有脂肪填充（图 8-1，图 8-2）。

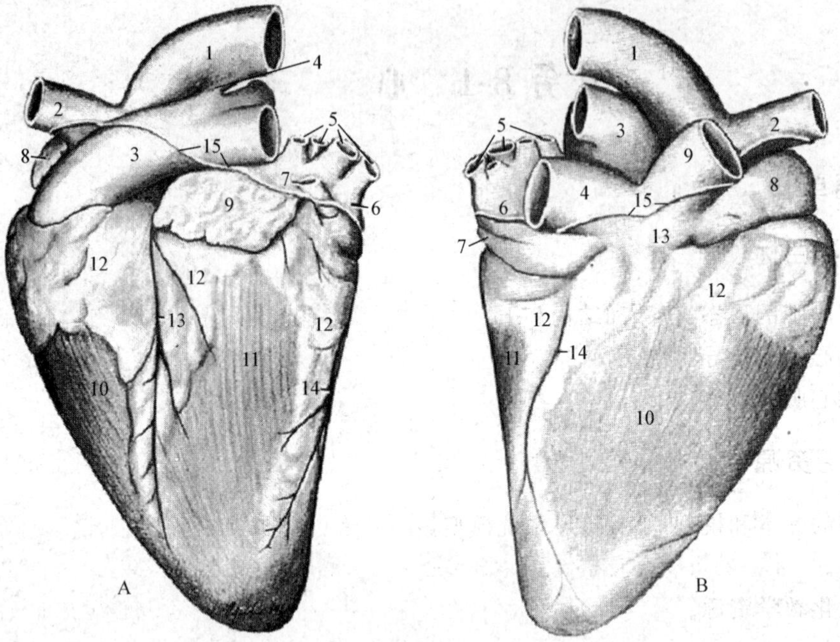

A. 左侧面　B. 右侧面

1. 主动脉　2. 臂头动脉干　3. 肺动脉干　4. 动脉韧带(A)或后腔静脉(B)　5. 肺静脉　6. 左心房　7. 左奇静脉　8. 右心耳　9. 左心耳(A)或前腔静脉(B)　10. 右心室　11. 左心室　12. 冠状沟脂肪　13. 锥旁室间沟(A)或右心房(B)　14. 中间沟(A)或窦下室间沟(B)　15. 心包翻转线

图 8-1　牛的心脏

(陈耀星,2010,畜禽解剖学,第 3 版)

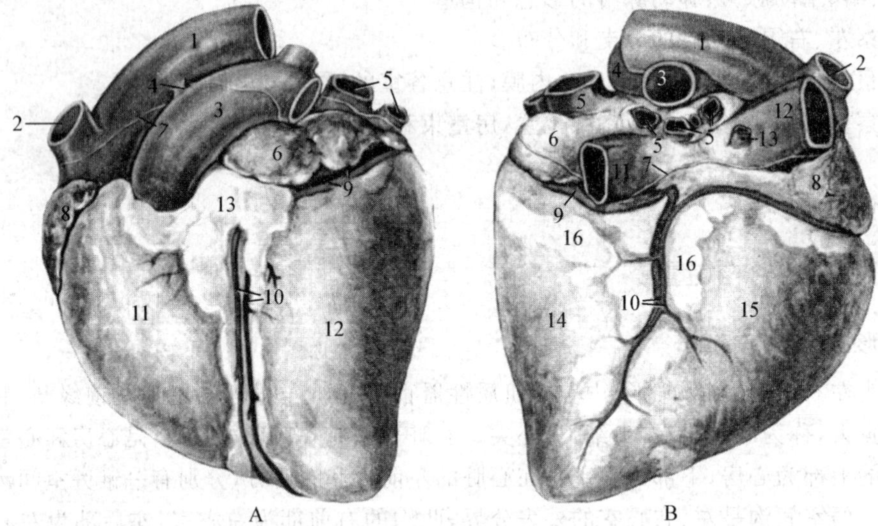

A. 左侧面　1. 主动脉　2. 臂头动脉干　3. 肺动脉干　4. 动脉韧带　5. 肺静脉　6. 左心耳　7. 心包附着线　8. 右心耳　9. 冠状沟、左冠状动脉旋支、心大静脉　10. 锥旁室间沟、左冠状动脉锥旁室间支、心大静脉分支　11. 右心室　12. 左心室　13. 心外膜下脂肪体

B. 右侧面　1. 主动脉　2. 臂头动脉干　3. 右肺动脉　4. 左肺动脉　5. 肺静脉　6. 左心房　7. 心包附着线　8. 右心房　9. 心大静脉　10. 窦下室间沟、右冠状动脉、心中静脉　11. 后腔静脉　12. 前腔静脉　13. 右奇静脉　14. 左心室　15. 右心室　16. 心外膜下脂肪体

图 8-2　马的心脏

(陈耀星,2010,畜禽解剖学,第 3 版)

(二)位置

心脏位于胸腔纵隔内，夹于左、右两肺之间，略偏左侧(牛心脏的5/7，猪、马心脏的3/5位于正中平面的左侧)，相当于第2肋间隙(或第3肋骨)至第5肋间隙(或第6肋骨，犬和猫为第7肋骨)之间，约在胸腔下2/3部。牛的心基大致位于肩关节水平线上，心尖距膈2～5 cm。马的心基大致位于胸高(鬐甲最高点至胸骨的腹侧缘)中点之下3～4 cm，心尖距膈6～8 cm。

二、心腔的构造

心腔以纵行的房间隔和室间隔分为左、右心房和左、右心室四个腔，同侧的心房和心室以房室口相通。

(一)右心房

右心房由静脉窦和右心耳组成，构成心基部的右前部。静脉窦是前、后腔静脉的开口部。右心耳为一圆锥形盲囊，尖端向左再向后伸至肺动脉干的前方。内壁有许多排列不规则的肉嵴，称梳状肌。

右心房的背侧壁和后壁分别有前腔静脉和后腔静脉的开口，两口之间的背侧壁有发达的静脉间结节，起到分流前、后腔静脉血、避免两者互相冲击的作用。在后腔静脉口的腹侧有一冠状窦，为心大、心中静脉的开口，窦口常有瓣膜，以防止血液倒流。牛和猪的左奇静脉在冠状窦处注入右心房，马的右奇静脉开口于右心房的背侧或前腔静脉根部。犬的右奇静脉开口于前腔静脉。在后腔静脉口附近的房间隔上有一卵圆窝，为胚胎时期卵圆孔的遗迹。约有20%的成年牛、羊、猪卵圆孔闭锁不全。在右心房的下方有一右房室口，通右心室。

(二)右心室

右心室室壁较薄，构成心室的右前部。上方有右房室口和肺动脉干口。右房室口由致密结缔组织构成的纤维环围成，纤维环上附着有三片三角形的瓣膜，称右房室瓣或三尖瓣，瓣膜的游离缘下垂入心室，每片瓣膜以腱索分别连于心室壁相邻的两个乳头肌上，当心室收缩时，瓣膜受血流冲击的腱索牵制，将右房室口关闭，使右心室血液经肺动脉入肺，而不致倒流入右心房。

肺动脉干口在动脉圆锥顶端，由纤维环围成，环上附有三片半月形的瓣膜，称肺动脉干瓣或半月瓣。每个瓣膜均呈袋状，袋口向着肺动脉干。当心室舒张时，肺动脉干瓣受倒流血液冲击而展开，将肺动脉干口关闭，阻止肺动脉干血液倒流入右心室。此外，在室中隔上有横过室腔走向室侧壁的隔缘肉柱，当心室舒张时，可防止心室过分扩张。

(三)左心房

左心房的构造与右心房相似，构成心基的左后部。有向前突出的圆锥状盲囊，为左心耳，内壁也有梳状肌，左心房的后背侧壁上有6～8条肺静脉的开口，下方为左房室口。

(四)左心室

左心室构成心室的左后部及心尖，室壁很厚，上方有左房室口和主动脉口。

左房室口由纤维环围成，环上附有两片强大的瓣膜，称左房室瓣或二尖瓣，其结构和作用与三尖瓣相同。主动脉口位于左心室的前上方，构造与肺动脉干口相似，纤维环上也具有三个半月形瓣膜称主动脉瓣，其结构及作用同肺动脉干口的半月瓣。牛的主动脉纤维环上有两枚心骨，左心室内也有隔缘肉柱。

三、心壁的构造

心壁由心外膜、心肌和心内膜构成。

(一)心外膜

心外膜为被覆于心肌表面的一层浆膜，表面是间皮，间皮下是薄层结缔组织，内含血管、神经和脂肪组织。

(二)心肌

心肌主要由心肌纤维构成，心肌被房室口的纤维环分为心房肌和心室肌两个独立的肌系。心房肌薄，分浅、深两层。浅层为左、右心房共有，深层分别为左、右心房所独有。心室肌厚，左心室壁最厚，约为右心室壁的 3 倍。心肌纤维呈螺旋状环绕分层排列为内纵、中环、外纵三层。它们多集合成束，肌束间有较多的结缔组织和毛细血管。

(三)心内膜

心内膜由内皮、内皮下层和心内膜下层组成。内皮为衬于腔面的单层扁平上皮，与血管内皮相连；内皮下层为薄层疏松结缔组织，在近室间隔处含有少许平滑肌；心内膜下层由疏松结缔组织构成，内含血管、神经和浦肯野纤维。

四、心脏的血管

心脏的血管包括冠状动脉和心静脉。

(一)冠状动脉

冠状动脉有左、右两条，分别由主动脉根部发出，行于冠状沟和左、右室间沟内，分支分布于心房和心室。

(二)心静脉

心静脉有心大、心中和心小静脉。心大静脉和心中静脉分别与左、右冠状动脉伴行，都注入右心房的冠状窦。心小静脉有数支，在冠状沟附近直接开口于右心房。

五、心脏的传导系统

心脏的传导系统是由特殊分化的心肌纤维构成的，包括窦房结、房室结、房室束和浦肯野纤维(图 8-3)。

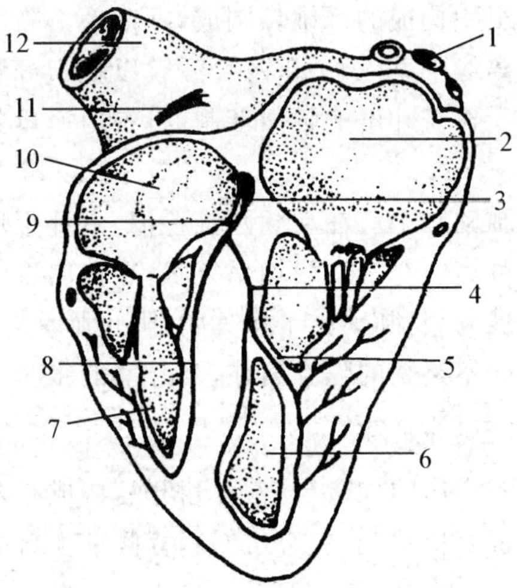

1. 肺静脉　2. 左心房　3. 房室结　4. 左束支　5. 心横肌　6. 左心室　7. 右心室　8. 右束支　9. 房室束　10. 右心房　11. 窦房结　12. 前腔静脉

图 8-3　心传导系统示意图

(陈耀星，2010，畜禽解剖学，第 3 版)

(一)窦房结

窦房结位于前腔静脉和右心耳之间的界沟内心外膜下，由薄而分支的结纤维网织而成，与心房肌纤维相联系。

(二)房室结

房室结位于房间隔右房侧的心内膜下,冠状窦口的前下方,由排列不规则的小分支状的结细胞构成,与心房肌纤维和房室束相联系。

(三)房室束

房室束是房室结向下的直接延续,在室间隔上部,分为较细的右束支(右脚)和较粗的左束支(左脚),两束支分别沿室间隔两侧的心内膜下向下伸延,分出小分支至室间隔,还分出一些分支通过隔缘肉柱到左、右心室的侧壁。上述小分支在心内膜下分散成浦肯野纤维,与普通心肌纤维相连。

六、心包

心包为包围心脏的纤维浆膜囊,由纤维心包和浆膜心包组成。纤维心包为一层坚韧的结缔组织膜,在心基部与起止于心脏的大血管外膜相延续,在心尖部折转到胸骨背侧与心包胸膜共同构成胸骨心包韧带。浆膜心包分壁层和脏层,壁层衬于纤维心包的内面,脏层贴于心肌表面,构成心外膜。壁层和脏层在心基折转移行,两层之间的腔隙称为心包腔,内有少量浆液,即心包液。

七、心脏的神经

心脏接受自主神经系统支配,包括交感神经和副交感神经。这些神经有运动神经纤维和感觉神经纤维。交感神经来自颈胸神经节、胸交感干等的心支,可使窦房结兴奋,心跳加快,心收缩力增强,所以常称为心兴奋神经。副交感神经来自迷走神经和喉返神经的心支,其作用与交感神经相反,故常称为心抑制神经。所有的神经纤维在纵隔前部形成心神经丛。大部分交感神经是节后纤维,而副交感神经是节前纤维,在位于心室壁心外膜下靠近大血管处的小神经节中形成突触。节后纤维分布于窦房结、房室结、心房和心室肌、冠状动脉等。

心脏的感觉神经分布于心壁各层,随交感神经和迷走神经进入脑和脊髓。交感神经的传入纤维主要传导痛觉,副交感神经的传入纤维主要传导压力和牵张感觉。

任务 8-2　血　　管

【学习任务单】

一、学习目标

1. 掌握血液循环途径。
2. 熟悉全身动脉、静脉血管主干的起止、径路、分支和分布情况。
3. 了解胎儿血液循环途径和特点。

二、学习资源

1. 血液循环电动模型,头部、躯干、前肢、后肢动脉和静脉血管标本。
2. 教材。
3. 信息化教学资源。

三、学习任务

1. 观察肺循环的血管，包括肺动脉和肺静脉。

2. 观察体循环的主动脉，识别升主动脉、主动脉弓、胸主动脉、腹主动脉。

3. 观察体循环的臂头动脉干，识别左锁骨下动脉、双颈动脉干、右锁骨下动脉。

4. 观察头颈部动脉，识别左、右颈总动脉及其分支。

5. 观察胸、腹部动脉，识别胸主动脉的分支（支气管食管动脉、肋间背侧动脉）、腹主动脉的分支（腹腔动脉、肾动脉、肠系膜前动脉、肠系膜后动脉等）。

6. 观察骨盆部的动脉，识别髂内动脉的分支和分布。

7. 观察前肢动脉，识别腋动脉、臂动脉、正中动脉的分支和分布。

8. 观察后肢动脉，识别髂外动脉、股动脉、腘动脉等。

9. 观察前腔静脉，识别左、右颈内外静脉和左、右锁骨下静脉。

10. 观察后腔静脉，识别左、右髂总静脉。

11. 观察门静脉，识别胃十二指肠静脉、脾静脉、肠系膜前静脉和肠系膜后静脉。

【相关知识】

一、血管的种类和构造

血管是血液流通的管道，根据结构和功能不同，可分为动脉、毛细血管和静脉三种。

（一）动脉

动脉分为大、中、小、微四类，它们之间并无严格的界限，是逐渐移行的，其管壁由内、中、外三层膜构成。内膜分内皮、内皮下层和内弹性膜三层。内皮为单层扁平上皮，表面光滑，可减少血流阻力。内皮下层为薄层疏松结缔组织，有再生血管内皮的能力。内弹性膜由弹性蛋白构成，富有弹性，膜上有许多孔，因平滑肌收缩，常呈波纹状；中膜厚，大动脉的中膜主要由弹性纤维构成，中动脉的中膜主要由环形平滑肌构成，小动脉和微动脉仅有几层平滑肌；外膜较中膜薄，由结缔组织构成。

（二）静脉

静脉也分微、小、中、大四类，常与相应的动脉伴行，但数量比动脉多，管壁也由内、中、外三层膜构成。其结构特点是管腔大，管壁薄而塌陷，三层膜的界限不明显。中膜平滑肌与弹性纤维少，外膜中有较多的纵行平滑肌束。有些静脉（如四肢与颈部）内膜向腔内折叠成半月形瓣膜，其游离缘朝向心脏，以防止血液逆流。

（三）毛细血管

毛细血管的管径细，管壁薄，分布广，互相连通成网。管内血流速度缓慢，通透性强，有利于血液与周围组织进行物质交换。动物体内除上皮、软骨、角膜、晶状体和蹄匣外，毛细血管遍布全身各处。

毛细血管由内皮和基膜构成，管径为 7～9 μm，一般由 2～3 个内皮细胞围成。有的毛细血管只有一个细胞围成，仅能通过一个红细胞。内皮细胞呈扁平梭形或不规则形，细胞核略向管腔突出。内皮外有一层很薄的基膜，基膜外有少量的结缔组织。

二、肺循环的血管

(一)肺动脉干

肺动脉干起始于右心室的肺动脉干口，经主动脉的左侧向后上方伸延。在主动脉弓后面分为左、右肺动脉，分别与同侧支气管一起经肺门入肺，与支气管伴行和分支，最后在肺泡周围形成毛细血管网。牛、羊、猪的右肺动脉在入肺之前还分出一支到右肺前叶。

(二)肺静脉

肺静脉由肺内毛细血管网汇合而成，与肺动脉分支和各级支气管伴行，最后汇集成6～8支肺静脉。由肺门出肺后注入左心房。

三、体循环的血管

(一)体循环的动脉

体循环的动脉主干为主动脉，由左心室发出，起始段为升主动脉，在肺动脉干和右心房之间上升。出心包后向后上方呈弓形延伸，至第6胸椎腹侧称为主动脉弓；然后沿胸椎腹侧延伸到膈，称为胸主动脉；穿过膈上的主动脉裂孔至腹腔，称为腹主动脉(图8-4)。

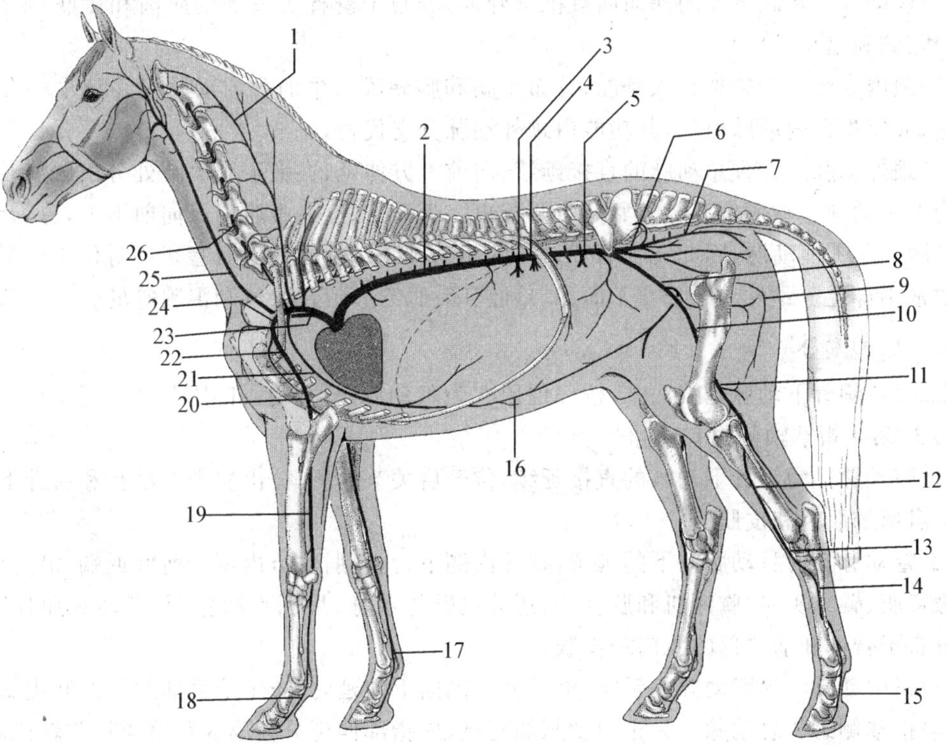

1.颈深动脉　2.降主动脉　3.腹腔动脉　4.肠系膜前动脉　5.肠系膜后动脉　6.髂内动脉　7.荐中动脉　8.髂外动脉　9.阴部内动脉　10.股动脉　11.腘动脉　12.胫前动脉　13.足背动脉　14.跖背侧第3动脉　15.趾跖外侧动脉　16.腹壁后动脉　17.指掌侧第2总动脉　18.指掌外侧动脉　19.正中动脉　20.臂动脉　21.胸廓内动脉　22.腋动脉　23.臂头(动脉)干　24.左锁骨下动脉　25.颈总动脉　26.椎动脉

图8-4　马全身动脉模式图

(陈耀星，2010，畜禽解剖学，第3版)

升主动脉起始端稍膨大，称主动脉球，在其根部发出左、右冠状动脉。

主动脉弓向前发出臂头动脉干，此干为分布于胸廓前部、头、颈和左、右前肢的动脉干，沿气管腹侧向前伸延，分出左锁骨下动脉后，移行为臂头动脉。臂头动脉分出短而粗的双颈动脉干后，移行为右锁骨下动脉。猪的左锁骨下动脉则与臂头动脉干同起于主动脉弓，臂头动脉干只发出有锁骨下动脉。

1. 头颈部动脉

双颈动脉干是头颈部的动脉主干，在胸前口分为左、右颈总动脉。犬和猫的颈总动脉分别起源于臂头动脉干，且右颈总动脉的起点位置更靠前，因此犬和猫没有双颈动脉干。颈总动脉位于颈静脉沟的深部，分别沿气管（右颈总动脉）或食管（左颈总动脉）的外侧向前上方伸延，沿途发出侧支，分布到颈部肌肉、皮肤、食管、气管、喉、甲状腺及扁桃体等，颈总动脉在伸达寰枕关节腹侧，分出颈内动脉和枕动脉后，延续为颈外动脉。猪的枕动脉和颈内动脉以一总干起于颈总动脉。

在枕动脉（牛）或颈内动脉（马）的起始部血管稍膨大，称颈动脉窦，窦壁外膜下有丰富的游离神经末梢，为血液的压力感受器；在颈总动脉末端分叉处或附近的不甚明显的小体，称颈动脉体或颈动脉球，有结缔组织与颈总动脉相连，为血液的化学感受器。

（1）枕动脉　在颌下腺的深面向寰椎窝延伸，分布于寰枕关节处的肌肉和皮肤、咽部和软腭、中耳、脑和脑膜。

（2）颈内动脉　经破裂孔入颅腔，分布于脑和脑硬膜。牛的颈内动脉仅在犊牛中存在，且不发达，成年牛颈内动脉退化，其功能由颈外动脉分支代替。

（3）颈外动脉　为颈总动脉的直接延续，向前上方伸延，在颞下颌关节处分出颞浅动脉后，移行为上颌动脉。在颈外动脉起始处腹侧分出一舌面干，经二腹肌前缘向前下方，分为舌动脉和面动脉。羊无面动脉，因此无舌面干。马的面动脉绕过下颌骨面血管切迹时位于皮下，是探脉搏的常用部位。颈外动脉分布于面部、口腔、咽、腮腺、牙齿、眼球和泪腺等处。

2. 前肢的动脉

由左、右锁骨下动脉延续而来，按部位依次为腋动脉、臂动脉、正中动脉、指掌侧第 3 总动脉和第 3、第 4 指掌轴侧固有动脉。

（1）腋动脉　为锁骨下动脉的直接延续，位于肩关节内侧，分出肩胛上动脉和肩胛下动脉，分布于肩部的肌肉和皮肤。

（2）臂动脉　为腋动脉向下的延续，在臂内侧下行，经肘关节内侧至前臂近端，沿途分支分布于喙臂肌、臂二头肌、胸深肌和肱骨外，还分出臂深动脉、尺侧副动脉、肘横动脉和骨间总动脉。分布于臂部和前臂部的肌肉和皮肤。

（3）正中动脉　为臂动脉的延续，沿前臂内侧向下伸延，分布于前臂部的肌肉和皮肤。

（4）指掌侧第 3 总动脉　为正中动脉的延续，向指部伸延分为第 3 和第 4 指掌轴侧固有动脉，分支分布于指骨、指屈肌腱和蹄。

3. 胸主动脉

为主动脉弓的向后延续，其主要分支有：

（1）支气管食管动脉　牛的支气管动脉和食管动脉通常单独起于胸主动脉的起始部，有时以一总干起于胸主动脉。猪的支气管食管动脉分别起于胸主动脉。马的支气管动脉和食管动脉为同一总干，很短，约在第6胸椎腹侧由胸主动脉分出，立即分为一支气管动脉和一食管动脉，分别分布于肺内支气管和食管。犬的支气管食管动脉常起于第5肋间背侧动脉，然后分支为支气管支和食管支。

(2)肋间背侧动脉　为起于胸主动脉背侧的成对侧支，牛有12对(马17对)。前3对起于肋颈动脉干，其余均由胸主动脉分出。每一肋间背侧动脉在肋间隙上端分为背侧支和腹侧支，前者分布于脊髓和脊柱背侧肌肉及皮肤；后者沿肋骨后缘下行，分布于胸侧壁的肌肉和皮肤。

4.腹主动脉

为腰腹部动脉的主干，位于腰椎腹侧，向后伸延到第5、6腰椎处，分为左、右髂内动脉和左、右髂外动脉及荐中动脉。腹主动脉在腹腔内的分支分为壁支和脏支，脏支有腹腔动脉、肠系膜前动脉、肾动脉、肠系膜后动脉和睾丸动脉或卵巢动脉；壁支为成对的腰动脉。

(1)腹腔动脉　在膈的主动脉裂孔紧后方起于腹主动脉，分支分布于胃、肝、脾、胰、网膜和十二指肠。腹腔动脉分为肝动脉、脾动脉和胃左动脉三个分支(图8-5)。

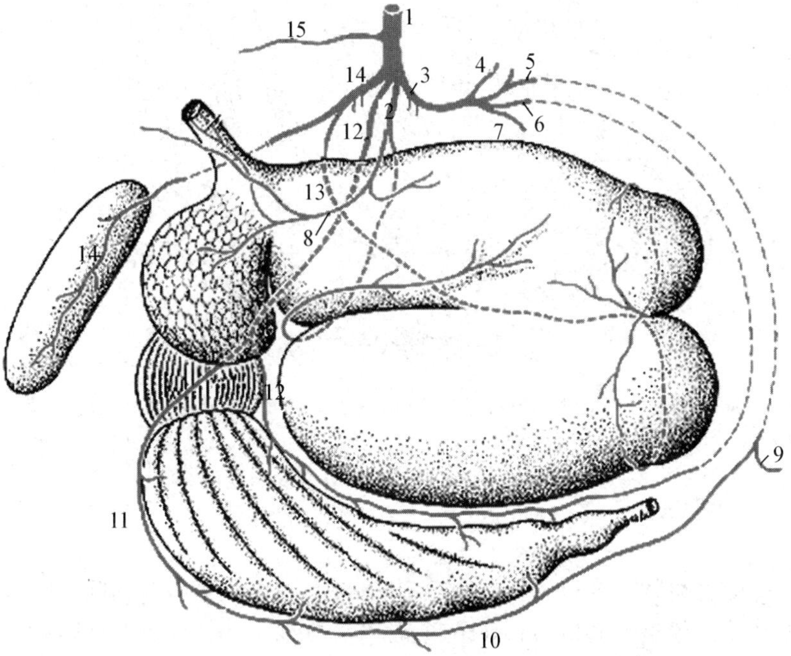

1.腹腔动脉　2.瘤胃左动脉　3.肝动脉　4.肝右支　5.胃十二指肠动脉　6.胃右动脉　7.肝左支　8.网胃动脉　9.胰十二指肠前动脉　10.胃网膜右动脉　11.胃网膜左动脉　12.胃左动脉　13.瘤胃右动脉　14.脾动脉　15.膈后动脉

图8-5　牛腹腔动脉分支示意图

(陈耀星，2010，畜禽解剖学，第3版)

①肝动脉　由肝门入肝，主要分支有：胆囊动脉，分布于胆囊；胃右动脉，经小网膜到十二指肠"乙"状袢，伸达皱胃小弯，与胃左动脉相吻合；胃十二指肠动脉，为肝动脉的终支，分为胰十二指肠前动脉和胃网膜右动脉，分布于胰、十二指肠、皱胃和网膜。

②脾动脉　经脾门入脾，主要分支有瘤胃左动脉和瘤胃右动脉。瘤胃左动脉有时起于胃左动脉，沿瘤胃左纵沟伸延，分布于瘤胃，并有分支到网胃(网胃动脉)和食管；瘤胃右动脉沿瘤

胃右纵沟向后伸延，至瘤胃左纵沟与瘤胃左动脉吻合。

③胃左动脉　从右侧进入瘤胃和网胃之间而至瓣胃，主干沿瓣胃弯至皱胃小弯，与胃右动脉吻合，并分出胃网膜左动脉，沿皱胃大弯伸延，分布于瓣胃、皱胃和网膜。

(2)肠系膜前动脉　在腹腔动脉起始处后方由腹主动脉分出，向下向右行经胰左叶与后腔静脉之间，横过横结肠后面进入空肠系膜。肠系膜前动脉沿途分出许多分支，分布于十二指肠、空肠、回肠、结肠、盲肠和胰(图 8-6)。

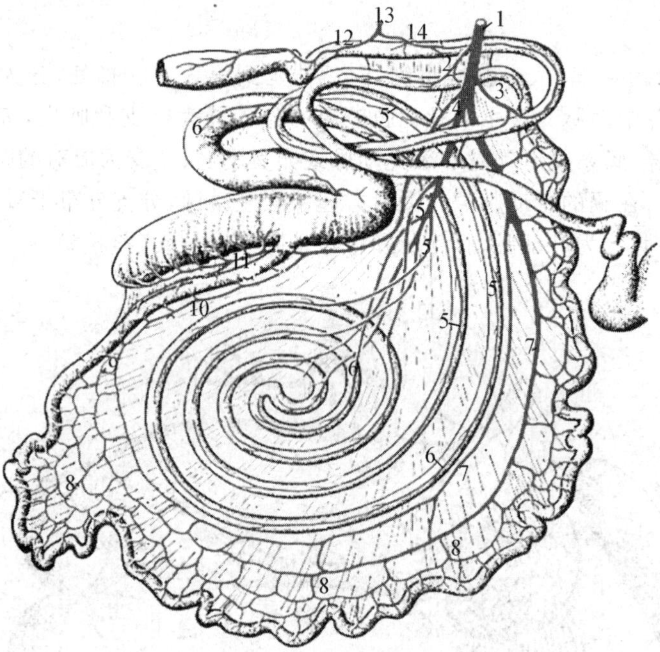

1.肠系膜前动脉　2.胰十二指肠后动脉　3.结肠中动脉　4.回结肠动脉　5.结肠右动脉　6.结肠支　7.侧副支　8.空肠动脉　9.回肠动脉　10.回肠系膜支　11.盲肠动脉　12.乙状结肠动脉　13.肠系膜后动脉　14.结肠左动脉

图 8-6　牛肠系膜前后动脉分支示意图

(陈耀星，2010，畜禽解剖学，第 3 版)

①胰十二指肠后动脉　分布于胰及十二指肠，并与胰十二指肠前动脉相吻合。

②结肠中动脉　分布于横结肠和降结肠，常有分支到十二指肠，并与结肠左动脉相吻合。

③回结肠动脉　分布于回肠、结肠和盲肠。主要分支有：结肠右动脉，分布于结肠终袢和离心回；结肠支，分布于结肠初袢和向心回；盲肠动脉，分布于盲肠；回肠系膜支，分布于回肠。

④空肠动脉　起于肠系膜前动脉的凸面，相继自主干分出，并相互吻合形成动脉弓，分布于空肠。

⑤回肠动脉　自肠系膜前动脉末段发出，分布于回肠。

⑥侧副支　羊无此动脉。在距回结肠动脉起点不远处由肠系膜前动脉分出，在空肠系膜中沿结肠旋袢伸延一段以后，又与肠系膜前动脉汇合，分布于空肠和回肠。

(3)肾动脉　为一对短而粗的动脉，约在第 2 腰椎腹侧由腹主动脉分出，经肾门入肾，入肾前尚有分支到肾上腺。

(4)肠系膜后动脉　在第 4～5 腰椎腹侧起于腹主动脉，分为前、后两支：前支为结肠左动脉，分布于降结肠，并与结肠中动脉吻合；后支为直肠前动脉，分布于直肠，在牛还分出“乙”状结肠动脉(图8-6)。

(5)睾丸动脉或卵巢动脉 为成对的动脉，在肠系膜后动脉附近起于腹主动脉。睾丸动脉经腹股沟管进入精索，分布于精索、睾丸、附睾和输精管。卵巢动脉从卵巢门处进入卵巢。侧支有输卵管支和子宫支，分别分布于输卵管和子宫角。

(6)腰动脉 有6对，前5对由腹主动脉分出，第6对起自髂内动脉，分布于腰腹部肌肉、皮肤和脊髓。

5.骨盆部和尾部的动脉

髂内动脉是骨盆部动脉主干，沿荐结节阔韧带的内侧面向后伸延，沿途分支分布于骨盆腔器官及荐臀部的肌肉和皮肤。腹主动脉分出左、右髂内动脉后，还分出一条荐中动脉，牛的很发达，向后伸延至尾根腹侧，转为尾中动脉。临床上常在牛尾根部利用此动脉触诊脉搏。多数水牛无荐中动脉。

6.后肢的动脉

髂外动脉是后肢动脉的主干，按部位依次为髂外动脉、股动脉、腘动脉、胫前动脉、足背动脉、跖背侧第3动脉和趾背侧第3总动脉。

(1)髂外动脉 沿骨盆腔入口侧缘走向后下方，至耻骨前缘出腹腔延续为股动脉。髂外动脉分出旋髂深动脉和股深动脉，分布于腰腹肌肉和皮肤、阴茎、阴囊、包皮或乳房等。

(2)股动脉 为髂外动脉的直接延续，在股薄肌深面向下伸延。其分支有旋股外侧动脉(股前动脉)、隐动脉和股后动脉，分布于股前肌群、股后肌群、腓肠肌、趾浅屈肌及跖部和趾部等。

(3)腘动脉 股动脉延续至膝关节后方称腘动脉，被腘肌覆盖。腘动脉分出胫后动脉分布于腘肌、趾浅屈肌和趾深屈肌，主干延续为胫前动脉。

(4)胫前动脉 穿过小腿骨间隙，沿胫骨背外侧面向下伸延，至跗背侧，在伸肌腱深面延续为足背动脉。胫前动脉发出短小分支供给胫骨背外侧肌肉及关节和皮肤。

(5)足背动脉 在跗跖关节背侧分出跗穿动脉后，向跖背侧伸延为跖背侧第3动脉。

(6)跖背侧第3动脉 沿跖背侧纵沟下行，至跖骨远端为趾背侧第3总动脉。下行至趾间隙，分为第3趾和第4趾背侧固有动脉，其分支分布情况与前肢的固有动脉相同。

(二)体循环的静脉

体循环的静脉包括心静脉、前腔静脉、后腔静脉和奇静脉四个静脉系(图8-7)。

1.前腔静脉

前腔静脉是汇集头、颈、前肢和部分胸壁、腹壁静脉血液的主干，由左、右腋静脉和左、右颈内、外静脉(牛)或左、右颈静脉(马)在胸腔前口处汇合而成。在心前纵隔内沿气管和臂头动脉干的腹侧向后伸延，注入右心房。

(1)头颈部静脉 颈内静脉，比颈外静脉细，存在于牛、猪和犬，由甲状腺中静脉和枕静脉等汇集而成细小静脉，沿颈总动脉的腹侧伸延，沿途汇集肌支、食管支和气管支。左、右颈内静脉常在胸前口合并为一条，注入左、右颈外静脉汇合处。颈外静脉，由舌面静脉和上颌静脉汇集而成，为头颈部粗大的静脉干，在颈静脉沟内向后伸延，注入前腔静脉，沿途接纳来自肌肉、气管、食管和淋巴结等的静脉。牛的颈外静脉相当于马的颈静脉。

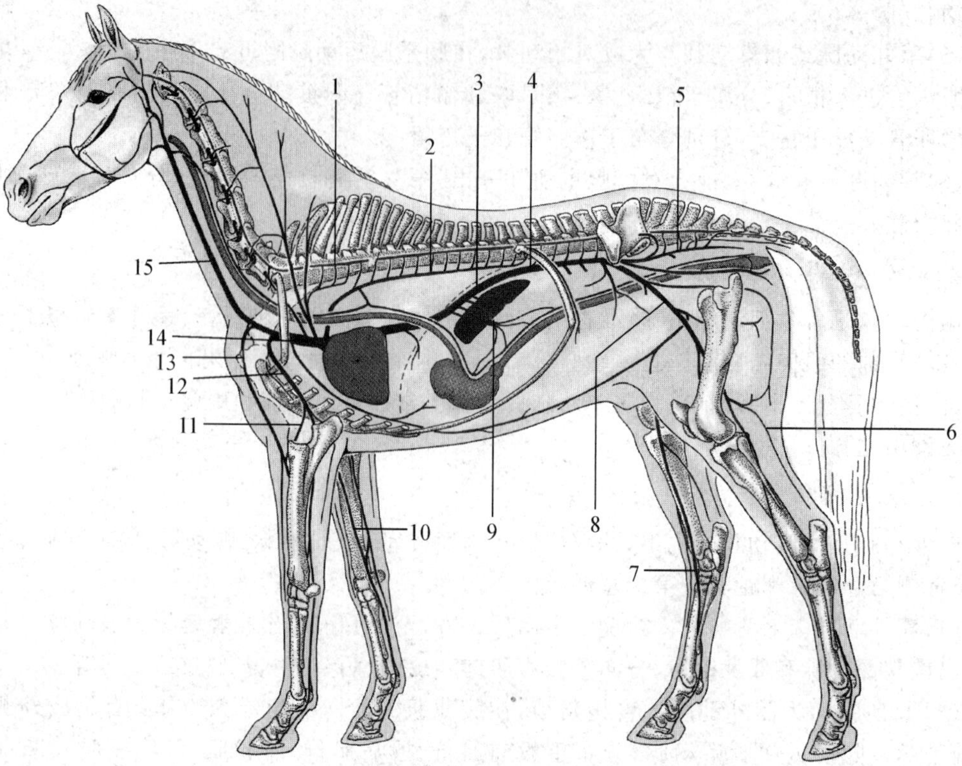

1.椎静脉 2.右奇静脉 3.肝静脉 4.后腔静脉 5.髂内静脉 6.外侧隐静脉 7.内侧隐静脉 8.髂外静脉 9.门静脉 10.正中静脉 11.肘正中静脉 12.臂静脉 13.头静脉 14.前腔静脉 15.颈外静脉

图 8-7 马静脉系统

(陈耀星,2010,畜禽解剖学,第3版)

(2)前肢静脉 分为伴随动脉的深静脉和位于皮下的浅静脉。深静脉包括腋静脉、臂静脉、正中静脉、指掌侧第3总静脉和第3、第4指掌轴侧固有静脉,上述静脉和属支与同名动脉伴行,腋静脉在胸前口与颈静脉汇合而成前腔静脉。浅静脉无动脉伴行,依所在部位分为头静脉(臂皮下静脉)和副头静脉(副皮下静脉),均起于蹄静脉丛。头静脉注入颈外静脉,副头静脉注入头静脉。

2.后腔静脉

后腔静脉是汇集腹部、骨盆部、尾部和后肢静脉血液入右心房的静脉干。由左、右髂总静脉在骨盆入口处汇合而成,前行途中接纳腰静脉、睾丸(卵巢)静脉、肾静脉和肝静脉,穿过膈的腔静脉孔进入胸腔内,注入右心房。

(1)髂总静脉 由同侧的髂内、外静脉汇合而成。髂内静脉为骨盆和尾部静脉主干,与髂内动脉伴行,由伴随动脉分支的同名静脉汇合而成。髂外静脉为后肢静脉干,按部位依次是股静脉、腘静脉、胫前静脉和足背静脉,均与同名动脉伴行,并接纳伴随动脉分支的同名静脉。后肢的浅静脉干为隐内侧静脉(隐大静脉)和隐外侧静脉(隐小静脉),分别注入股静脉或腘静脉。

(2)门静脉 由胃十二指肠静脉、脾静脉、肠系膜前静脉和肠系膜后静脉汇合而成。为收集胃、脾、胰、小肠、大肠(除直肠后部外)等处静脉血的静脉干,经肝门入肝后,在肝内反复分支，汇入窦状隙，最后汇集成数支肝静脉注入后腔静脉。

(3)乳房的静脉　乳房的大部分静脉血液经阴部外静脉注入髂外静脉，一部分静脉血液经腹皮下静脉注入胸内静脉。乳房两侧的阴部外静脉、腹皮下静脉和会阴静脉在乳房基部互相吻合，形成一个大的乳房基部静脉环，所以当任何一支静脉血流受阻时，其他静脉可起代偿作用。

3. 奇静脉

奇静脉接受部分胸壁和腹壁的血液，也接受支气管和食管的血液。牛的左奇静脉位于胸主动脉的左侧向前伸延，注入右心房。马的右奇静脉位于胸椎腹侧偏右，与胸主动脉和胸导管伴行向前伸延，注入右心房。

4. 心静脉

心静脉为心脏的静脉总称。心脏静脉血通过心大静脉、心中静脉和心小静脉注入右心房。

四、胎儿血液循环

胎儿在母体子宫内发育，所需要的全部营养物质和氧都是通过胎盘由母体供给，代谢产物也通过胎盘由母体排出。所以，胎儿心血管系统的结构及血液循环途径均与此相适应。

(一)心脏和血管结构特点

(1)卵圆孔　心脏房间隔上有一卵圆孔，使左、右心房相通，孔的左侧有卵圆瓣，血液只能从右心房流向左心房。

(2)动脉导管　主动脉与肺动脉干之间有动脉导管相通，由右心室入肺动脉干的大部分血液经此导管流入主动脉。

(3)脐动脉和脐静脉　胎盘是胎儿与母体交换物质的特有器官，借脐带与胎儿相连。脐带内有两条脐动脉和两条(牛、犬)或一条(猪、马)脐静脉。

脐动脉由髂内动脉(牛、猪)或阴部内动脉(马)分出，沿膀胱侧韧带到膀胱顶，再沿腹腔底壁向前伸延至脐孔，进入脐带到胎盘，分支形成毛细血管网，借渗透和扩散作用与母体子宫上的毛细血管进行物质交换。胎盘上的毛细血管汇集成脐静脉，经脐带由脐孔进入胎儿腹腔(牛的两条脐静脉入腹腔后合成一条)，沿肝的镰状韧带伸延，经肝门入肝。

(二)胎儿血液循环途径

脐静脉将胎盘内富有营养物质和含氧较多的动脉血输入到胎儿体内，经肝门入肝，经过肝的窦状隙(在此与来自门静脉、肝动脉的血液混合)，最后汇合成数支肝静脉，注入后腔静脉(在牛有部分脐静脉血液经静脉导管直接到后腔静脉)，与来自胎儿身体后半部的静脉血相混后入右心房，大部分血液经卵圆孔到左心房，再经左心室到主动脉及其分支，大部分到头颈部和前肢(图 8-8)。

来自身体前半部的静脉血，经前腔静脉入右心房，大部分到右心室，再入肺动脉干，因胎儿肺尚无功能活动，因此，肺动脉中的血液只有少量进入肺内，大部分血液经动脉导管到主动脉，进而到身体的后半部，并经脐动脉至胎盘，与母体进行物质交换。

由此可见，胎儿的动脉血液为混合血，但到肝、头颈和前肢的血液主要是从胎盘毛细血管而来，含氧和营养物质较多，以供肝行使功能和头部及前肢急剧生长，而到肺、躯干和后肢的血液主要是胎儿头颈和前肢的静脉血，含氧和营养物质较少，所以胎儿后躯发育较缓慢。

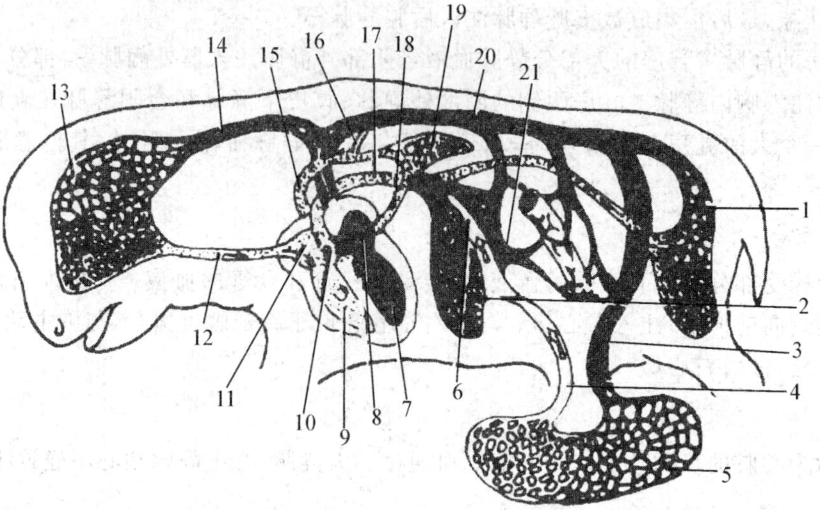

1.身体后部毛细血管　2.肝毛细血管　3.脐动脉　4.脐静脉　5.胎盘毛细血管　6.静脉导管　7.左心室　8.左心房　9.右心室　10.卵圆孔　11.右心房　12.前腔静脉　13.头、颈、前肢毛细血管网　14.走向头、颈、前肢的动脉　15.肺动脉　16.动脉导管　17.后腔静脉　18.肺静脉　19.肺内毛细血管　20.主动脉　21.肝门静脉

图 8-8　胎儿血液循环模式图

（董常生，2009，家畜解剖学）

(三)出生后的变化

(1)脐动脉和脐静脉退化　由于切断脐带，使胎盘循环终止。脐动脉形成膀胱圆韧带，脐静脉形成肝圆韧带，牛、羊的静脉导管形成静脉导管索。

(2)动脉导管闭锁　由于肺开始呼吸而扩张，肺动脉的血液注入肺内，动脉导管封闭成为动脉导管索或动脉韧带。

(3)卵圆孔封闭　由于肺静脉回左心房的血量增多，内压增高，卵圆瓣与房间隔贴连，将卵圆孔封闭成为卵圆窝。左、右心房完全分开，左心房内为动脉血，右心房内为静脉血。

【测试题】

一、名词解释

门脉循环　肺循环　体循环　卵圆孔　动脉导管

二、填空题

1.血管是血液流通的管道，根据结构和功能不同，可分为________、________和________三种。

2.________是胎儿与母体进行气体及物质交换的特殊器官。

3.脐带内有________条脐动脉和________（马、猪）或________（牛、犬）条脐静脉。

4.与心脏相连的血管：与右心房相连的是________，与右心室相连的是________，与左心房相连的是________，与左心室相连的是________。

5.马属动物腹腔动脉包括________、胃左动脉和________，其中________是最粗的一支。

6.牛髂内动脉包括________、子宫动脉、________、子宫后动脉和________。

7.前肢动脉包括________、臂动脉、________、指总动脉和________。

8. 后肢动脉包括髂外动脉、________、________、胫前动脉、________和趾背侧总动脉。

三、选择题

1. 家畜心脏的右房室口有(　　)。

A. 二尖瓣　　B. 三尖瓣　　C. 半月瓣　　D. 主动脉瓣

2. 下列不属于心脏传导系统的是(　　)。

A. 窦房结　　B. 房室结　　C. 房室束　　D. 心横肌

3. 环绕心基部代表心房和心室分界的是(　　)。

A. 冠状沟　　B. 左纵沟　　C. 右纵沟　　D. 锥旁室间沟

4. 肺静脉内的血液首先流入(　　)。

A. 左心室　　B. 右心室　　C. 左心房　　D. 右心房

5. 前腔和后腔静脉内的血液首先流入(　　)。

A. 左心室　　B. 右心室　　C. 左心房　　D. 右心房

6. 位于家畜前臂部的动脉称为(　　)。

A. 锁骨下动脉　　B. 腋动脉　　C. 臂动脉　　D. 正中动脉

7. 供应头颈部和前肢血液的动脉称为(　　)。

A. 锁骨下动脉　　B. 臂头干　　C. 臂动脉　　D. 颈动脉

8. 位于家畜胸腔内供应前肢血液的动脉称为(　　)。

A. 锁骨下动脉　　B. 腋动脉　　C. 臂动脉　　D. 正中动脉

9. 位于家畜盆腔内供应后肢血液的动脉称为(　　)。

A. 髂外动脉　　B. 髂内动脉　　C. 荐中动脉　　D. 尾中动脉

10. 家畜胃肠内的静脉血首先汇合成为(　　)。

A. 髂外静脉　　B. 髂内静脉　　C. 髂总静脉　　D. 门静脉

四、简答题

简述血液循环的路径。

项目九

淋巴系统

【知识目标】

- 熟悉淋巴系统的组成。
- 掌握主要淋巴器官的位置、形态、构造和功能。
- 熟悉体表浅在淋巴结的位置、大小，了解内脏淋巴结的分布规律。

【能力目标】

- 能够辨别淋巴结的正常形态。
- 能说出淋巴器官的结构和功能的关系。

【素质目标】

- 通过淋巴系统各器官防御和免疫功能的学习，培养学生健康生活的理念。
- 通过淋巴系统是心血管系统重要辅助系统的学习，培养学生整体看待事物的意识。

任务9-1　淋巴管道和淋巴组织

【学习任务单】

一、学习目标

1.掌握淋巴系统与心血管系统之间的关系。
2.熟悉各级淋巴管道的形态与位置关系。
3.掌握淋巴小结的定义。
4.熟悉淋巴组织的聚集方式。

二、学习资源

1.显示淋巴管和淋巴结的标本。
2.教材。
3.信息化教学资源。

三、学习任务

1. 观察左右气管淋巴干，左右腰淋巴干和内脏淋巴干的注入部位和收集范围。

2. 观察乳糜池和胸导管的位置和注入部位。

【相关知识】

淋巴系统由淋巴管道、淋巴组织和淋巴器官组成，与心血管系统有着密切的联系，当血液流经毛细血管动脉端时，一些成分经毛细血管壁进入组织间隙，形成组织液。组织液与细胞进行物质交换后，大部分经毛细血管静脉端汇入静脉，小部分水分和大分子物质进入毛细淋巴管，形成淋巴，沿淋巴管道和淋巴结的淋巴窦向心流动，最后流入前腔静脉。因此，淋巴系统是心血管系统的辅助系统，协助静脉引流组织液（图 9-1）。

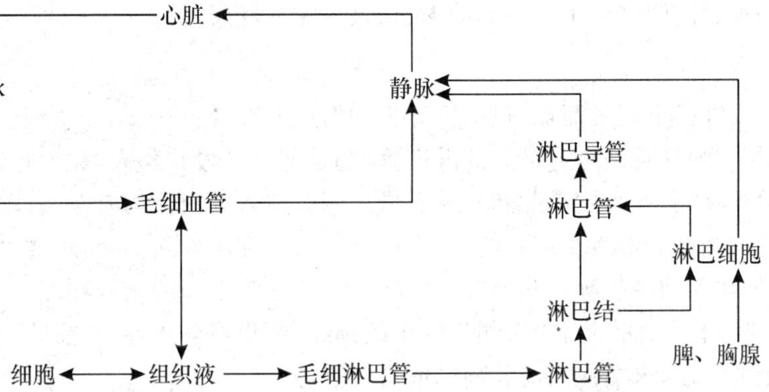

图 9-1　淋巴循环径路及其与心血管系统的关系

淋巴为无色透明液体，其成分与血浆相似，通过淋巴结后含有较多的淋巴细胞。来自小肠淋巴管中的淋巴则含有大量脂肪小滴，呈乳白色，称乳糜。

一、淋巴管道

淋巴管道起于组织间隙，最后汇入静脉，根据汇集顺序、口径大小及管壁薄厚，可分为毛细淋巴管、淋巴管、淋巴干和淋巴导管。

1. 毛细淋巴管

毛细淋巴管以膨大的盲端起始，互相吻合成毛细淋巴管网，其管壁由很薄的内皮细胞构成，管腔大，且不规则。内皮细胞外面有纤维细丝牵拉，使毛细淋巴管处于扩张状态。毛细淋巴管的通透性较大，蛋白质、细胞碎片、异物、细菌和肿瘤细胞等容易进入毛细淋巴管。上皮、角膜、晶状体、软骨、脑和脊髓等处无毛细淋巴管。

2. 淋巴管

淋巴管由毛细淋巴管汇集而成，其形态结构与静脉相似，但管壁较薄，管径粗细不均。淋巴管内有很多瓣膜，具有防止淋巴液逆流的功能。由于相邻两对瓣膜之间的淋巴管段扩张明显，淋巴管外观呈串珠状。在其行程中，通过一个或多个淋巴结。按所在位置，可分浅层淋巴管和深层淋巴管，前者汇集皮肤及皮下组织的淋巴液与浅静脉伴行；后者汇集肌肉、骨和内脏的淋巴液，多与深层血管伴行。浅、深淋巴管之间存在丰富的交通支。根据淋巴液对淋巴结的走向，淋巴管还可分为输入淋巴管和输出淋巴管。

3.淋巴干

淋巴干为身体一个区域内大的淋巴集合管，由淋巴管汇集而成，多与大血管伴行。主要有以下淋巴干：

(1)气管淋巴干　气管淋巴干左、右侧各一条，分别伴随左、右颈总动脉，沿气管腹侧后行，各自收集左、右侧头、肩带部和前肢的淋巴。左气管淋巴干注入胸导管，右气管淋巴干注入右淋巴导管或前腔静脉或颈静脉。

(2)腰淋巴干　腰淋巴干左、右各一条，由髂内淋巴结的输出淋巴管形成，收集骨盆壁、部分腹壁、后肢及盆腔内脏器官的淋巴，伴随腹主动脉和后腔静脉前行，注入乳糜池。

(3)内脏淋巴干　内脏淋巴干由肠淋巴干和腹腔淋巴干形成，分别汇集空肠、回肠、盲肠、大部分结肠和胃、肝、脾、胰、十二指肠的淋巴，最后注入乳糜池。

4.淋巴导管

淋巴导管由淋巴干汇集而成，包括胸导管和右淋巴导管。

(1)胸导管　胸导管是全身最大的淋巴管，起始部呈长梭状膨大，称为乳糜池，位于最后胸椎和前三个腰椎腹侧，在腹主动脉和右膈肌脚之间。注入乳糜池的有左、右腰淋巴干和内脏淋巴干。胸导管入胸腔后沿胸主动脉的右上方向前延伸，在第6胸椎处，越过食管和气管左侧向下，在胸前口处注入前腔静脉。胸导管收集除右淋巴导管以外的全身淋巴。

(2)右淋巴导管　短而粗，为右侧气管干的延续，收集右侧头颈、右前肢、右肺、心脏右半部及右侧胸下壁的淋巴，末端注入前腔静脉或右颈静脉。

二、淋巴组织

淋巴组织以网状细胞和网状纤维为支架，网眼中充满淋巴细胞及一些浆细胞、巨噬细胞和肥大细胞等。这种含有大量淋巴细胞的组织称为淋巴组织。淋巴组织可因淋巴细胞的聚集程度和方式不同，分为弥散淋巴组织和淋巴小结。

1.弥散淋巴组织

淋巴细胞分布稀疏，没有特定的外形。常分布在消化管、呼吸道和泌尿生殖道的黏膜内，可抵御外来细菌或异物的侵入。淋巴组织内及其周围有许多毛细淋巴管，淋巴细胞可经此进入淋巴和血液循环，并经毛细血管后微静脉再进入淋巴器官或淋巴组织。抗原刺激可使弥散淋巴组织扩大，并出现淋巴小结。

2.淋巴小结

淋巴小结又称淋巴滤泡，是由B细胞密集而成的淋巴组织，边界清楚，呈椭圆形小体。淋巴小结中央染色浅，细胞分裂相多，称生发中心。在抗原刺激下，淋巴小结增大增多，是体液免疫应答的重要标志，抗原被清除后淋巴小结又逐渐消失。淋巴小结分布在淋巴结、脾、消化管和呼吸道的黏膜上。其中，单独存在的称淋巴孤结，聚集成团的称淋巴集结，如回肠黏膜的淋巴孤结和淋巴集结。

任务 9-2　淋巴器官

【学习任务单】

一、学习目标

1. 掌握临床常用浅层淋巴结的名称与位置。

2. 熟悉深层淋巴结和内脏淋巴结的分布规律。

3. 掌握牛、羊、马和猪脾的位置和形态。

二、学习资源

1. 脾、胸腺、淋巴结的标本或模型。

2. 教材。

3. 信息化教学资源。

三、学习任务

1. 观察胸腺和脾的位置和形态。

2. 观察体表淋巴结，掌握下颌淋巴结、颈浅淋巴结、髂下淋巴结、乳房淋巴结的位置、大小、色泽和收集范围。

3. 观察胸部淋巴结，掌握纵隔淋巴结和气管支气管淋巴结的位置、大小和色泽。

4. 观察腹腔内脏淋巴结，掌握胃淋巴结、肝淋巴结、空肠淋巴结、肠系膜淋巴结的位置和形态。

5. 观察腹壁和骨盆壁主要淋巴结，掌握髂内侧淋巴结的位置、收集范围和引流方向。

6. 观察前肢第 1 肋腋淋巴结、后肢腘淋巴结的位置。

【相关知识】

淋巴器官是以淋巴组织为主构成的实质性器官，根据发生和机能的特点，可分为中枢淋巴器官和周围淋巴器官。

中枢淋巴器官又叫初级淋巴器官，包括胸腺、腔上囊，在胚胎发育过程中，其原始淋巴细胞来源于骨髓的干细胞，在此类器官的影响下，分化成 T 细胞和 B 细胞。

外周淋巴器官又叫次级淋巴器官，包括淋巴结、脾、扁桃体和血淋巴结。外周淋巴器官发育较迟，其淋巴细胞由中枢淋巴器官迁移而来，定居在特定区域内，就地繁殖，再进入淋巴和血液循环，参与机体免疫。

一、胸腺

(一)胸腺的形态和位置

胸腺位于胸腔前部纵隔内，分颈、胸两部分，呈红色或粉红色，单蹄类动物和肉食类动物的胸腺主要在胸腔内，猪和反刍动物的胸腺胸部和颈部均很发达，向前可到喉部(图 9-2)。幼畜胸腺发达，性成熟时体积最大，然后逐渐退化，到老年几乎被脂肪组织所代替，但不完全消失，在胸腺中仍可找到有活动的胸腺结构。不同动物胸腺开始退化的年龄分别为：牛 4～5 岁，羊 1～2 岁，猪、犬 1 岁，马 2～3 岁。胸腺是 T 淋巴细胞增殖分化的场所，是机体免疫活动的重要器官，并可分泌胸腺激素。

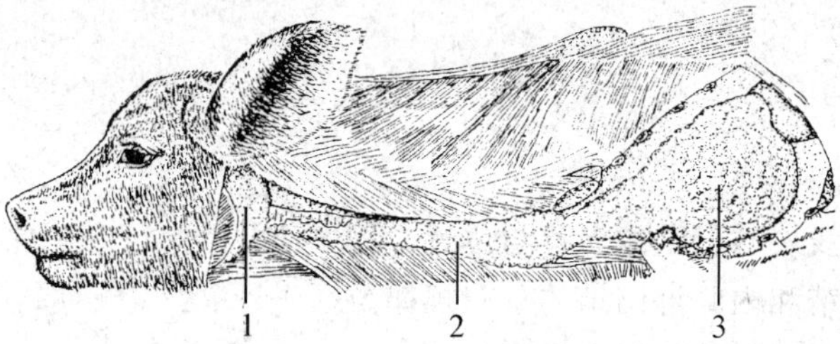

1. 腮腺　2. 颈部胸腺　3. 胸部胸腺

图 9-2　犊牛胸腺

(二)胸腺的组织结构

胸腺表面覆以薄层结缔组织被膜，被膜深入胸腺内部形成小叶间隔，将实质分隔成许多不完全分离的胸腺小叶。每个小叶均有皮质和髓质两部分，所有的髓质都连续。皮质内胸腺细胞密集，故着色深；髓质含较多的上皮细胞，故着色浅。

1. 皮质

以胸腺上皮细胞为支架，间隙内含有大量的胸腺细胞和少量的吞噬细胞。

(1)胸腺上皮细胞　皮质的上皮细胞有被膜下上皮细胞和星形上皮细胞两种。被膜下上皮细胞，位于被膜下和小叶间隔旁，与结缔组织相邻的一侧呈扁平状，另一侧有一些突起，彼此以桥粒连接。当细胞内有吞噬的胸腺细胞时称为哺育细胞。被膜下上皮细胞能分泌胸腺素和胸腺生成素。星形上皮细胞，即通常所称的上皮性网状细胞，细胞多分支状突起，突起间以桥粒相互连接成网。此种细胞不分泌激素，能诱导胸腺细胞发育分化。

(2)胸腺细胞　即 T 细胞的前身，它们密集于皮质内，占胸腺皮质细胞总数的 85%～90%。淋巴干细胞进入胸腺后，从皮质浅层向深层迁移并逐步分化，其中，90%左右的胸腺细胞在分化过程中凋亡，然后被巨噬细胞吞噬，仅有一小部分细胞可穿越毛细血管后微静脉，通过血液循环，转移到其他淋巴器官和淋巴组织，而成为淋巴干细胞。

2. 髓质

髓质与皮质无明显分界，淋巴细胞较少。髓质的上皮细胞主要包括髓质上皮细胞和胸腺小体上皮细胞。

(1)髓质上皮细胞　呈球形或多边形，胞体较大，细胞间以桥粒相连，间隙内有少量胸腺细胞。髓质上皮细胞是分泌胸腺激素的主要细胞。

(2)胸腺小体上皮细胞　构成胸腺小体。胸腺小体呈圆形或椭圆形，直径 30～150 μm，散在于髓质内，由上皮细胞呈同心圆状包绕排列而成，是胸腺结构的重要特征。小体外周的上皮细胞较幼稚，胞核明显，细胞可分裂；近小体中心的上皮细胞较成熟，胞质中含有较多的角蛋白，核渐退化；小体中心的上皮细胞则已完全角质化，细胞呈嗜酸性，有的已破碎呈均质透明状，中心还常见巨噬细胞或嗜酸性粒细胞。胸腺小体上皮细胞不分泌激素，功能未明，但缺乏胸腺小体的胸腺不能培育出 T 细胞。

髓质内的胸腺细胞数量虽少，但均已成熟，并具有免疫应答的能力。此外，髓质内还有一种肌样细胞，犬和猫的最为明显，这种细胞嗜酸性，呈椭圆形，有与骨骼肌相似的结构，其功能尚不明确。

3. 血-胸腺屏障

血液内的大分子物质不能进入胸腺皮质，说明皮质的毛细血管及其周围结构具有屏障作用，称血-胸腺屏障。它由下列结构组成：①连续毛细血管，其内皮细胞间有完整的紧密连接；②内皮周围连续的基膜；③血管周隙，内含巨噬细胞；④上皮基膜；⑤一层连续的胸腺上皮细胞。血液内一般抗原物质和药物不易透过此屏障，这对维持胸腺内环境的稳定、保证胸腺细胞的正常发育起着极其重要的作用。

二、脾

(一)脾的形态和位置

脾是动物体内最大的淋巴器官，位于腹前部、胃的左侧。脾的表面包以结缔组织构成的被膜。被膜伸入脾实质内形成小梁，小梁互相吻合形成网状支架。脾的实质为脾髓，分白髓和红髓。白髓呈灰白色，由淋巴细胞聚集而成；红髓位于白髓周围，是富含血管的弥散淋巴组织。

不同动物脾脏的形态与位置(图 9-3)：

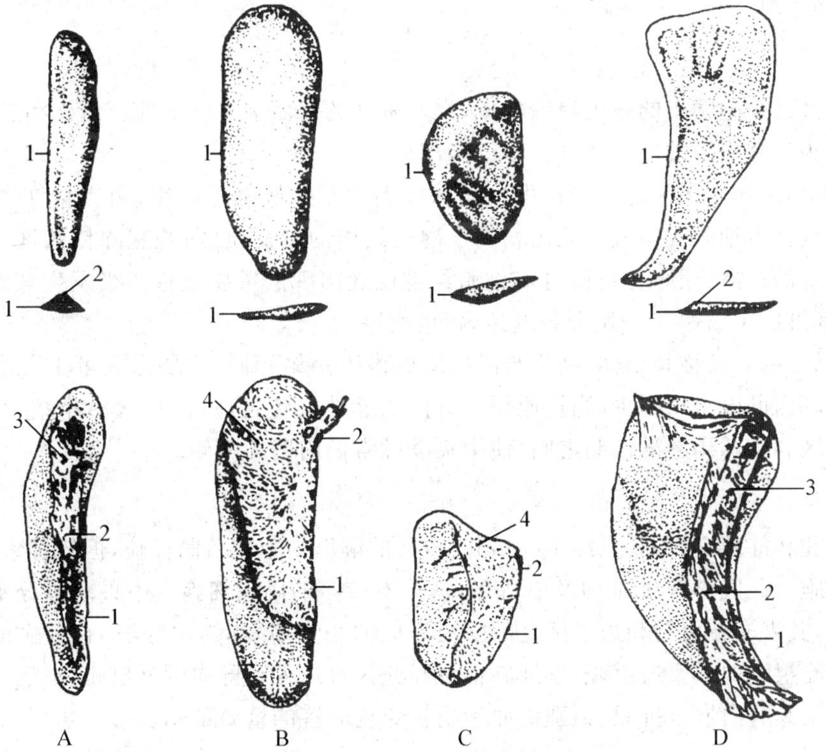

A. 猪脾　B. 牛脾　C. 羊脾　D. 马脾

1. 前缘　2. 脾门　3. 胃脾网膜　4. 脾和瘤胃的粘连区

(上图为壁面，中图为中段横断面，下图为脏面)

图 9-3　脾的形状

(陈耀星，2010，畜禽解剖学，第 3 版)

(1)牛脾　呈长而扁的椭圆形,蓝紫色,质较硬,位于瘤胃背囊左前方。上端与最后2个肋骨椎骨端相对;下端一般与第8、9肋骨下1/3部相对。

(2)羊脾　扁平,略呈钝三角形,红紫色,质软,位于瘤胃左侧。

(3)猪脾　狭而长,呈紫红色,质软,以胃脾韧带与胃大弯相连。上端稍宽,与最后3个肋骨椎骨端相对;下端稍窄,位于脐区,靠近腹底壁。

(4)马脾　呈扁平镰刀形,蓝红或铁青色,位于胃大弯左侧。上端宽,与最后2、3个肋骨椎骨端和第1腰椎相对;下端窄,约与第10、11肋骨下1/3部相对。

脾可产生淋巴细胞和巨噬细胞,参与机体免疫活动,同时还具有造血、灭血、滤血、贮血等功能。

(二)脾的组织结构

脾的组织结构与淋巴结类似,也有被膜和小梁。脾内也含有大量淋巴组织,但其淋巴组织的分布规律与淋巴结不同。脾无皮质、髓质之分,而分为白髓、边缘区和红髓三部分;脾没有输入淋巴管和淋巴窦,但有大量的血窦。

1.被膜与小梁

脾的被膜较厚,表面覆有间皮。被膜结缔组织伸入脾内形成许多分支的小梁,小梁互相连结,构成脾的支架。

2.白髓

主要由淋巴细胞密集的淋巴组织构成,在新鲜脾的切面上呈分散的灰白色小点状,故称白髓。其又分为动脉周围淋巴鞘和淋巴小结两部分。

(1)动脉周围淋巴鞘　是围绕在中央动脉周围的厚弥散淋巴组织,由大量T细胞和少量巨噬细胞与交错突细胞等构成。此区相当于淋巴结内的副皮质区,是胸腺依赖区。中央动脉旁有一条伴行的小淋巴管,它是鞘内T细胞经淋巴迁出脾的重要通道。当发生细胞免疫应答时,动脉周围淋巴鞘内的T细胞分裂增殖,鞘也增厚。

(2)淋巴小结　又称脾小体,结构与淋巴结的淋巴小结相同,主要由大量B细胞构成。健康动物体的脾内淋巴小结很少,当抗原侵入脾内引起体液免疫应答时,淋巴小结大量增多,其出现于边缘区和动脉周围淋巴鞘之间,使中央动脉常偏向鞘的一侧。

3.边缘区

位于白髓和红髓交界处,宽约100 μm。该区的淋巴细胞较白髓稀疏,但较脾索密集,并混有少量红细胞。此区含有T细胞及B细胞,并含有较多的巨噬细胞。中央动脉分支而成的一些毛细血管,其末端在白髓和边缘区之间膨大形成的小血窦,称为边缘窦,它是血液以及淋巴细胞进入淋巴组织的重要通道,淋巴细胞也可经此区再迁入动脉周围淋巴鞘、淋巴小结或脾索内。边缘区也是脾内捕获抗原、识别抗原和诱发免疫应答的重要部位。

4.红髓

约占脾的2/3,分布于被膜下、小梁周围及边缘区外侧,因含有大量血细胞,在新鲜脾切面上呈现红色。红髓由脾索及血窦组成。

(1)脾索　由富含血细胞的索状淋巴组织构成,脾索在血窦之间相互连接成网,索内含有T细胞、B细胞和浆细胞以及许多其他血细胞和巨噬细胞,是脾进行滤血的主要场所。

(2)脾血窦　简称脾窦，位于脾索之间，宽 30～100 μm，形态不规则，相互连接成网。窦壁由一层长杆状的内皮细胞平行排列而成，彼此之间有间隙，脾索内的血细胞可经此穿越进入脾窦；内皮外有不完整的基膜和环形的网状纤维围绕。因此，脾窦如同多孔隙的栅栏状结构。

三、淋巴结

淋巴结是机体淋巴回流径路中的次级淋巴器官，由结缔组织被膜包裹淋巴组织形成。淋巴结大小不一，直径从 1 mm 到数厘米不等，多呈球形、卵圆形或肾形等。其颜色变化较大，活体中淋巴结呈粉红或微红色，在尸体中则呈灰白色或略带黄色，个别动物的支气管淋巴结有时呈褐色。淋巴结数量较多，有浅、深之分，呈单个或成群分布，多位于躯体隐蔽处的较安全部位，如腋窝、关节屈侧、内脏器官门部及大血管附近(图 9-4)。各大器官或局部均有一个主要淋巴结群。

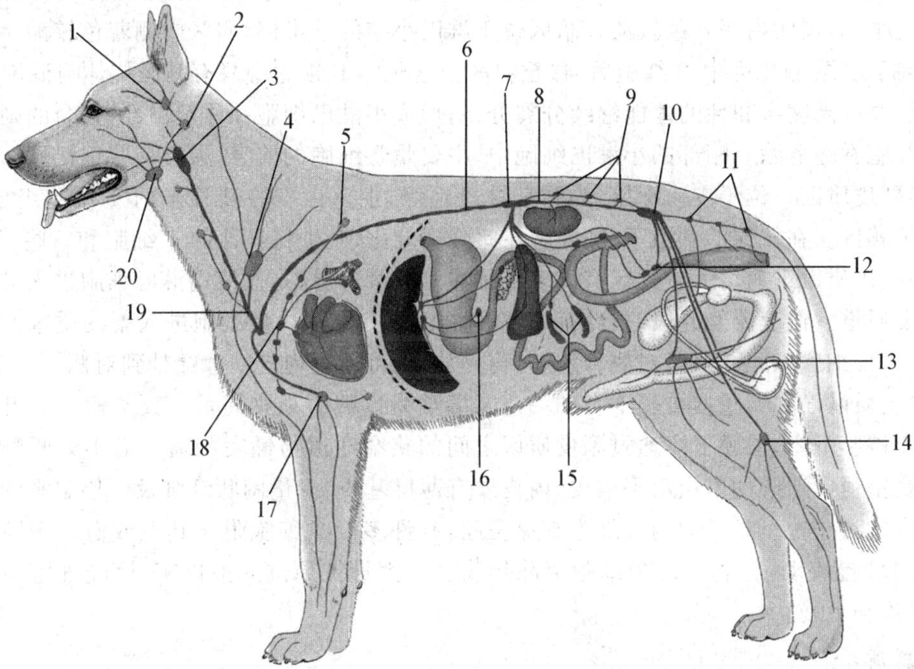

1.腮腺淋巴结　2.咽后外侧淋巴结　3.咽后内侧淋巴结　4.颈浅淋巴结　5.肋间淋巴结　6.胸导管　7.乳糜池　8.腰淋巴干　9.腰主动脉淋巴结　10.髂内淋巴结　11.荐淋巴结　12.肠系膜后淋巴结　13.腹股沟浅淋巴结　14.腘浅淋巴结　15.空肠淋巴结　16.胃淋巴结　17.腋淋巴结　18.纵隔前淋巴结　19.气管淋巴干　20.下颌淋巴结

图 9-4　犬全身淋巴结和淋巴管分布示意图

(陈耀星，2010，畜禽解剖学，第 3 版)

淋巴结一侧隆凸，连有数条输入淋巴管；另一侧凹陷，是输出淋巴管、神经和血管出入之处，称淋巴结门。猪的输入淋巴管是从类似门部凹陷进入的。淋巴结的主要功能是产生淋巴细胞，滤过淋巴，清除进入体内的细菌和异物以及产生抗体，此外还具有造血功能。淋巴结的体积经常处于动态变化之中，受抗原刺激时可增大，当抗原被清除后，又恢复正常状态。因此在临床上，局部淋巴结肿大可反映其收集区域有病变，对临床诊断疾病和兽医卫生检疫有重要实践意义。

(一)淋巴结的组织结构

淋巴结由被膜和实质构成。被膜是结缔组织薄膜,含有少量的弹性纤维和平滑肌。被膜深入实质形成许多小梁,构成淋巴结的支架。实质分为外围的皮质和中央的髓质,皮质颜色较深,髓质色淡。猪的淋巴结皮质和髓质的位置与其他动物的相反,即皮质位于淋巴结的中央区,相当于髓质的部分位于周围。

1.皮质

位于被膜下方,由淋巴小结、副皮质区及皮质淋巴窦构成。

(1)淋巴小结　呈圆形或卵圆形,位于被膜下和小梁两侧淋巴窦附近,主要由B细胞和少量巨噬细胞、T细胞及滤泡树突细胞组成,其中B细胞占95%。未经抗原刺激时,淋巴小结体积较小,称初级淋巴小结。受到抗原刺激后即增大,称次级淋巴小结,正中切面可见小结帽和由明区和暗区组成的生发中心。小结帽呈新月形,位于淋巴小结近被膜一侧。明区位于淋巴小结的上半部,帽区内侧着色较淡。暗区位于淋巴小结的下半部,明区内侧着色较深。暗区中的大B细胞分裂分化为中B细胞后,移至明区。这些中B细胞中只有其膜抗体与滤泡树突细胞表面抗原有高度亲和性的才能继续分裂分化,形成小淋巴细胞并移至帽部,其余的则被明区的巨噬细胞吞噬清除。帽部的小淋巴细胞中,主要是浆细胞的前身,另有一些记忆性B细胞。

(2)副皮质区　位于皮质深层,为弥散淋巴组织,主要由胸腺迁移来的T细胞组成,故又称胸腺依赖区。在抗原的刺激下,T细胞在此分裂分化,产生特异性的T细胞和一些记忆性T细胞,使副皮质区迅速增大。此区有许多毛细血管后微静脉,是血液内淋巴细胞进入淋巴结实质的重要通道。血液流经此段时,约有10%的淋巴细胞穿越内皮细胞进入副皮质区。穿越的方式为:内皮细胞以胞吞移至对侧,经胞吐再释放;也可通过内皮间隙穿越到对侧。

(3)皮质淋巴窦　包括被膜下窦和一些末端常为盲端的小梁周窦。数条输入淋巴管穿越被膜通入被膜下窦,被膜下窦通过副皮质区之间的狭窄通道与髓窦相通。沿小梁两侧为小梁周窦。窦壁衬以连续性单层扁平内皮,内皮外有薄层基质、少量网状纤维及一层扁平的网状细胞。窦内常有一些呈星状的内皮细胞支撑窦腔,有许多巨噬细胞附于其上或游离于腔内。淋巴在窦内缓慢流动,有利于巨噬细胞清除异物。若大量抗原进入淋巴窦,巨噬细胞即大量增多,淋巴流动更慢。

2.髓质

由髓索及其间的髓窦组成。

(1)髓索　是相互连接的索状淋巴组织,索内含B细胞及一些T细胞、浆细胞、肥大细胞和巨噬细胞。髓索中央常有一条扁平内皮的毛细血管后微静脉,是血液内淋巴细胞进入髓索的通道。当淋巴回流区有慢性炎症时,淋巴结髓索内的浆细胞明显增多。

(2)髓窦　与皮质淋巴窦的结构相同,但较宽大,腔内的巨噬细胞较多,故有较强的滤过作用。

(二)动物体的主要淋巴结

在哺乳动物体内,一个淋巴结或淋巴结群常位于身体的同一部位,并接受几乎相同区域的淋巴,这个淋巴结或淋巴结群就是该区的淋巴中心。一个淋巴中心有一个或一群淋巴结,也可能有多个或多群淋巴结。

淋巴中心和淋巴结主要根据其所在部位或引流区域进行命名,如下颌淋巴中心、腋淋巴结、髂内淋巴结等。牛和马全身淋巴中心有 19 个，猪和羊有 18 个，可分属于 7 个部位，即头部、颈部、前肢、胸腔、腹腔、腹壁及骨盆壁和后肢。

1.头部淋巴中心及淋巴结

头部有 3 个淋巴中心，即腮腺淋巴中心、下颌淋巴中心和咽后淋巴中心(图 9-5)。

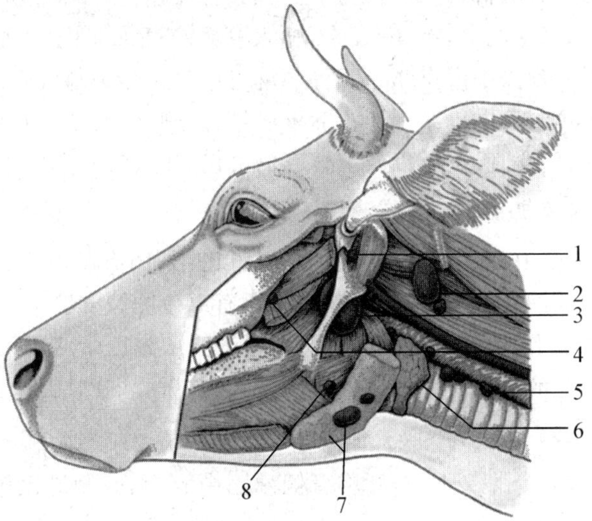

1.舌骨后淋巴结　2.咽后外侧淋巴结　3.咽后内侧淋巴结　4.翼肌淋巴结　5.颈深前淋巴结　6.甲状腺　7.颌下腺与下颌淋巴结　8.舌骨前淋巴结

图 9-5　牛头部淋巴结

(陈耀星，2010，畜禽解剖学，第 3 版)

(1)腮腺淋巴中心　有一群，即腮腺淋巴结。位于颞下颌关节的后下方，部分或全部被腮腺覆盖。牛、马的腮腺淋巴中心较大，长 6～9 cm；猪的则形成长 2.5～5.5 cm 的团块。引流鼻腔、唇、颊、颅部、眼和外耳的淋巴，汇入咽后外侧淋巴结。

(2)下颌淋巴中心　有一群，即下颌淋巴结。牛还有翼肌淋巴结，猪还有下颌副淋巴结。下颌淋巴结位于下颌间隙内，有一个或一群淋巴结。牛的位置稍靠后，在下颌间隙后部，其外侧与颌下腺的前端相邻；马的左、右两侧前端相连呈“V”形，与下颌骨血管切迹处相对；猪的在下颌骨的后缘，表面有腮腺覆盖。下颌淋巴结引流头部腹侧、鼻腔、口腔和唾液腺的淋巴，汇入咽后外侧淋巴结。该淋巴结为临床诊断和兽医卫生检验的主要浅淋巴结之一。

(3)咽后淋巴中心　有两群，即咽后外侧淋巴结和咽后内侧淋巴结。此外，牛还有舌骨前淋巴结和舌骨后淋巴结。引流咽、喉、唾液腺、鼻腔、口腔、颅部和下颌淋巴结的淋巴，汇入颈深前淋巴结或气管淋巴干。咽后外侧淋巴结位于寰椎翼的腹侧，颌下腺深层，其输出管形成气管淋巴干。咽后内侧淋巴结位于咽的背外侧，其输出管汇入咽后外侧淋巴结。

2.颈部淋巴中心及淋巴结

颈部有 2 个淋巴中心，即颈浅淋巴中心和颈深淋巴中心。

(1)颈浅淋巴中心　牛、马有颈浅淋巴结一群，猪有颈浅背侧淋巴结和颈浅腹侧淋巴结。颈浅淋巴结为重要的浅淋巴结，又称肩前淋巴结，收集颈部、前肢、胸壁的淋巴，注入有气管淋巴干和胸导管。牛的颈浅淋巴结通常为一个大淋巴结，长 7～9 cm，位于肩关节前方、肩胛横突肌的深面。马的颈浅淋巴结大部分被臂头肌覆盖，下端可显露于颈静脉沟内，长达 10 cm。猪的颈浅背侧淋巴结相当于其他家畜的颈浅淋巴结，位于肩关节前上方的腹侧锯肌表面，被颈斜方肌和肩胛横突肌所覆盖，为卵圆形的淋巴结团块，长 1～4 cm；颈浅腹侧淋巴结位于腮腺后缘和臂头肌之间，有 3～5 个，呈链状，沿臂头肌前缘从咽后外侧淋巴结伸向后下方。

(2)颈深淋巴中心　有三群，即颈深前淋巴结、颈深中淋巴结和颈深后淋巴结。颈深前淋巴结位于甲状腺附近的气管两侧，有 4～5 个，输入管收集颈部肌肉、甲状腺、气管、食管、胸腺等处的淋巴，输出管汇入颈深中淋巴结。颈深中淋巴结位于颈中部气管的两侧，收集范围与颈深前淋巴结相似，汇入颈深后淋巴结。颈深后淋巴结位于胸前口气管腹侧，血管附近。输入淋巴管收集颈部肌肉、气管、食管、胸腺以及肩臂部的淋巴，注入气管淋巴干、胸导管或颈外静脉。

3. 前肢淋巴中心及淋巴结

前肢只有 1 个腋淋巴中心。马的前肢长，有肘淋巴结、固有腋淋巴结和第一肋腋淋巴结；牛、羊的前肢较短，没有肘淋巴结；猪的前肢最短，只有第一肋腋淋巴结。肘淋巴结位于肘关节内侧面；固有腋淋巴结位于大网肌下部的内侧面；第一肋腋淋巴结位于第一肋骨的前外侧。腋淋巴中心引流前肢、胸下壁和腹下壁前部的淋巴，汇入颈深后淋巴结或气管干。

4. 胸腔淋巴中心及淋巴结

胸腔淋巴中心包括 4 个淋巴中心，即胸背侧淋巴中心、胸腹侧淋巴中心、纵隔淋巴中心和支气管淋巴中心(图 9-6)。

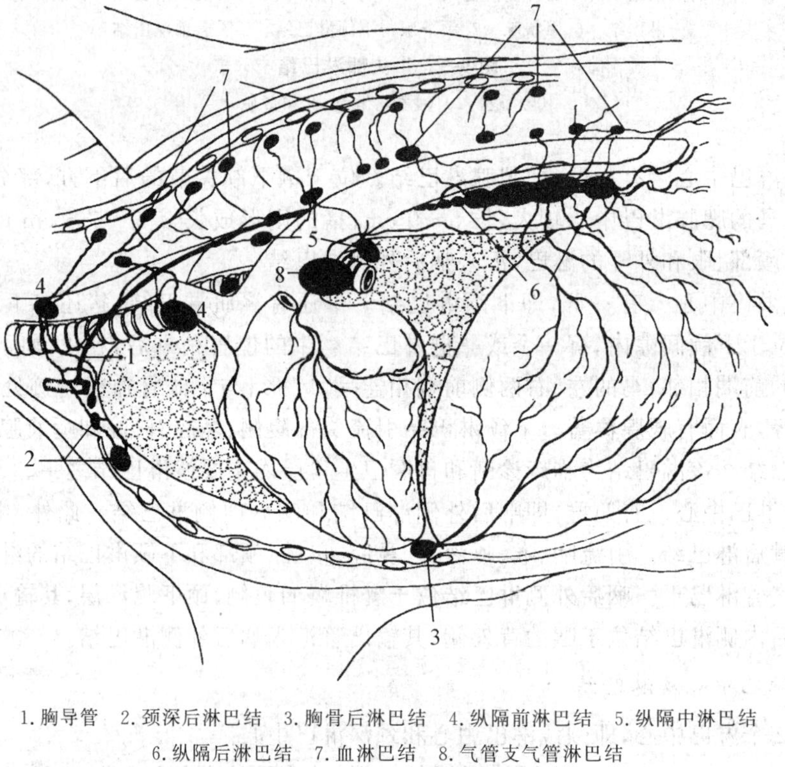

1. 胸导管　2. 颈深后淋巴结　3. 胸骨后淋巴结　4. 纵隔前淋巴结　5. 纵隔中淋巴结
6. 纵隔后淋巴结　7. 血淋巴结　8. 气管支气管淋巴结

图 9-6　牛胸腔淋巴结

(陈耀星，2010，畜禽解剖学，第 3 版)

（1）胸背侧淋巴中心 有两群，即胸主动脉淋巴结和肋间淋巴结。胸主动脉淋巴结位于主动脉上方的纵隔内；肋间淋巴结每肋间一个，位于交感神经干上方的肋间脂肪中。该淋巴中心的引流区域为胸壁上半部和腹前部的腹壁上半部，直接或间接地汇入胸导管。

（2）胸腹侧淋巴中心 有两群，即胸骨前淋巴结和胸骨后淋巴结，猪只有胸骨前淋巴结。胸骨前淋巴结位于胸骨前部上方，在左、右胸廓内动、静脉之间；胸骨后淋巴结位于胸骨中部上面和肌肉之间，沿胸廓内动、静脉分布。胸腹侧淋巴中心的引流区域为胸壁下部和腹前部腹壁的下部，左侧直接或间接地汇入胸导管末端；右侧直接或间接地汇入右侧气管干。

（3）纵隔淋巴中心 牛、马有三群，即纵隔前、纵隔中和纵隔后淋巴结，羊无纵隔中淋巴结，猪仅有纵隔前淋巴结。纵隔前淋巴结在心前纵隔中，位于大血管、气管和食管的表面；纵隔中淋巴结位于心的上方；纵隔后淋巴结位于主动脉弓后方的纵隔内，沿食管分布。纵隔淋巴中心的引流区域为支气管淋巴结、肺、胸膜、心包、心、食管、气管和胸腺。最后都通过纵隔前淋巴结，左侧的汇入胸导管末端，右侧的汇入右侧气管干。

（4）支气管淋巴中心 有四群，即气管支气管前淋巴结和气管支气管左、中、右淋巴结。气管支气管前淋巴结在牛、羊、猪中位于气管与右尖叶支气管夹角处的背侧；气管支气管左淋巴结位于气管叉左侧；气管支气管右淋巴结位于气管叉右侧；气管支气管中淋巴结位于气管叉之间。支气管淋巴中心的引流区域为支气管、心和肺的淋巴，都注入纵隔前淋巴结，以后左侧的汇入胸导管末端，右侧的汇入右侧气管干。

5.腹腔内脏的淋巴中心及淋巴结

腹腔内脏的淋巴中心有3个，即腹腔淋巴中心、肠系膜前淋巴中心和肠系膜后淋巴中心。各中心的淋巴结除分布在动脉起始处，还分布在实质性器官门部，以及肠管沿途的肠系膜内。淋巴结常按位置和器官进行命名。

（1）腹腔淋巴中心 所属的淋巴结有腹腔淋巴结、胃淋巴结、肝淋巴结、脾淋巴结和胰十二指肠淋巴结（图9-7）。收集胃、肝、脾、胰、十二指肠和网膜等处的淋巴。输入管与肠淋巴干汇合成内脏淋巴干，注入乳糜池。

腹腔淋巴结位于腹腔动脉起始部附近，有3～4个淋巴结，收集脾和肝的淋巴，输出管形成腹腔淋巴干，注入内脏淋巴干。

肝淋巴结有1～3个，位于肝门、门静脉的周围，收集肝、胰、十二指肠的淋巴，输出管注入腹腔淋巴结。

脾淋巴结仅猪和马有，位于脾门附近，沿脾血管分布，输出管注入腹腔淋巴结。

胃淋巴结在牛和羊中位于多室胃各处浆膜下较大的血管附近，淋巴主要汇集到瘤胃前庭处的淋巴结，脾的淋巴也汇集到此处，输出管注入腹腔淋巴结。猪和马的胃淋巴结则位于贲门附近，输出管注入腹腔淋巴结。

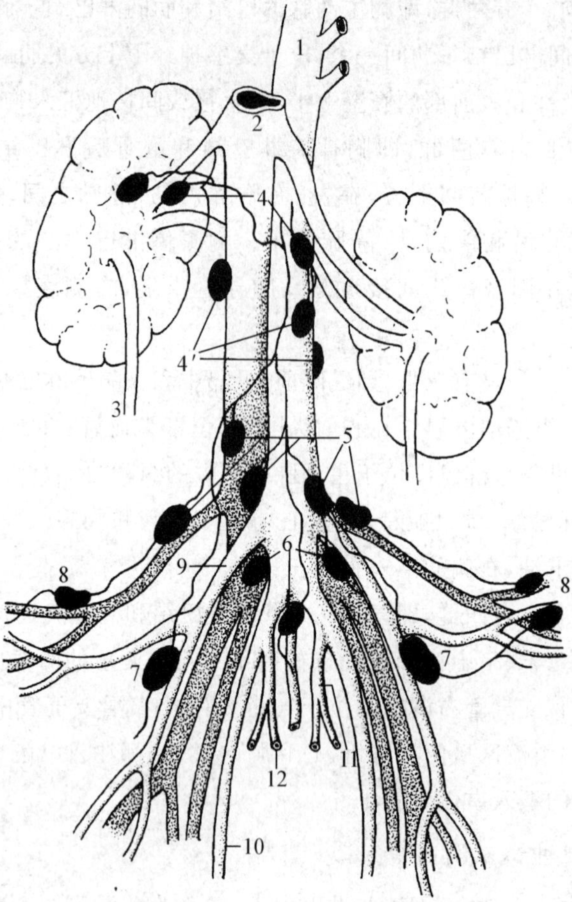

1.主动脉 2.后腔静脉 3.输尿管 4.肾淋巴结 4′.腰主动脉淋巴结 5.髂内淋巴结 6.荐淋巴结
7.腹股沟深淋巴结 8.髂外淋巴结 9.髂外动脉 10.髂内动脉 11.脐动脉 12.子宫动脉

图 9-7 牛腹腔淋巴结

(陈耀星,2010,畜禽解剖学,第3版)

(2)肠系膜前淋巴中心 有四群淋巴结,即肠系膜淋巴结、空肠淋巴结、盲肠淋巴结和结肠淋巴结(图 9-8)。

肠系膜淋巴结位于肠系膜前动脉起始部周围,输出管形成肠淋巴干。

空肠淋巴结位于空肠系膜中,数量多,体积大。牛的空肠淋巴结有 30～50 个,最大达 10 cm 以上,分布在空肠系膜内,沿结肠袢与空肠间呈长条形或念珠状分布。输出管注入肠系膜淋巴结。

盲肠淋巴结在牛和猪位于回肠末端和盲肠之间,数量少;马的沿盲肠纵肌带分布,数量多,输出管注入肠系膜淋巴结。

结肠淋巴结在牛和猪位于结肠袢中,数量多;马的沿上、下大结肠之间分布,数量特别多,输出管注入肠系膜淋巴结。

肠系膜淋巴中心收集胰、空肠、回肠、盲肠、大部分结肠等处的淋巴,输出管汇合成肠淋巴干,参与形成内脏淋巴干,注入乳糜池。

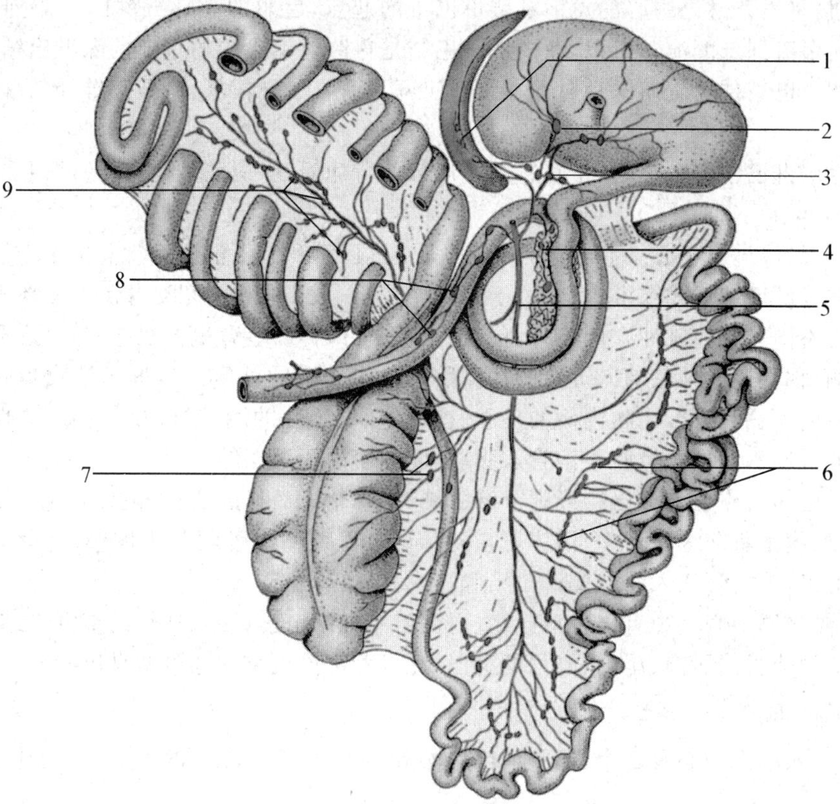

1.脾淋巴结　2.胃淋巴结　3.肝淋巴结　4.胰十二指肠淋巴结　5.肠淋巴干　6.空肠淋巴结
7.荐髂淋巴结　8.结肠左侧淋巴结　9.结肠淋巴结

图 9-8　猪肠淋巴结和淋巴导管

(陈耀星,2010,畜禽解剖学,第 3 版)

(3)肠系膜后淋巴中心　只有一群,即肠系膜后淋巴结,位于肠系膜后动脉起始部附近,分布于结肠末端和直肠前部的系膜中。收集降结肠和直肠前部的淋巴,汇入腰淋巴干,注入乳糜池。该淋巴结较重要。

6.腹壁和骨盆壁的淋巴中心及淋巴结

腹壁和骨盆壁有 4 个淋巴中心,即腰淋巴中心、髂荐淋巴中心、腹股沟浅(腹股沟股)淋巴中心和坐骨淋巴中心。

(1)腰淋巴中心　有腰主动脉淋巴结和肾淋巴结。腰主动脉淋巴结为腹主动脉和后腔静脉沿途的数个淋巴结,在肾至旋髂深动脉分支之间的腹膜下,收集腰部肌肉等处的淋巴,注入腰淋巴干或乳糜池。肾淋巴结位于肾门附近,在肾动、静脉周围,收集肾、肾上腺和输尿管等处的淋巴,注入乳糜池。

(2)髂荐淋巴中心　有三群,即髂内侧淋巴结、髂外侧淋巴结和肛门直肠淋巴结。

髂内侧淋巴结左、右各有一大群,位于旋髂深动脉起始部和髂外动脉起始部附近。其中在左、右髂内动脉夹角内的淋巴结又称为荐淋巴结。髂内侧淋巴结输入管收集腰荐部、尾部、腹壁后部和后肢等处的淋巴,输出管形成左、右腰淋巴干。左、右髂内侧淋巴结为身体后部两个大淋巴枢纽，是髂荐淋巴中心的总汇和腰淋巴干的起点，后躯的大部分淋巴汇流到此，再由腰淋巴干向前引流到乳糜池。所以，髂内侧淋巴结是兽医卫生检验的重要的深淋巴结。

髂外侧淋巴结位于旋髂深动脉前、后分叉处附近，收集腰荐部、后腹部等处的淋巴，汇入髂内侧淋巴结。

肛门直肠淋巴结有多个，位于直肠腹膜后部的背侧面，引流区域为直肠、肛门和会阴处，汇入髂内侧淋巴结。

(3)腹股沟浅淋巴中心　有两群，即腹股沟浅淋巴结和髂下淋巴结。

腹股沟浅淋巴结为浅在淋巴结，位于腹底壁皮下，大腿内侧，腹股沟管皮下环附近。因性别差异而有不同名称。雄性在阴茎背侧的精索后上方，称阴茎背侧淋巴结；雌性在乳房基底部后上方两侧，称乳房上淋巴结。母猪的在倒数第二对乳头的外侧。该淋巴结收集腹底壁的肌肉、皮肤，股内侧、股后方，小腿内侧的皮肤、皮下组织，雄性的阴茎、包皮、阴囊，雌性的乳腺和外生殖器的淋巴。输出管经腹股沟管入腹腔，注入髂内侧淋巴结。

髂下淋巴结又称股前淋巴结或膝上淋巴结，为一个大而长的浅在淋巴结，位于膝关节的前上方、股阔筋膜张肌前缘膝褶中，活体可摸到。该淋巴结输入管收集腹侧壁、骨盆、股部、小腿部等处的淋巴，输出管汇入髂外侧淋巴结和髂内侧淋巴结。

(4)坐骨淋巴中心　牛有坐骨淋巴结、臀淋巴结和结节淋巴结；猪无结节淋巴结；马只有坐骨淋巴结。引流臀部肌肉、尾部、肛门的淋巴，注入荐部淋巴结和髂内侧淋巴结。

7.后肢淋巴中心及淋巴结

牛、马后肢淋巴中心有2个，即腘淋巴中心和腹股沟深淋巴中心。猪、羊一般只有腘淋巴中心。

(1)腘淋巴中心　仅有一群，即腘淋巴结。其位于膝关节后方，臀股二头肌与半腱肌之间，腓肠肌外侧头近端的表面脂肪内。收集区域为膝关节以下的小腿部肌肉和皮肤的淋巴，直接注入髂内侧淋巴结，有一部分注入腹股沟深淋巴结或坐骨淋巴结后，再注入髂内侧淋巴结。

(2)腹股沟深淋巴中心　有两群淋巴结，即腹股沟深淋巴结和腹壁淋巴结。腹股沟深淋巴结有1～3个，位于髂骨体前方。收集膀胱、子宫、雄性尿道盆部副性腺及后肢、腹壁等处的淋巴，汇入髂内侧淋巴结。腹壁淋巴结位于近耻骨处的腹直肌内面，收集腹壁、乳房等处的淋巴，输出管汇入髂内侧淋巴结。

四、血结和血淋巴结

(一)血结

血结多见于牛、羊，灵长类，马属动物中也有分布。一般呈圆形或椭圆形，紫红色，直径为5～12 cm，常成串存在，依靠血管加入血液循环，其中充盈血液而无淋巴。主要分布于主动脉附近，胸腹腔脏器表面和血液循环的通路上。血结的结构与脾脏、淋巴结有相似之处，尤其与前者更接近。它们之间的共同之处是均具有典型的淋巴小结，淋巴小结内可见明区和暗区等结构，有的切片上的淋巴小结内能看到明显的生发中心。但血结的皮质、髓质分界不十分明显。血结边缘窦比中间窦宽大，窦内充满血液，无输入淋巴管和输出淋巴管。血结的被膜比淋巴结被膜厚。血结有滤血的作用，还能产生淋巴细胞和浆细胞，参与机体的免疫功能。

(二)血淋巴结

多见于鼠类和反刍动物，呈暗灰或暗红色，较小，直径为1～3 mm。结构介于血结和淋巴结之间,特点是具有输入和输出淋巴管,窦腔中常同时存在血液和淋巴。

五、扁桃体

扁桃体位于消化道和呼吸道交会处的舌、软腭和咽之间的黏膜下组织内,此处的黏膜内含有大量淋巴组织,是经常接触抗原引起局部免疫应答的部位。扁桃体一般呈卵圆形,黏膜一侧表面覆有复层扁平上皮,上皮向固有层内陷入形成许多分支的隐窝。隐窝周围的固有层内有大量弥散淋巴组织及淋巴小结。隐窝深部的复层扁平上皮内含有许多T细胞、B细胞、浆细胞和少量巨噬细胞等。但犬和猫等肉食动物的部分扁桃体表面光滑,不形成隐窝。扁桃体的形态和大小因动物种类不同而异,仅有输出淋巴管,注入附近的淋巴结。研究表明,扁桃体内含直接杀死病原的自然杀伤细胞,同时扁桃体内的白细胞能分化为分泌抗体的细胞,对病原侵入呼吸道和消化道能做出积极的反应。

【测试题】

一、名词解释

乳糜　边缘系统　淋巴小结　胸导管

二、填空题

1.________是动物体内最大的淋巴器官。

2.淋巴管道起于组织间隙,最后注入静脉,根据汇集顺序、口径大小及管壁薄厚,可分为________、________、________和________。

3.中枢淋巴器官包括________,________,________。

4.脾属于________级淋巴器官。

5.胸腺可向外周淋巴器官和淋巴组织输送________细胞。

6.羊脾形状略呈________形。

7.脾的实质部由________、________、________三部分构成。

8.扁桃体滤泡的特点之一是表面上皮凹陷,称________。

9.________(一种动物)淋巴结的皮质和髓质位置恰好相反。

三、选择题

1.位于肩关节前上方的淋巴结是(　　)。

A.股前淋巴结　　B.颌下淋巴结　　C.颈浅淋巴结　　D.腘淋巴结

2.位于乳房基部后上方的淋巴结是(　　)。

A.腘淋巴结　　B.腹股沟浅淋巴结　　C.颌下淋巴结　　D.髂下淋巴结

3.位于下颌间隙的淋巴结是(　　)。

A.颈浅淋巴结　　B.颌下淋巴结　　C.腹股沟浅淋巴结　　D.腹股沟浅淋巴结

4.家畜体内收集淋巴液最广泛的是(　　)。

A.输入淋巴管　　B.输出淋巴管　　C.淋巴干　　D.胸导管

5.家畜体内性成熟后逐渐退化并消失的器官是(　　)。

A.淋巴结　　B.脾　　C.扁桃体　　D.胸腺

6.下列不属于家畜体表主要淋巴结的是(　　)。

A.颌下淋巴结　　B.颈浅淋巴结　　C.髂下淋巴结　　D.肠系膜淋巴结

7. 不属于淋巴器官的是(　　)。

A. 肝　　B. 淋巴结　　C. 脾　　D. 扁桃体

8. 下列属于中枢淋巴器官的是(　　)。

A. 腔上囊　　B. 淋巴结　　C. 脾　　D. 扁桃体

9. 下列属于中枢淋巴器官的是(　　)。

A. 胸腺　　B. 淋巴结　　C. 脾　　D. 扁桃体

四、简答题

请简述淋巴循环径路及其与心血管系统的关系。

项目十

神经系统

【知识目标】

- 熟悉脊髓、脑的形态和结构。
- 掌握脑神经和脊神经的分布。
- 掌握自主神经的结构特征。

【能力目标】

- 能在脑和脊髓的标本和模型上指出其各部结构。
- 能结合标本说明脊神经的组成及一般规律。
- 能指出心、肺、胃和肠等器官交感神经和副交感神经的来源。

【素质目标】

- 通过神经系统的学习，养成认真合作的科学态度，建立起结构和功能相统一的观点。
- 通过神经中枢调控功能的学习，帮助学生建立起协调、统一整体的意识。

神经系统由脑、脊髓、神经节和分布于全身的神经组成，可分为中枢神经系统和周围神经系统两部分。中枢神经系统包括脑和脊髓，分别位于颅腔和椎管内。周围神经系统指由中枢发出，且受中枢神经支配的神经，包括脑神经、脊神经和自主神经。自脑部出入的神经称脑神经；从脊髓出入的神经称脊神经；控制心肌、平滑肌和腺体活动的神经称自主神经。自主神经又分为交感神经和副交感神经。

神经系统主要由神经组织构成，包括神经元和神经胶质细胞。在神经系统中，由于神经元的胞体和突起在不同的部位常有不同的聚集方式，因而具有不同的术语名称。灰质由位于中枢神经内的神经元胞体和树突所构成，因富有血管，新鲜标本呈暗灰色，故称灰质，如脊髓灰质。灰质若在脑表面成层分布，称为皮质，如大脑皮质和小脑皮质。功能相同的神经元的胞体在中枢神经内聚合在一起，形成神经核；在周围神经内集合在一起，则形成神经节。白质由各种神经纤维在中枢神经内聚集而成，呈白色，如脊髓白质，分布在大脑、小脑皮质深面的白质特称髓质。由中枢神经起止，且行程和功能均相同的神经纤维集合成束，称纤维束或传导束。在周围神经内神经纤维聚集在一起构成神经。在中枢神经内，神经纤维交错成网，神经元胞体散在其中的结构称网状结构。

任务 10-1　中枢神经系统

【学习任务单】

一、学习目标

1. 掌握脊髓的位置、形态和构造。
2. 掌握脑的形态和构造。

二、学习资源

1. 脑和脊髓的标本和模型。
2. 教材。
3. 信息化教学资源。

三、学习任务

1. 通过脑的标本和模型，区分大脑、小脑和脑干。
2. 识别大脑纵裂、额叶、枕叶、颞叶、顶叶、嗅叶、梨状叶、胼胝体，大脑皮质、白质、基底神经节、侧脑室、海马等。
3. 区分小脑的小脑半球、蚓部和小脑三对脚、小脑皮质、白质和第四脑室。
4. 观察延髓背侧的绳状体、菱形窝；腹侧的锥体、斜方体、脑神经根。
5. 观察中脑四叠体、大脑脚和中脑导水管。
6. 观察丘脑外侧膝状体、内侧膝状体、第三脑室、松果体、视束、视交叉、灰结节、漏斗、垂体。
7. 通过脊髓的标本和模型，识别颈膨大、腰膨大、脊髓圆锥、终丝和马尾、脊髓两侧的脊神经。
8. 通过脊髓横断面，识别脊髓中央灰质、中央管和白质、背正中沟和腹正中裂。
9. 识别脊髓硬膜、蛛网膜和硬膜，以及硬膜外腔、硬膜下腔和蛛网膜下腔。

【相关知识】

一、脊髓

(一)脊髓的位置和形态

脊髓位于脊柱椎管内，呈背、腹向稍扁的圆柱状。前端在枕骨大孔处与延髓相连；后端直到荐骨的中部，逐渐变细呈圆锥形，称脊髓圆锥，自脊髓圆锥向后伸出一根来自软膜的细丝称为终丝。脊髓粗细不均，在颈后部和胸前部较粗，称颈膨大，发出的神经大部分分布于前肢；在腰荐部较粗，称腰膨大，发出的神经大都分布于后肢。由于脊柱比脊髓长，荐神经和尾神经要在椎管内向后伸延一段，才能到达相应的椎间孔，它们包围脊髓圆锥和终丝，共同构成马尾。根据脊髓与脊柱的对应关系，可将脊髓分为颈、胸、腰、荐四部分。

脊髓的背侧面有纵向的浅沟，称背正中沟，在此沟的两侧各有一条背外侧沟，脊神经的背侧根丝由此沟进入脊髓。脊髓腹侧面正中有一纵向的裂隙，称腹正中裂，在此裂两侧各有一条腹外侧沟，脊神经的腹侧根丝由此沟离开脊髓。

（二）脊髓的内部构造

脊髓内部为灰质，外周为白质。灰质中央有纵行的脊髓中央管，前通第四脑室，内含脑脊液（图 10-1，图 10-2）。

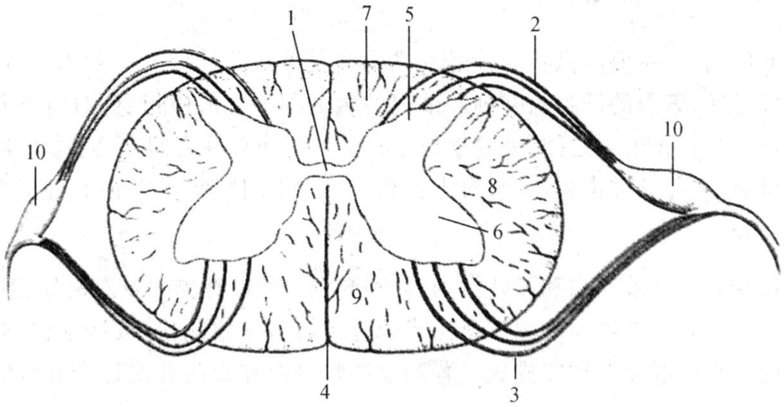

1.中央管　2.脊神经背根　3.脊神经腹根　4.腹正中裂　5.背角　6.腹角　7.背侧索　8.外侧索　9.腹侧索　10.脊神经节

图 10-1　脊髓横切面

（Knig H E，2005，Veterinary Anatomy of Domestic Mammals）

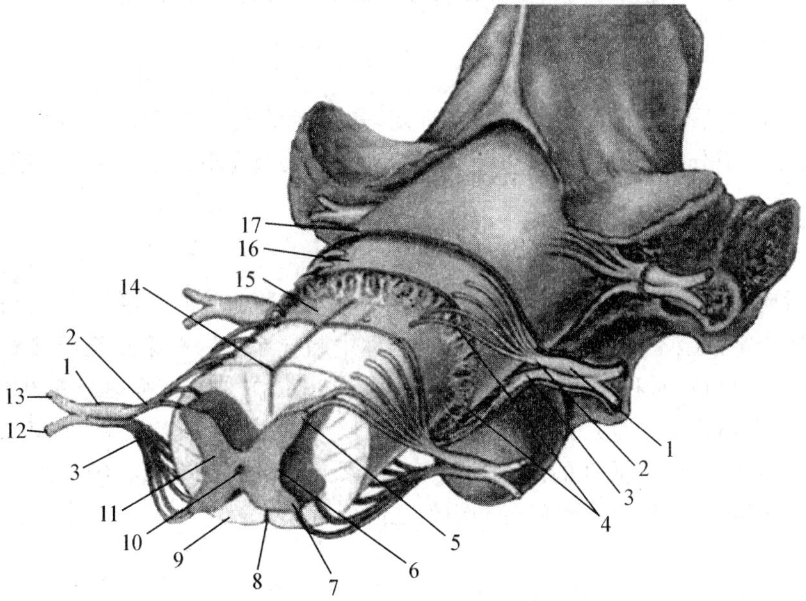

1.脊神经节　2.背侧根　3.腹侧根　4.蛛网膜下腔　5.背侧柱　6.外侧柱　7.腹侧柱　8.腹正中裂　9.腹侧索　10.中央管　11.灰质　12.腹侧支　13.背侧支　14.背正中沟　15.脊软膜　16.脊蛛网膜　17.脊硬膜

图 10-2　脊膜及脊神经根模式图

（陈耀星，2010，畜禽解剖学，第 3 版）

1. 灰质

主要由神经元的胞体构成，并含有少量神经纤维和神经胶质细胞。横断面呈蝴蝶形，有一对背侧角和一对腹侧角(柱)。背侧角和腹侧角之间为灰质连合。在脊髓胸段和腰段腹侧柱基部的外侧，还有稍隆起的外侧角(柱)。腹侧角内有运动神经元的胞体，支配骨骼肌纤维。背侧角内含有中间神经元的胞体，接受脊神经节内的感觉神经元的冲动，并传导至运动神经元或下一个中间神经元。外侧角内有自主神经节前神经元的胞体。

2. 白质

位于灰质的周围，主要由纵行的神经纤维构成。被灰质柱分成三对索。背侧索位于背正中沟与背侧柱之间，索内的纤维由脊神经节内的感觉神经元的中枢突构成(上行纤维束)。腹侧索位于腹侧柱与腹正中裂之间，外侧索位于背侧柱与腹侧柱之间，它们均由来自背侧柱的中间神经元的轴突(上行纤维束)以及来自大脑和脑干的中间神经元的轴突(下行纤维束)组成。

3. 脊神经根

每一节段脊髓的背外侧沟和腹外侧沟，分别与脊神经的背侧根及腹侧根相连。背侧根(或感觉根)较粗，上有感觉神经元的胞体所构成的脊神经节。腹侧根(或运动根)较细，由腹侧柱和外侧柱内的运动神经元的轴突构成。背侧根和腹侧根在椎间孔附近合并成脊神经，经椎间孔出椎管。

全身大部分感觉神经冲动要经过脊髓白质传导到脑，才能产生感觉；脑对躯干各部的运动神经冲动也要经过脊髓白质传导到相应的骨骼肌、平滑肌和心肌。若脊髓受损伤，其上传下达的功能便发生阻滞，引起一定的感觉障碍和运动失调。此外，脊髓灰质内存在许多低级反射中枢，如肌肉的牵张反射中枢和排尿、排粪以及性功能活动的低级反射中枢等。

二、脑

脑位于颅腔内，后端在枕骨大孔处延接脊髓，是神经系统的高级中枢。脑可分为脑干、小脑和大脑，其中脑干分为延髓、脑桥、中脑和间脑。其中大脑和小脑之间由一大脑横裂分开(图10-3，图10-4)。

(一)脑干

脑干由后向前依次分为延髓、脑桥、中脑和间脑，是脊髓向前的直接延续。延髓、脑桥和小脑的共同室腔为第四脑室。中脑内部室腔狭小，称中脑导水管。有第Ⅲ至第Ⅻ对脑神经根与脑干相连。脑干也由灰质和白质构成。灰质是由功能相同的神经细胞集合成团块状的神经核组成，分散存在于白质中；白质为上、下行传导径。脑干的结构比脊髓复杂，它联系着视、听、平衡等专门感觉器官，是内脏活动的反射中枢，是联系大脑高级中枢与各级反射中枢的重要径路；也是大脑、小脑、脊髓以及骨骼肌运动中枢之间的桥梁。

1. 延髓

呈前宽后窄、上下略扁的锥形体，位于脑干的末段。后端在枕骨大孔处与脊髓相连，前端与脑桥相接，背侧面被小脑覆盖。延髓的腹侧面有一浅沟，称腹正中裂。在腹正中裂两侧各有一条纵行隆起，称为锥体，由大脑皮质发出的运动纤维束构成。在延髓后端，锥体束的大部分纤维越过中线交叉至对侧，称锥体交叉。在延髓腹侧有第Ⅵ至Ⅻ对脑神经根。

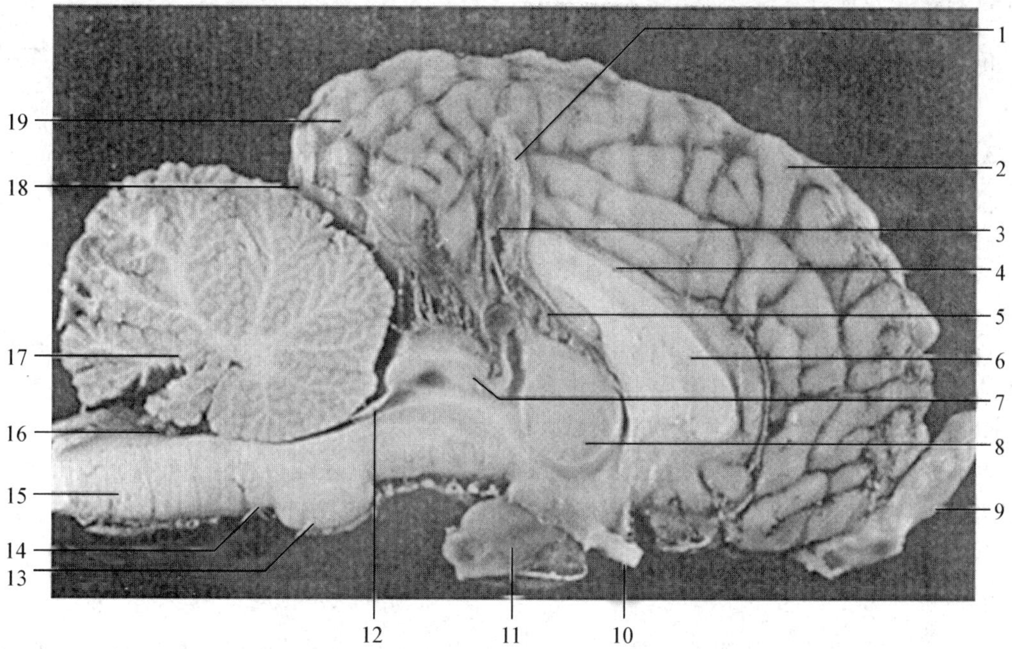

1.脉络丛　2.大脑皮质顶叶　3.松果体上隐窝　4,6.胼胝体　5.第三脑室脉络丛　7.四叠体　8.丘脑黏合部　9.嗅球
10.视神经　11.脑垂体　12.前髓帆　13.脑桥　14.斜方体　15.延髓　16.第4脑室
17.小脑　18.大脑横裂　19.大脑皮质枕叶

图 10-3　马脑正中矢状面观

（陈耀星，2010，畜禽解剖学，第3版）

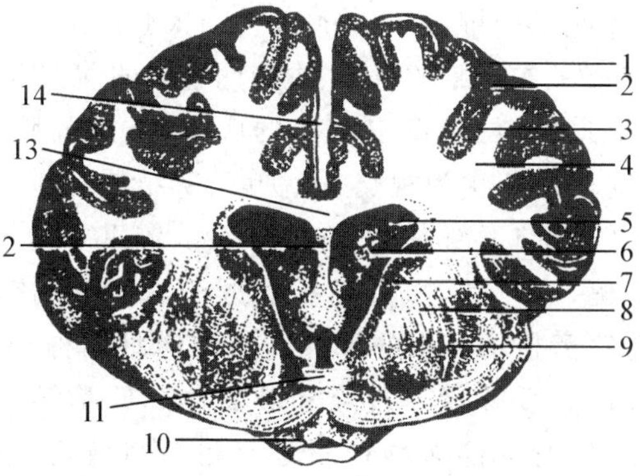

1.脑回　2.脑沟　3.大脑皮质　4.白质　5.侧脑室　6.侧脑室脉络丛
7.尾状核　8.内囊　9.豆状核　10.视束　11.前联合
12.透明隔　13.胼胝体　14.大脑纵裂

图 10-4　大脑半球横断面

（陈耀星，2019，动物解剖学与组织胚胎学）

延髓前半部的中央管敞开，形成第四脑室底壁的后部。延髓后半部外形与脊髓相似，其室腔仍为中央管。延髓是生命中枢所在部位，呼吸、心跳等均直接由延髓控制，其内还有唾液分泌、吞咽、呕吐等生命中枢。

2. 脑桥

位于小脑的腹侧，在大脑脚与延髓之间。背侧面为第四脑室底壁的前部，腹侧面呈横行的隆起，内有横行纤维，为大脑皮层与小脑之间的中间站。脑桥的两侧有粗大的三叉神经根。

3. 第四脑室

位于延髓、脑桥和小脑之间，前方通中脑导水管，后方通脊髓中央管。第四脑室内有第四脑室脉络丛，可产生脑脊髓液。底呈菱形，故称菱形窝。

4. 中脑

位于脑桥的前方，其脑室为中脑导水管，前通第三脑室，后连第四脑室。中脑导水管将中脑分为背侧的四叠体和腹侧的大脑脚。四叠体由前、后两对圆丘组成。前丘是光反射的联络站，主要接受视束纤维，为皮质下视觉反射中枢；后丘是声反射的联络站，主要接受耳蜗神经核的纤维，为皮质下听觉反射中枢。后丘的后方有滑车神经根，是唯一从脑干背侧面发出的脑神经。大脑脚为一对由纵行纤维束构成的隆起，左、右两脚之间的凹窝称脚间窝，窝的外侧缘有第Ⅲ脑神经根。

5. 间脑

位于中脑的前方，前外侧被大脑半球所遮盖，内有第三脑室。间脑主要可分为丘脑和下丘脑。

(1)丘脑　为一对卵圆形的灰质团块。左、右两丘脑的内侧部相连，断面呈圆形，称丘脑间黏合，其周围的环状裂隙为第三脑室。丘脑一部分核是上行传导径的总联络站，接受来自脊髓、脑干和小脑的纤维，由此发出的纤维至大脑皮质。在丘脑后部的背外侧有外侧膝状体和内侧膝状体。外侧膝状体接受视束发出的纤维，是视觉冲动传向大脑皮质的最后联络站。内侧膝状体接受由耳蜗神经核发出的纤维，是听觉冲动传向大脑的最后联络站。丘脑还有与运动、记忆等功能有关的核群。在左、右丘脑的背侧、中脑四叠体的前方有松果体。

(2)丘脑下部　又称下丘脑，位于第三脑室的底部，丘脑的腹侧，是自主神经系统的皮质下中枢。从底面看，由前向后依次为视交叉、视束、灰结节和乳头体等结构。灰结节正中腹侧有垂体柄与垂体连接。丘脑下部有许多神经核团，较重要的是一对视上核和一对室旁核。视上核位于视束的背侧，扁平状，可分泌抗利尿激素；室旁核分布在第三脑室的两侧，可分泌催产素。视上核与室旁核均有细的神经纤维伸向垂体神经部(后叶)，是下丘脑向垂体内进行神经内分泌调控的重要途径。视束和乳头体之间称结节区，其中有漏斗核，纤维终止于垂体门脉系统的血窦，可分泌多种释放激素和抑制激素，以影响垂体前叶激素的合成与分泌。

丘脑下部形体虽小，但与其他各脑有广泛的纤维联系。接受来自嗅脑、大脑皮质额叶、丘脑和纹状体等的纤维；发出纤维至丘脑、垂体后叶、脑干网状结构、脑神经核和自主神经核，通过自主神经主要调节心血管和内脏的活动。

(3)第三脑室　位于间脑内，呈环形围绕着丘脑间黏合，向后通中脑导水管，向前以一对室间孔通大脑半球的侧脑室，腹侧形成一漏斗形凹陷，顶壁为第三脑室脉络丛。

(二)小脑

小脑略呈球形，位于大脑后方，延髓和脑桥的背侧。表面有许多平行的横沟，将小脑分成许多小叶。小脑表层的灰质，称小脑皮质；深部为白质，称小脑髓质。髓质呈树枝状伸入小脑各叶，形成髓树。小脑被两条纵沟分为两侧的小脑半球和中央的蚓部。小脑半球与大脑半球密切联系，参与调节随意运动；蚓部主管平衡和调节肌紧张。小脑借三对小脑脚（小脑后脚、小脑中脚及小脑前脚）分别与延髓、脑桥和中脑相连。

（三）大脑

大脑亦称端脑，位于脑干前方，后端以大脑横裂与小脑分开，背侧以大脑纵裂分为左、右大脑半球。每个大脑半球包括大脑皮质、白质、嗅脑和基底核。每个半球内均有一个侧脑室。

1. 大脑皮质和白质

皮质为覆盖大脑半球表面的一层灰质，表面凹凸不平，凹陷处为沟，突起处为回，以增加大脑皮质的表面积。大脑皮质背外侧面可分为四叶：前部为额叶，后部为枕叶，背侧部为顶叶，外侧部为颞叶。一般认为，额叶是运动区，枕叶是视觉区，顶叶是一般感觉区，颞叶是听觉区。

皮质深面为白质，由各种神经纤维构成。大脑半球内的白质由以下三种纤维构成：一是联合纤维，是连接左、右大脑半球皮质的纤维，主要为胼胝体。胼胝体位于大脑纵裂底，构成侧脑室顶壁，将左、右大脑半球连接起来。二是联络纤维，是连接同侧半球各脑回、各叶之间的纤维。三是投射纤维，是连接大脑皮质与脑其他各部分及脊髓之间的上、下行纤维，如内囊。

2. 嗅脑

位于大脑腹侧，包括嗅球、嗅回、嗅三角、梨状叶、海马、透明隔、穹隆和前连合等结构。

嗅球呈卵圆形，在左、右大脑半球前端，位于筛骨窝中。嗅球中空为嗅球室，与侧脑室相通。来自鼻黏膜嗅区的嗅神经纤维通过筛板而终止于嗅球。嗅回短而粗，白嗅球向后伸延约 2 cm，分为内侧嗅回和外侧嗅回。内、外侧嗅回之间的三角形灰质隆起为嗅三角。梨状叶为位于大脑脚和视束外侧的梨状隆起，是海马回的前部，表面为灰质，前端深部有杏仁核，位于侧脑室底壁。海马呈弓带状，位于侧脑室底的后内侧，由梨状叶的后部和内侧部转向半球的深部而成。左、右半球的海马前端于正中相连接，形成侧脑室后部的底壁。海马为古老的皮质，海马行向胼胝体方向的部分逐渐变窄。沿海马内侧有一白色扁平的纤维束称为海马伞。海马伞向后与海马分离，称穹隆。穹隆呈弓形弯向前上方延伸，在中线位于胼胝体和透明隔腹侧。前连合为左、右嗅脑间的连合纤维形成。

透明隔又称端脑隔，为位于胼胝体和穹隆之间的两层神经组织膜，由神经纤维和少量的神经细胞体组成，构成左、右侧脑室之间的正中隔。透明隔背侧邻隆突，与胼胝体相连。

嗅脑中有部分与嗅觉无关的结构，属于“边缘系统”。大脑半球内侧面的扣带回和海马旁回等，因其位置在大脑和间脑之间，故称为边缘叶。边缘系统由边缘叶与附近的皮质（如海马和齿状回等）以及有关的皮质下结构组成，包括与扣带回前端相连的隔区、杏仁核、下丘脑、丘脑前核以及中脑被盖等组成的一个功能系统，与内脏活动、情绪变化及记忆有关。

3. 基底核

在大脑基底部有一些灰质团块，称基底核，也是皮质下运动中枢，主要由尾状核和豆状核构成。尾状核、豆状核和位于其间的内囊，横切面上呈灰、白质相间的条纹状，故合称纹状体。侧脑室为每侧大脑半球中的不规则腔体，经室间孔与第三脑室相通。侧脑室内有脉络丛，在室间孔处与第三脑室脉络丛相连，可产生脑脊液。

4.侧脑室

每侧大脑半球内的腔体称侧脑室,经室间孔与第三脑室相通。

三、脑脊髓膜和脑脊液循环

(一)脊髓膜

脊髓外周包有三层结缔组织膜,由外向内依次为脊硬膜、脊蛛网膜和脊软膜。

(1)脊硬膜　为厚而坚韧的致密结缔组织膜,与椎管之间有一较宽的腔隙,称为硬膜外腔,内有静脉和脊神经通过。在临床上可将麻醉药注入硬膜外腔,以阻滞脊神经的传导作用。

(2)脊蛛网膜　薄而透明,与脊硬膜之间形成狭窄的硬膜下腔,内含淋巴液。脊蛛网膜与软膜之间形成的腔隙,称为蛛网膜下腔,内含脑脊液以营养脊髓。

(3)脊软膜薄　内含血管,紧贴在脊髓的表面。

(二)脑膜

脑膜和脊髓膜一样,分为脑硬膜、脑蛛网膜和脑软膜三层。脑硬膜较厚,紧贴于颅腔壁,无硬膜外腔。含若干脑硬膜静脉窦,接受来自脑的静脉血。脑蛛网膜很薄,硬膜与蛛网膜之间的腔隙称硬膜下腔,内含淋巴;脑蛛网膜以纤维与软膜相连,两者之间的腔隙称蛛网膜下腔,内含脑脊液。脑蛛网膜有绒毛状突起伸入静脉窦中,称为蛛网膜粒。

脑软膜较薄,富含血管,紧贴于脑的表面并深入脑沟。脑软膜上的毛细血管丛与脑室膜上皮共同折入侧脑室、第三脑室和第四脑室形成脉络丛,能产生脑脊液。

(三)脑脊液循环

脑脊液由侧脑室、第三脑室和第四脑室的脉络丛产生,为无色透明的液体,充满于各脑室和脊髓中央管,通过第四脑室脉络丛上的孔进入蛛网膜下腔,再经蛛网膜粒进入硬膜静脉窦而汇入静脉,起保护和营养脑、脊髓,缓冲和维持颅内压的作用。

任务10-2　周围神经系统

【学习任务单】

一、学习目标

掌握脑神经、脊神经和自主神经的分布。

二、学习资源

1.显示脑神经、脊神经和自主神经的分布的标本。
2.教材。
3.信息化教学资源。

三、学习任务

1.观察十二对脑神经出入脑的部位及其分支和分布。

2. 观察分布于躯干的神经的走向、分支和分布。

3. 观察前肢肩胛上神经、肩胛下神经、胸肌神经、腋神经、桡神经、尺神经、正中神经等。

4. 观察后肢臀前神经、臀后神经、股神经、闭孔神经、坐骨神经的分支和分布。

5. 观察脊柱两侧的交感神经干；观察迷走神经的行程、分支和分布。

【相关知识】

周围神经系统由联系中枢神经与外周器官之间的神经纤维和神经节所组成，神经呈白色的带状或索状结构。根据分布的不同，可分为躯体神经和内脏神经。躯体神经又分为脊神经和脑神经，分布于体表和骨、关节、骨骼肌；内脏神经又称自主神经，分布于内脏、腺体和心血管。根据神经的功能性质，可分为将感觉冲动由感受器传向中枢的感觉神经（传入神经），将神经冲动由中枢传向效应器而引起肌肉收缩或腺体分泌的运动神经（传出神经），既有感觉神经纤维又有运动神经纤维构成的混合神经。

一、脊神经

脊髓的每个节段连有一对脊神经。脊神经按部位分为颈神经、胸神经、腰神经、荐神经和尾神经。每一脊神经以背侧根（感觉根）和腹侧根（运动根）与脊髓相连。背侧根和腹侧根在椎间孔附近汇合成脊神经。

脊神经为混合神经，包括 4 种纤维成分：①躯体感觉纤维，将躯体各部（皮肤、骨骼肌、腱、关节）感受器的神经冲动传向中枢。②躯体运动纤维，将神经冲动由中枢传向骨骼肌。③内脏感觉纤维，将内脏、心血管和腺体的感觉冲动传向中枢。④内脏运动纤维，将神经冲动由中枢传向平滑肌、心肌和腺体。

（一）分布于躯干的神经

1. 脊神经的背侧支

较细，颈神经、胸神经和腰神经的背侧支都分为内侧支和外侧支，分布于颈背侧、鬐甲、背部和腰部。荐神经和尾神经的背侧支分布于荐臀部和尾背侧。

2. 脊神经的腹侧支

较粗，分布于颈侧、胸壁、腹壁和四肢（图 10-5）。主要由以下神经组成。

（1）膈神经　来自第 5、6、7 颈神经（猫为第 4～7 颈神经）的腹侧支，经胸前口入胸腔，沿纵隔向后延伸，分布于膈。

（2）肋间神经　为胸神经的腹侧支，沿肋骨后缘向下延伸，分布于肋间肌、腹肌和皮肤。最后肋间神经又称肋腹神经，在第 1 腰椎顶端的前下方分为深、浅两支，分布于腹肌、躯干皮肌和皮肤。

（3）髂腹下神经　来自第 1 腰神经的腹侧支，牛的行经第 2 腰椎横突腹侧及第 3 腰椎横突末端的外侧缘，马的行经第 2 腰椎横突的末端腹侧。分浅、深两支。浅支穿过腹内斜肌、腹外斜肌和胸腹皮肌，分布于上述肌肉及腹侧壁和膝关节外侧的皮肤。深支向下延伸，进入腹直肌，分布于腹横肌、腹内斜肌、腹直肌和腹底壁的皮肤。

（4）髂腹股沟神经　来自第 2 腰神经（食肉动物为第 3 腰神经）的腹侧支。牛的行经第 4 腰椎横突末端外侧缘，马的行经第 3 腰椎横突末端。分浅、深两支。浅支分布到膝外侧的皮肤和髋结节下方的皮肤；深支分布到腹横肌和腹内斜肌。

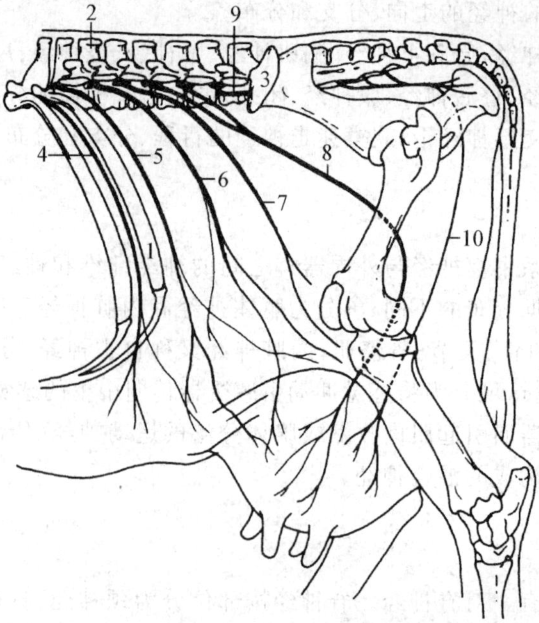

1.最后肋骨　2.第2腰椎棘突　3.髋结节　4.第12肋间神经　5.第13肋间神经　6.髂腹下神经(第1腰神经)　7.髂腹股沟神经(第2腰神经)　8.生殖股神经(第3、4腰神经)　9.第5腰神经　10.会阴神经腹侧支

图10-5　牛腹壁神经分布示意图

(陈耀星,2010,畜禽解剖学,第3版)

(5)生殖股神经　来自第2、3、4腰神经的腹侧支,沿腰肌间下行,向下延伸穿过腹股沟管,与阴部外动脉一起分布于睾外提肌、阴囊和包皮(雄性)或乳房(雌性)。

(6)阴部神经　来自第3、4荐神经的腹侧支,沿荐结节阔韧带向后、向下延伸,其终支绕过坐骨弓,雄性在阴茎背侧成为阴茎背神经,雌性在阴蒂和阴唇成为阴蒂背神经。

(7)直肠后神经　来自第4、5(牛)或第3、4(马)荐神经的腹侧支,在阴部神经背侧沿荐结节阔韧带的内侧面向后、向下延伸,分布于直肠和肛门。在雌性还分布于阴唇。

(二)分布于前肢的神经

前肢神经来自位于腋窝内的臂神经丛。丛根主要由第6、7、8颈神经和第1、2胸神经的腹侧支所构成。发出的神经有肩胛上神经、肩胛下神经、腋神经、肌皮神经、桡神经、胸肌神经、尺神经和正中神经。

1.肩胛上神经

自臂神经丛前部发出,进入肩胛上肌与冈上肌之间,绕过肩胛骨前缘,分支分布于冈上肌、冈下肌、肩臂部皮肌和皮肤。

2.肩胛下神经

常形成2～4支,分布于肩胛下肌和肩关节囊。

3.腋神经

较粗,由臂神经丛中部发出,分支分布于肩胛下肌、大网肌、小网肌、三角肌、臂头肌及臂部和前臂部背外侧的皮肤。

4. 胸肌神经

数支，分布于背阔肌、腹侧锯肌、胸肌、躯干皮肌、胸侧壁皮肤。

5. 肌皮神经

由臂神经丛前部发出，在腋动脉下方与正中神经相连形成腋袢，然后分出肌支分布于喙臂肌和臂二头肌，其主干与正中神经一起沿臂动脉前缘下行，至臂中部与正中神经分开，分支分布于臂二头肌和臂肌后，在该二肌之间延续为前臂内侧皮神经，分布于前臂、腕、掌内侧皮肤。

6. 桡神经

为前肢最粗的神经，由臂神经丛后部发出，沿尺神经后缘下行，进入臂三头肌长头和内侧头之间，出肌支到肘关节的伸肌，桡神经本干沿臂肌后缘走向肘关节的前外侧面，分为深、浅两支。深支分布于腕、指关节的伸肌；浅支向下伸延至掌指关节上方分为内、外侧支。内侧支为指背侧第 2 总神经，外侧支为指背侧第 3 总神经，分布于第 2 和第 3 指的背侧面。

7. 尺神经

由臂神经丛后部分出，沿臂动脉后缘和前臂部的尺沟向下伸延，在臂中部分出前臂后皮神经，分布于前臂掌侧的皮肤。在臂部远端分出肌支，分布于腕尺侧屈肌、指浅屈肌和指深屈肌。主干在腕关节上方分为背侧支和掌侧支。

背侧支沿掌部的背外侧向第 4 指伸延成为指背侧第 4 总神经，分布于第 4 指背外侧；掌侧支沿指深屈肌腱的外侧缘下行，接受正中神经的交通支成为指掌侧第 4 总神经，分布于第 4 指掌外侧面。

8. 正中神经

为臂神经丛最长的分支，沿臂动脉前缘向下伸延，至臂中部与肌皮神经分离后，经肘关节的内侧进入前臂的正中沟中，在掌部远端分为内、外侧支。正中神经在前臂近端分出肌支分布于腕桡侧屈肌和指浅、深屈肌，并分出前臂骨间神经进入前臂近骨间隙，分布于前臂骨。

内侧支在掌部下 1/3 处分为两支，分别称为指掌侧第 2 总神经和第 3 指掌轴侧固有神经，分布于第 3 指的掌内侧和悬蹄。外侧支在掌部远端分出交通支，横过指浅屈肌腱的浅面与尺神经的掌侧支合成指掌侧第 4 总神经，主干向下延续为第 4 指掌轴侧固有神经，分布于第 4 指的掌侧。

(三)分布于后肢的神经

分布于后肢的神经由腰荐神经丛发出。腰荐神经丛由第 4、5、6 腰神经和第 1、2 荐神经的腹侧支构成，位于腰荐部腹侧，发出分支到后肢。由此丛发出的主要神经有：股神经、闭孔神经、臀前神经、臀后神经和坐骨神经。

1. 股神经

由腰荐神经丛前部发出，经腰大肌与腰小肌之间并向后向下伸延，分布于髂腰肌、股四头肌。并分出较长的隐神经，分布于膝关节、小腿、跖内侧皮肤。

2. 闭孔神经

由腰荐丛前部发出，沿髂骨内侧面向后下方延伸，穿出闭孔，分布于闭孔外肌、耻骨肌、内收肌和股薄肌。

3. 臀前神经

由腰荐丛后部发出，通过坐骨大孔，分为数支分布到臀肌和股阔筋膜张肌。

4. 臀后神经

由腰荐丛后部发出，沿荐结节阔韧带外侧面向后延伸，分布于臀股二头肌、臀浅肌、臀中肌和半腱肌。

5. 坐骨神经

为全身最粗大的神经，自坐骨大孔出盆腔，沿荐结节阔韧带外侧向后下方伸延，绕过髋关节后方，约在股骨中部分为胫神经和腓总神经。坐骨神经沿途分支分布于闭孔肌、半膜肌、臀股二头肌和半腱肌。

(1)胫神经　进入腓肠肌内、外侧头之间，沿趾浅屈肌的内侧缘向下伸延至小腿远端，在跟结节平位处稍下方，分为足底内、外侧神经。胫神经在小腿近端分出肌支分布于跗关节的伸肌和趾关节的屈肌，在起始部还分出皮支，分布于小腿、跗部、跖部后外侧的皮肤。

足底内侧神经沿趾深屈肌腱内侧缘下行，至系关节上方分为趾跖侧第 2 总神经和趾跖侧第 3 总神经。前者分布于第 2、3 趾；后者在趾间隙处又分支分布于第 3、4 趾。足底外侧神经沿趾深屈肌腱外侧缘下行，称为趾跖侧第 4 总神经，分布于第 4、5 趾。

(2)腓总神经　沿腓肠肌外侧面向前向下行，到腓骨近端外侧分为腓浅神经和腓深神经。腓总神经在股部分出皮支，分布于小腿背外侧皮肤。

腓浅神经在跗部和跖部的背侧面沿趾长伸肌腱向下伸延，至跗关节下方分为外、中、内 3 支。外侧支延续为趾背侧第 4 总神经，分布于第 4、5 趾；中间支为趾背侧第 3 总神经，向下伸延在趾间隙分支分布于第 3、4 趾背侧；内侧支为趾背侧第 2 总神经，分布于第 2、3 趾背侧。

腓深神经在趾长伸肌的深面向下伸延，至跖趾关节上方与趾背侧第 3 总神经吻合，下行于两主趾间，分支分布于第 3 趾和第 4 趾的轴侧面。

二、脑神经

脑神经是与脑相连的周围神经，共有 12 对，多数从脑干发出，经颅骨孔出颅腔。根据所含神经纤维的种类可分为感觉神经、运动神经和混合神经。

可归纳成记忆口诀：

一嗅二视三动眼，四滑五叉六外展，
七面八听九舌咽，十迷与副舌下全。

(1)嗅神经　为感觉神经，由鼻腔嗅黏膜内的嗅觉细胞的轴突构成。轴突集合成许多嗅丝，经筛骨的筛孔入颅腔，止于嗅球。

(2)视神经　为感觉神经，由眼球视网膜上节细胞的轴突形成。视神经穿出眼球后壁，经视神经孔入颅腔，经视交叉、视束止于间脑的外侧膝状体。

(3)动眼神经　为运动神经，大部分为支配眼球肌的躯体运动神经纤维，起自中脑的动眼神经核，自大脑脚内侧发出后，经眶圆孔(牛)或眶孔(马)至眼眶，支配眼球肌肉。此外，动眼神经内有少部分为内脏运动纤维(副交感节前纤维)，这部分纤维随动眼神经入眼眶后，止于睫状神经节，在节内换神经元，节后纤维支配瞳孔括约肌和睫状肌。

(4)滑车神经　为运动神经，起自中脑的滑车神经核，自脑干背面发出，经眶圆孔(牛)或眶孔（马）出颅腔，含有躯体运动神经纤维、支配眼球上斜肌。

（5）三叉神经　为混合神经，是最粗大的脑神经，分支为：①眼神经，由感觉纤维组成，分布于泪腺、上睑提肌和牛、羊角基部。②上颌神经，也由感觉纤维组成，分布于眼部、鼻唇部皮肤及口、鼻腔黏膜。③下颌神经，含感觉纤维和运动纤维，运动纤维分布于咀嚼肌，感觉纤维分布于下唇、下颌齿和舌。

（6）外展神经　为运动神经，与动眼神经一起经眶圆孔（牛）或眶孔（马）穿出颅腔，分布于眼肌。

（7）面神经　为混合神经，与前庭耳蜗神经一起进入内耳道，在内耳道底两神经分离，面神经进入岩颞骨的面神经管中，最后经茎乳孔穿出颅腔。面神经有 3 种神经纤维。大部分为运动神经纤维，支配面部肌肉的运动；自主神经感觉纤维分布于舌前 2/3 的味蕾，司味觉；副交感神经（内脏运动）纤维分布于颌下腺和舌下腺。

（8）前庭耳蜗神经　为感觉神经，由前庭神经根和耳蜗神经根组成。前庭神经（根）为控制平衡觉的感觉神经；耳蜗神经（根）为控制听觉的感觉神经。

（9）舌咽神经　为混合性神经，分布于咽和舌，感觉纤维司咽部的感觉和舌后 1/3 的味觉，运动纤维支配咽肌。

（10）迷走神经　为混合神经，是脑神经中行程最长，分布最广的神经。含 4 种神经纤维成分：①内脏运动纤维，是迷走神经的主要成分。节后纤维主要分布于胸、腹腔内脏器官，控制平滑肌、心肌和腺体的活动。②躯体运动纤维，支配咽、喉肌。③内脏感觉纤维，周围突分布于颈、胸、腹部的脏器，传导一般内脏感觉冲动。④躯体感觉纤维，周围突主要分布于耳郭及外耳道的皮肤。

（11）副神经　为运动神经，由颅根和脊髓根组成，颅根含特殊内脏运动纤维，起自疑核，自迷走神经根下方出脑后与脊髓根同行，经静脉孔出颅腔，加入迷走神经，支配咽、喉肌。脊髓根也含特殊内脏运动纤维，起自脊髓颈部的副神经脊髓核，由脊神经背侧根和腹侧根之间出脊髓，经枕骨大孔入颅腔，与颅根汇合一并出颅腔，后又与颅根分开，支配斜方肌和胸头肌。

（12）舌下神经　为运动神经，主要由躯体运动纤维组成，由舌下神经核发出，自延髓腹侧的后部出脑，经舌下神经管出颅腔，分布于舌肌和舌骨肌。

三、自主神经

自主神经即内脏运动神经，是指分布到内脏器官、血管和皮肤处的平滑肌、心肌和腺体上的传出神经，也称自主神经或植物性神经。

（一）自主神经的一般特点

自主神经与躯体运动神经在功能与形态结构上有如下区别：

1. 支配的器官不同

躯体运动神经支配骨骼肌，而自主神经支配平滑肌、心肌和腺体。

2. 神经传导通路上的神经元数目不同

躯体运动神经的神经冲动从中枢到效应器只经过 1 个神经元传导；而自主神经的神经冲动要经过 2 个神经元。第一个神经元称为节前神经元，胞体位于脑干和脊髓灰质内，发出节前神经纤维，伸延到自主神经节中；第二个神经元称为节后神经元，胞体位于自主神经节内，发出节后神经纤维，分布于平滑肌、心肌和腺体。节前纤维在自主神经节内与节后神经元形成突触；节后神经元发出的节后纤维将中枢发出的神经冲动传到效应器。节后神经元的数目较多，一个节前神经元可与多个节后神经元形成突触，这有利于多个效应器同时活动。

自主神经节有3类：位于椎骨两侧的神经节称椎旁节，如交感神经干上的神经节；在脊柱下方的神经节称为椎下节，如腹腔肠系膜前神经节、肠系膜后神经节等；位于内脏器官附近或器官壁内的神经节称为终末节，如副交感神经的盆神经节和壁内神经节。

3.神经纤维类型不同

躯体运动神经一般是较粗的有髓纤维，以神经干形式分布到效应器；自主神经的节前纤维是较细的有髓纤维，节后纤维是较细的无髓纤维，常攀附在血管或脏器表面形成神经丛，再由神经丛发出分支到效应器。

4.受意识支配程度不同

躯体运动神经一般都受意识支配；而自主神经在一定程度上不受意识的直接控制，有相对的自主性。

(二)交感神经和副交感神经的比较

自主神经根据形态和功能的不同，可分为交感神经和副交感神经。它们都具有上述自主神经的共同特点，但它们之间也有一些不同点。

1.节前神经元位置不同

交感神经的节前神经元胞体位于胸腰段脊髓灰质外侧柱内，称胸腰部；而副交感神经的节前神经元胞体位于脑干和荐部脊髓的灰质外侧柱，即颅荐部。

2.神经节的位置和节后纤维的长短不同

交感神经的节后神经元在椎旁节或椎下节，节后纤维较长；而副交感神经的节后神经元在终末节，节后纤维较短。

3.支配的范围不同

机体的绝大部分器官或组织都接受交感神经和副交感神经的双重支配，但交感神经的支配更广。一般认为，头颈部大部分血管、四肢血管、皮肤的汗腺、竖毛肌、肾上腺髓质等处无副交感神经支配。

4.功能相互对抗、相互统一

交感神经能使心跳加强、血压升高、呼吸加快，支气管舒张、消化活动减弱；而副交感神经能使心跳减慢，血压降低、呼吸减慢，支气管收缩、消化活动加强。正是由于交感神经和副交感神经保持功能上的对立统一，机体才能更好地适应环境的变化。

(三)交感神经

交感神经的节前神经元位于脊髓T1到L4节段的脊髓灰质外侧柱内，交感神经的节后神经元主要位于椎旁节或椎下节，少数直接伸到器官附近的终末节。节前纤维经脊髓腹侧根至脊神经，出椎间孔后经白交通支到相应部位的椎旁节。交感神经干可分颈部、胸部、腰部和荐尾部(图10-6)。

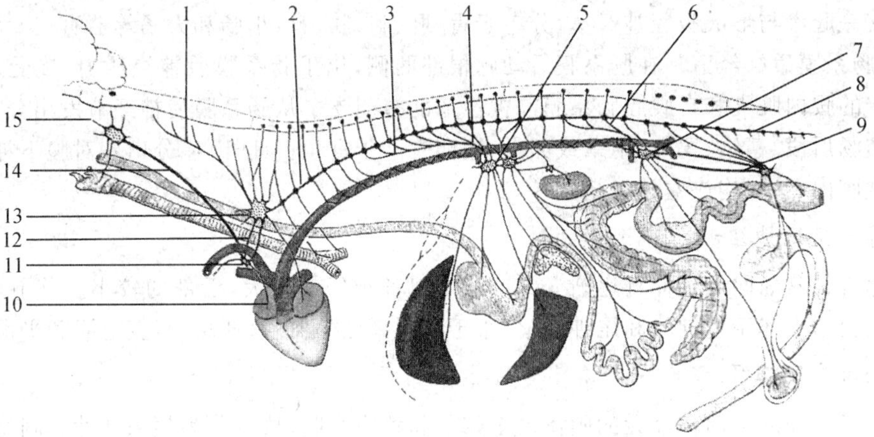

1.椎神经　2.胸交感干　3.内脏大神经　4.内脏小神经　5.腹腔肠系膜前神经节　6.腰内脏神经　7.肠系膜后神经节　8.荐内脏神经　9.腹下神经　10.心支　11.颈中神经节　12.锁骨下袢　13.星状神经节　14.颈交感干　15.颈前神经节

图 10-6　马交感神经系示意图

(陈耀星,2010,畜禽解剖学,第 3 版)

1.颈部交感神经干

由来自前部胸段脊髓的节前纤维组成,位于气管的背外侧,常与迷走神经合并成迷走交感干。颈部神经干有 3 个椎神经节:①颈前神经节,位于颅底腹面,发出的节后纤维分布于头部皮肤、唾液腺、泪腺、瞳孔开大肌。②颈中神经节,发出的节后纤维参与构成心神经丛。③颈后神经节,与第 1 或第 2 胸神经节合并成星状神经节,位于胸前口及第 1 肋骨椎骨端的内侧,发出的节后纤维参与构成心神经丛,分布于心、肺。

2.胸部交感神经干

紧贴于胸椎的腹外侧面,由椎旁神经节和节间支组成。神经节的数目与胸椎的数目相等。在每一个椎间孔附近有一个椎旁神经节,每个椎旁神经节都以白交通支和灰交通支与相应的胸神经相连,分布于胸壁的皮肤。另一些节后神经纤维形成小支,伸到主动脉、食管、气管和支气管,并参与心和肺神经丛。胸部交感神经干还发出内脏大神经和内脏小神经。

(1)内脏大神经　自胸部交感干发出,由节前神经纤维构成,在胸腔内与交感神经干并行,分开后穿经膈脚的背侧入腹腔。在腹腔动脉的根部连于腹腔肠系膜前神经节。

(2)内脏小神经　由最后胸段脊髓和第 1、2 腰段脊髓的节前神经纤维构成,在内脏大神经后方连于腹腔肠系膜前神经节,且有分支参与构成肾神经丛。

3.腰部交感神经干

较细,在最后胸椎后端接胸部交感神经干,主要由前 3 个腰段脊髓发出的节前纤维和腰神经节组成,由于腰神经节有合并现象,通常每侧有 2～5 个。仅前几个腰神经节有灰、白交通支与腰神经相连,后 2～3 个腰神经节没有白交通支,只以灰交通支连接于相应的脊神经。腹腔内有 2 个神经节,即腹腔肠系膜前神经节和肠系膜后神经节。

(1)腹腔肠系膜前神经节　位于腹腔动脉和肠系膜前动脉根部,包括左、右 2 个腹腔神经节和1个肠系膜前神经节。它们接受内脏大神经和内脏小神经的纤维,其节后纤维与迷走神经的分支一起参与形成腹腔神经丛,分布于胃、肝、脾、胰、肾、小肠和大肠等器官。

(2)肠系膜后神经节 在肠系膜后动脉根部两侧,位于肠系膜后神经丛内,接受来自腰交感神经干的腰内脏支和自腹腔肠系膜前神经节的节间支。从肠系膜后神经节发出分支沿动脉分布到结肠后段、精索、睾丸、附睾或卵巢、输卵管和子宫角。此外,还分出一对腹下神经,向后延伸到盆腔内,参与构成盆神经丛。

4.荐尾交感神经干

沿荐骨骨盆面向后延伸且逐渐变细。前1对荐神经节较大,后部的较小。其节后神经纤维组成灰交通支连于荐神经和尾神经,分布于所属部位的血管、汗腺、竖立毛肌和平滑肌等。

(四)副交感神经

副交感神经的节前神经元的胞体位于脑干和荐段脊髓,故可分为颅部和荐部副交感神经。节后神经元的胞体位于所支配器官旁或器官内,统称终末神经节。

1.颅部副交感神经

节前纤维走行于动眼神经、面神经、舌咽神经和迷走神经内,到相应的副交感终末神经节交换神经元,其发出的节后纤维到达所支配器官。

动眼神经内的副交感神经节前纤维在眼眶中的睫状神经节更换神经元,由此发出的节后神经纤维分布于瞳孔括约肌和睫状肌。

面神经内副交感神经节前纤维伴随面神经出延髓后分为两部分。一部分纤维通过翼腭神经节更换神经元后,节后纤维伴随上颌神经至泪腺、腭腺和鼻腺;另一部分纤维经鼓索神经加入舌神经,于下颌神经节更换神经元,节后纤维至舌下腺和下颌腺。

舌咽神经内的副交感神经节前纤维在颅底附近的耳神经节更换神经元,其节后纤维分布于腮腺。

迷走神经内的副交感神经节前纤维起自延髓的迷走神经背核,出颅腔后与副神经伴行,向下至颈总动脉的分支处与交感神经合并成迷走交感干,沿颈总动脉的背侧向后伸延到胸前口,迷走神经与交感神经干分离,经锁骨下动脉腹侧入胸腔,在纵隔中继续向后伸延,约于支气管背侧分为一背侧支和一腹侧支,左、右迷走神经的背侧支在食管背侧合成迷走神经的食管背侧干,左、右迷走神经的腹侧支在食管腹侧合成迷走神经的食管腹侧干,分别沿食管的背侧和腹侧向后伸延,随食管经膈的食管裂孔进入腹腔。

迷走神经食管背侧干进入腹腔后,转向贲门的右侧,分出腹腔丛支同腹腔肠系膜前神经节及交感神经一起伴随动脉分支分布于肝、脾、胰、肾、小肠、盲肠及结肠前段等器官;瘤胃右支分布于瘤胃的背囊和腹囊;瘤胃前庭支分布至瘤胃前庭。

迷走神经食管腹侧干在瘤胃的左侧发出交通支与背侧干相连,并分布于前庭的左侧面;主干分出网胃支和幽门支后,其延续支在小网膜中伸延,分布于瓣胃和皱胃。

迷走神经沿途分出的侧支有耳支、咽支、喉前神经、喉返神经、心支、支气管支和食管支等,侧支分布于相应的器官。

2.荐部副交感神经

荐部或盆部副交感神经的节前纤维由第2～4荐部脊髓灰质外侧柱发出,伴随第3、4荐神经腹侧支出荐盆侧孔,形成1～2支盆神经。盆神经沿盆腔壁向腹侧延伸到直肠或膀胱外侧,与腹下神经一起构成盆神经丛，节前纤维在盆神经丛中的终末神经节交换神经元，节后纤维分布于结肠后段、直肠、膀胱、阴茎或子宫、阴道等。

【测试题】

一、名词解释

灰质　白质　神经核　马尾　白交通支

二、填空题

1.脊髓位于________内，呈上下略扁的________。前端在枕骨大孔处与________相连；后端到达荐骨中部，逐渐变细呈圆锥形，称________。

2.在延髓腹侧前端、脑桥后方有窄的横向隆起，称为________。

3.坐骨神经为体内最粗最长的神经，在股骨中部分为________和________。

4.交感神经干按部照位可分为________、________、________和________。

5.躯体运动神经支配骨骼肌，而自主神经支配________、________和________。

三、选择题

1.脊神经背根由组成(　　)。

A.感觉神经纤维　　B.运动神经纤维

C.交感神经纤维　　D.感觉和运动神经纤维

2.由混合神经组成的脑神经是(　　)。

A.迷走神经　　B.外展神经　　C.副神经　　D.舌下神经

3.坐骨神经主要分布到(　　)。

A.胸部皮肤和肌肉　　B.前肢的皮肤和肌肉

C.腹壁皮肤和肌肉　　D.股部和后肢皮肤肌肉

4.下列脑神经中，属于运动神经纤维的是(　　)。

A.视神经　　B.外展神经　　C.面神经　　D.迷走神经

5.脊硬膜与蛛网膜之间形成的腔称(　　)。

A.硬膜外腔　　B.硬膜下腔　　C.蛛网膜下腔　　D.中央管

6.属于自主神经的是(　　)。

A.视神经　　B.肋间神经　　C.内脏大神经　　D.坐骨神经

7.脊神经腹侧支由组成(　　)。

A.感觉神经纤维　　B.运动神经纤维

C.交感神经纤维　　D.感觉和运动神经纤维

8.脊髓的灰质腹侧柱内有(　　)。

A.感觉神经元　　B.运动神经元　　C.中间神经元　　D.自主神经元

9.脊髓的灰质外侧柱内有(　　)。

A.感觉神经元　　B.运动神经元　　C.中间神经元　　D.自主神经元

10.位于大脑半球内的脑室称为(　　)。

A.侧脑室　　B.第三脑室　　C.中脑导水管　　D.第四脑室

11.环绕丘脑中间块周围的脑室称为(　　)。

A.侧脑室　　B.第三脑室　　C.中脑导水管　　D.第四脑室

12. 位于延髓和小脑之间的脑室称为(　　)。

A. 侧脑室　B. 第三脑室　C. 中脑导水管　D. 第四脑室

13. 脊蛛网膜与脊软膜之间形成的腔称(　　)。

A. 硬膜外腔　B. 硬膜下腔　C. 蛛网膜下腔　D. 中央管

14. 位于胸腰段脊髓灰质外侧柱内的神经元是(　　)。

A. 交感节前神经元　B. 交感节后神经元

C. 副交感节前神经元　D. 副交感节后神经元

15. 全身分布最广的神经是(　　)。

A. 迷走神经　B. 外展神经　C. 副神经　D. 舌下神经

项目十一

内分泌系统

【知识目标】

- 熟悉内分泌系统的组成和功能。
- 掌握内分泌器官的位置、形态及结构。
- 掌握内分泌组织的结构特点。

【能力目标】

- 能识别各内分泌器官的形态和位置。
- 能说出全身内分泌器官和内分泌组织所分泌的激素。

【素质目标】

- 通过神经-内分泌系统各器官及其调控功能的学习，帮助学生建立起协调、统一整体的意识。
- 通过内分泌器官及其功能的学习，培养学生自我学习、自我总结的能力素养。

内分泌系统由内分泌器官、内分泌组织、内分泌细胞组成，主要有以下四种存在形式：

(1)独立的内分泌器官，如垂体、甲状腺、甲状旁腺、肾上腺、松果体等。

(2)存在于其他器官内的内分泌细胞群(内分泌组织)，如胰岛、黄体、肾小球旁器等。

(3)散在分布的内分泌细胞，如消化道黏膜内的内分泌细胞等。

(4)兼具内分泌功能的器官、组织和细胞，如胎盘、胸腺、心肌、血管内皮细胞、各种免疫细胞等。

内分泌腺是没有输出导管的腺体，其分泌的有效物质是激素，直接进入血液或淋巴而输送到全身，以通过体液调节的方式调节各器官系统的功能活动。内分泌腺因富含血管，所以多呈红褐色，体积很小，多位于身体的深部。本部分只介绍内分泌器官。

【学习任务单】

一、学习目标

1. 了解内分泌系统的存在形式。
2. 掌握常见内分泌器官的形态、位置及功能。

二、学习资源

1. 常见内分泌器官的模型和图片。
2. 教材。
3. 信息化教学资源。

三、学习任务

1. 观察垂体、甲状腺、甲状旁腺、肾上腺、松果体的形态和位置。
2. 比较不同动物各种内分泌器官的区别。
3. 熟记各种内分泌器官分泌的激素。

【相关知识】

一、垂体

垂体是身体内最复杂的内分泌腺，所产生的激素不但与身体骨骼和软组织的生长有关，而且可影响其他内分泌腺的活动。

垂体位于丘脑下部的腹侧，为一卵圆形小体，借漏斗连于下丘脑，呈椭圆形，位于蝶骨体上面的垂体窝内，外有坚韧的脑硬膜包裹。根据其发生和结构上的特点，可分为腺垂体和神经垂体。腺垂体包括远侧部、结节部和中间部；神经垂体包括神经部和漏斗。垂体的远侧部和结节部称为前叶，中间部和神经部称为后叶。

马的垂体如蚕豆大，远侧部和中间部之间无垂体腔；牛的垂体较大，远侧部和中间部之间有垂体腔；猪的垂体较小，同牛一样具有垂体腔。犬、猫的垂体较小，呈圆形，中叶围绕神经垂体伸延，有垂体腔（图 11-1）。

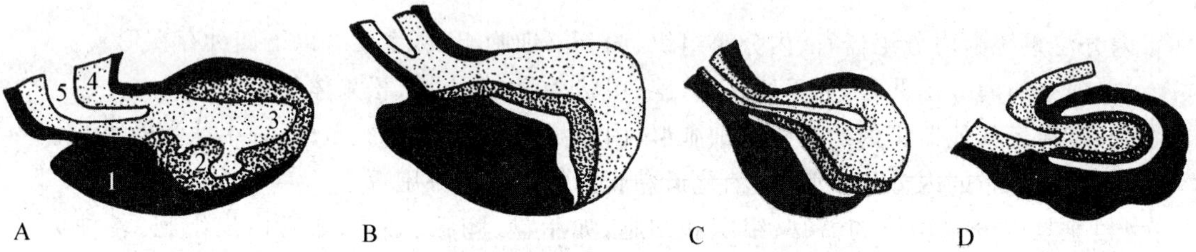

A. 马　B. 牛　C. 猪　D. 犬

1. 腺垂体　2. 中间部　3. 神经垂体　4. 垂体柄　5. 漏斗

图 11-1　垂体结构模式图

（陈耀星，2010，畜禽解剖学，第 3 版）

远侧部细胞排列成团状或索状，细胞团索之间有丰富的窦状毛细血管和少量结缔组织。根据腺细胞的染色特点，可分为嗜酸性细胞、嗜碱性细胞和嫌色细胞。嗜酸性细胞又分为生长激素细胞和催乳激素细胞，分别分泌生长激素和催乳激素。嗜碱性细胞可以分为三种，分别分泌促甲状腺激素、促性腺激素和促肾上腺皮质激素。

中间部小，呈狭长的带状。中间部和远侧部完全由垂体腔隔开，与神经部邻接。中间部主要有嫌色细胞和嗜碱性细胞，常围成充满胶体的滤泡。中间部的细胞可分泌促黑色素细胞激素。

结节部围绕着神经垂体的漏斗，前面较厚，后面较薄，细胞排列成索状。主要有嫌色细胞和少量嗜酸性细胞、嗜碱性细胞，能分泌少量促性腺激素和促甲状腺激素。

神经部又称神经垂体，与下丘脑连为一体，位于脑垂体的后部，内含大量的无髓神经纤维、神经胶质细胞和丰富的毛细血管。这些神经纤维来自丘脑下部，经漏斗进入神经部，其末梢终止于毛细血管壁上。其激素不是神经部本身产生，而是从下丘脑的视上核和室旁核产生，沿神经纤维经漏斗而达神经部，并渗入毛细血管中或形成团块储存于神经垂体。视上核与室旁核均可产生催产素和抗利尿激素，室旁核以分泌催产素为主。

二、甲状腺

甲状腺是体内最大的内分泌腺，呈红褐色，一般位于喉的后方，气管前端的两侧和腹面，由左、右两个侧叶和连接两个侧叶的腺峡组成。各种动物甲状腺的形态和位置略有不同(图 11-2)。

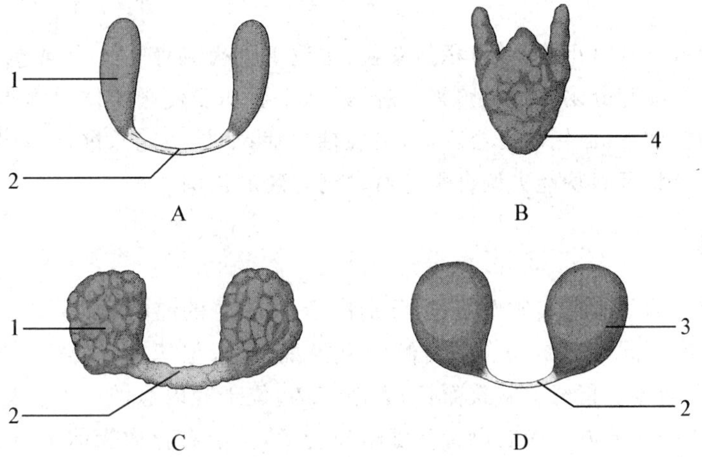

A.犬　B.猪　C.牛　D.马

1.左叶　2.腺峡　3.右叶　4.后部(尖端)

图 11-2　甲状腺结构模式图

(陈耀星，2010，畜禽解剖学，第 3 版)

牛的甲状腺颜色较浅(犊牛的色较深)，左、右侧叶呈不规则的扁三角形，长 6～7 cm，宽 5～6 cm，厚约 1.5 cm，腺小叶明显。腺峡较发达，由腺组织构成。

马的甲状腺呈卵圆形，长 3.4～4 cm，宽约 2.5 cm，厚约 1.5 cm。腺峡很细，且被结缔组织所代替。驴、骡的腺峡较发达。

猪的甲状腺位于胸腔前口处气管的腹侧，呈深红色，卵圆形，左、右侧叶和腺峡结合为一个整体，长 4～4.5 cm，宽 2～2.5 cm，厚 1～1.5 cm。

犬的甲状腺位于前 2～5 个气管环的两侧，呈红褐色，表面光滑，两个侧叶细长，呈卵圆形，峡部不发达，长约 6 cm，宽约 1.5 cm，厚约 0.5 cm。

甲状腺主要分泌甲状腺素，促进机体生长发育。主要促进骨骼、脑和生殖器官的生长发育。若没有甲状腺素，垂体的生长激素也不能发挥作用，而且甲状腺素缺乏时，垂体生成和分泌生长激素也较少。动物先天性或幼龄时缺乏甲状腺激素会引起呆小病。另外，甲状腺滤泡旁细胞(又称C细胞)还分泌降钙素,有增强成骨细胞活性、促进骨组织钙化、使血钙降低等作用。

三、甲状旁腺

甲状旁腺很小,呈圆形或椭圆形,位于甲状腺附近,能分泌甲状旁腺素,其数目及位置因动物种类而不同。

牛有内、外两对甲状旁腺。外甲状旁腺通常位于甲状腺的前方,靠近颈总动脉,长5~12 mm;内甲状旁腺较小,通常位于甲状腺的内侧面,靠近甲状腺的背缘或后缘,长1~4 mm。

马有前、后两对甲状旁腺。前甲状旁腺呈球形,长10~13 mm,多数位于食管和甲状腺的前半部之间,有些在甲状腺的背缘,少数在甲状腺的深面;后甲状旁腺呈椭圆形,常位于颈部后1/4的气管的腹侧,两侧腺体不对称。

猪的甲状旁腺只有一对,大小不定,长1~5 mm,位于颈动脉分叉处附近,有胸腺时则埋在胸腺内。

犬的甲状旁腺有两对小腺体,体积似粟粒,常位于甲状腺前端附近,或包于甲状腺内。

甲状旁腺的主细胞分泌甲状旁腺素,该激素的主要功能使影响体内钙与磷的代谢。若甲状旁腺素分泌功能低下,血钙浓度会降低,出现抽搐症;如果功能亢进,则引起骨质过度吸收,容易发生骨折。甲状旁腺功能失调会引起血中钙与磷的比例失常。

四、肾上腺

肾上腺是成对的红褐色实质性器官,分别位于左、右肾的前内侧缘附近。各种动物肾上腺的形态及位置略有不同(图11-3)。牛右侧肾上腺呈心形,位于右肾的前内侧,左侧肾上腺呈肾形,位于左肾的前方。猪肾上腺狭而长,表面有沟,位于肾内缘的前方。马肾上腺呈长扁圆形,位于肾内侧缘的前上方。犬右侧肾上腺略呈菱形,位于右肾内缘前部与后腔静脉之间;左肾上腺较大,为不正的梯形,前宽后窄,背腹扁平,位于左肾前端内侧与腹主动脉之间。皮质部呈黄褐色,髓质部为深褐色。

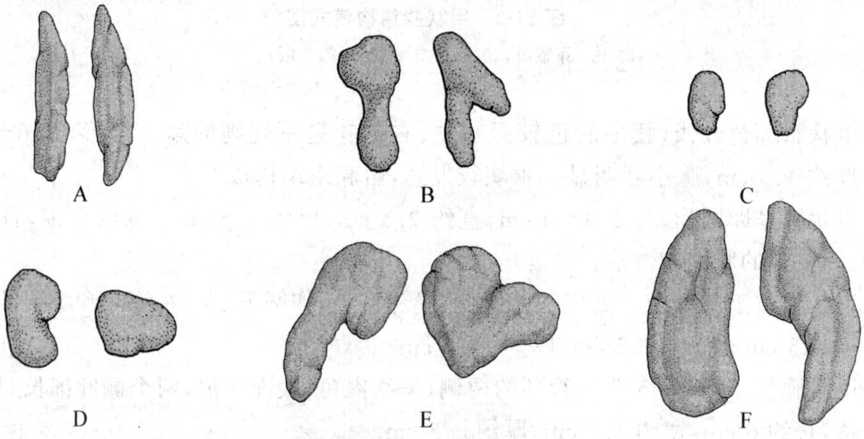

A.猪 B.犬 C.猫 D.小型反刍动物 E.牛 F.马

图11-3 肾上腺结构模式图

(陈耀星,2010,畜禽解剖学,第3版)

肾上腺实质可以分为周围的皮质和中央的髓质两个部分。皮质占腺体的绝大部分，根据细胞的形态和排列方式不同，从外向内可分为球状带、束状带和网状带三部分。球状带细胞分泌盐皮质激素，主要代表为醛固酮，调节电解质和水盐代谢；束状带细胞分泌糖皮质激素，主要代表为可的松和氢化可的松，调节糖、脂肪和蛋白质代谢；网状带分泌雄性激素，但分泌量较少，生理学意义不大。髓质分泌肾上腺素和去甲肾上腺素，可使小动脉收缩，心跳加快，血压升高。

五、松果体

松果体又名脑上腺，为红褐色坚实的豆状小体，位于四叠体与丘脑之间，以细柄连于丘脑上部。

松果体表面有一薄层疏松结缔组织被膜，结缔组织伸入实质形成间隔，把实质分为许多不规则的小叶。小叶内细胞有90%以上为松果体细胞，其余为神经胶质细胞，另有少量无髓神经纤维和一些钙质沉淀物，称脑砂。松果体细胞是松果体的最主要细胞，又称主细胞，呈圆形或多边形，胞核大而圆，核仁明显。细胞有长而弯曲的突起，突起末端膨大，伸向毛细血管附近。神经胶质细胞主要是星形胶质细胞，分散在松果体细胞之间。松果体分泌褪黑素，有抑制促性腺激素的释放、防止性早熟等作用。

【测试题】

一、填空题

1. 根据其发生和结构上的特点，可将垂体分为________和________两个部分。
2. 甲状腺可以分泌________和________两种激素。
3. 临床上呆小症是由于缺乏________引起的。
4. 甲状旁腺的功能是影响体内________和________的代谢。
5. 肾上腺的实质部分可以分为周围的________和中央的________两个部分。

二、简单题

1. 内分泌系统的存在形式有哪些？
2. 内分泌系统包括哪些器官？各器官的形态、位置及功能如何？

项目十二

感觉器官

【知识目标】

- 了解感觉器官、感受器的概念。
- 掌握眼球及其辅助器官的结构和功能。
- 掌握耳的结构和功能。

【能力目标】

- 能在动物实体解剖中找出感觉器官并说出其内部结构。
- 能在感觉器官模型上指出各部分结构并说出其名称及功能,以及能够快速组装器官。
- 能说出感觉器官结构与功能相适应的本质联系。

【素质目标】

- 通过视觉器官、听觉器官的学习,帮助学生加深对"结构与功能相适应"这一生命观点的理解。
- 通过感觉器官、听觉器官模型的认知,培养学生自我学习、自我总结的能力素养。

感觉器官由感受器及其辅助器官组成。感受器是感觉神经末梢的特殊结构,其功能是把机体内外环境的特定刺激(如热能、光能、化学能等)转换为神经电信号,经传入神经传至神经中枢的大脑皮质,经大脑皮质功能区域的分析、综合而产生相应的感觉。

根据所在部位及接受刺激的来源,感受器可分为外感受器、内感受器和本体感受器三大类。外感受器分布于皮肤、黏膜、视觉器官和听觉器官等处,接受来自外环境变化的刺激,如疼痛、温度、触、压、光波和声波等刺激;内感受器分布于内脏器官和血管等处,接受内环境变化的刺激,如渗透压及离子浓度变化等的刺激;本体感受器分布于运动系统的肌、腱、关节、韧带和内耳等处,接受机体自身位置变化(如运动和平衡变化等)所产生的刺激。

任务 12-1　视觉器官

【学习任务单】

一、学习目标

1. 熟悉视觉器官的结构及功能。

2.掌握视觉器官的外部形态及内部构造。

二、学习资源

1.视觉器官的标本、模型和彩图。
2.教材。
3.信息化教学资源。

三、学习任务

1.在动物实体解剖中,识别眼球的基本构造及辅助器官。
2.熟悉眼球各组成部分的功能。
3.利用动物眼球模型标本更好地观察眼球的构造,进一步深化动物解剖结构与功能相适应的理念。

【相关知识】

视觉器官能感受光波的刺激,经视神经传至脑的视觉中枢,产生视觉。视觉器官包括眼球和辅助器官(图 12-1,图 12-2)。

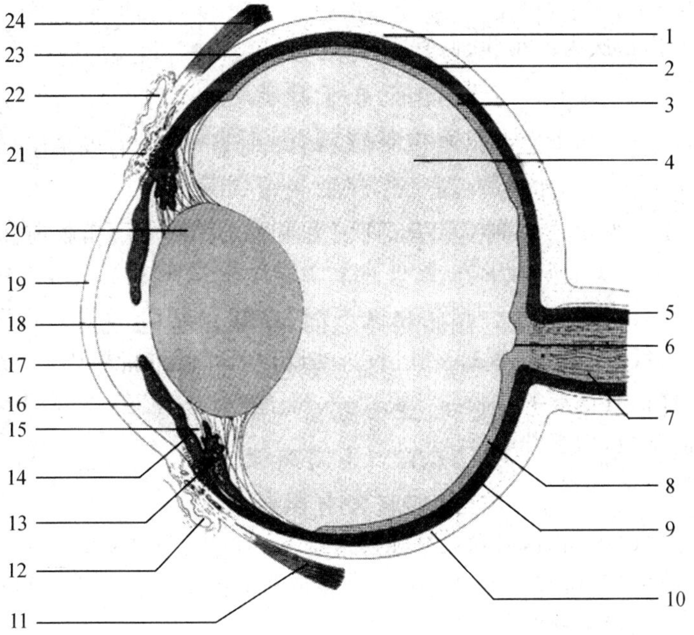

1.纤维膜 2.血管膜 3.视网膜 4.玻璃体 5.视神经鞘 6.视神经乳头 7.视神经
8.视网膜视部 9.脉络膜 10,23.巩膜 11.下直肌 12.结膜下穹隆 13.睫状体
14.视网膜盲部 15.眼后房 16.眼前房 17.虹膜 18.瞳孔 19.角膜
20.晶状体及小带纤维 21.巩膜环 22.结膜上穹隆 24.上直肌

图 12-1 眼球结构模式图

(陈耀星,2010,畜禽解剖学)

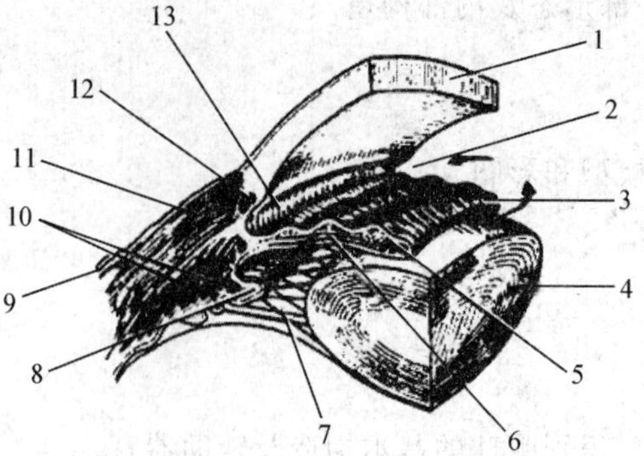

1.角膜　2.虹膜角膜角　3.虹膜　4.晶状体　5.瞳孔括约肌　6.瞳孔开大肌　7.睫状小带
8.睫状突　9.球结膜　10.睫状肌　11.巩膜　12.巩膜静脉窦　13.小梁网

图 12-2　眼球前部断面模式图

(程会昌,2012,动物解剖与组织胚胎)

一、眼球

眼球是视觉器官的主要部分,位于眼眶内。呈前后略扁的球形,后端借视神经与脑相连。其构造可分为眼球壁和眼球内容物两部分。

(一)眼球壁

眼球壁由外向内依次为纤维膜、血管膜和视网膜。

1.纤维膜

位于眼球壁的最外层,主要由致密结缔组织构成,厚而坚韧,有保护眼球内容物和维持眼球外形等作用。可分为角膜和巩膜两部分。

(1)角膜　约占纤维膜的前 1/5,无色透明,边缘嵌入巩膜中。角膜前面隆凸,后面凹陷,具有折光作用。角膜内无血管和淋巴管,但有丰富的神经末梢,感觉灵敏。角膜上皮再生能力很强,损害后易恢复,如损伤较重,则形成瘢痕或因炎症而不透明,严重影响视力。

(2)巩膜　约占纤维膜的后 4/5,呈乳白色,主要由胶原纤维束构成,坚韧而不透明。其前部与角膜相接,其深面有环形的巩膜静脉窦,是眼房水流出的通道,发挥调节眼压的作用。巩膜的后腹侧有巩膜筛板,为视神经纤维的通路。

2.血管膜

血管膜是眼球壁的中间层,富含血管和色素细胞,有营养眼内组织的作用,并能吸收眼球内散射光线,形成暗的环境,有利于视网膜对光和色彩的感应。由前向后可分为虹膜、睫状体和脉络膜三部分。

(1)虹膜　呈环形薄膜状,其中央有一孔,称为瞳孔,猪的瞳孔为圆形,其他动物为横椭圆形。虹膜富含色素细胞、平滑肌和血管。因色素细胞的多少和分布情况不同,可使动物虹膜呈现不同色彩,如牛呈暗褐色、绵羊呈黄褐色、山羊呈蓝色、猪呈灰褐色或黄褐色、马呈棕黑色。平滑肌层即瞳孔括约肌和瞳孔开大肌。瞳孔括约肌呈环形,围于瞳孔缘,受动眼神经的副交感纤维支配,在强光或看近距离物体时肌纤维收缩可使瞳孔缩小,减少强光刺激;瞳孔开大肌分布于括约肌外侧,肌纤维呈放射状排列,其收缩可开大瞳孔。

(2)睫状体　位于脉络膜和虹膜之间，是血管膜中部增厚的部分，呈环形，可分为内部的睫状突和外部的睫状肌。睫状突是睫状体内表面许多呈放射状排列的皱褶，以睫状小带与晶状体相连。睫状肌是平滑肌，受副交感神经支配，通过改变晶状体凸度大小，有调节视力的作用。

(3)脉络膜　呈暗褐色，衬于巩膜内面。脉络膜后部在视神经穿过的背侧，有一片青绿色带金属光泽的三角形区，称为照膜。其作用是将外来光线反射到视网膜，加强光刺激作用，有助于动物在暗光下对外界的感应。猪没有照膜。

3.视网膜

视网膜是眼球壁的最内层，为衬于血管膜内面的一层柔软而透明的薄膜。活体视网膜呈淡红色，死后混浊呈灰白色，易于脱落。根据视网膜衬贴部位不同，由前向后可分为虹膜部、睫状体部和脉络膜部。虹膜部和睫状体部没有感光作用，称视网膜盲部；脉络膜部有感光作用，称视网膜视部。一般所说的视网膜是指视部。视部和盲部交界处呈锯齿状，称锯齿缘。在视网膜后部中央的背侧下方，来自眼球不同方位的视神经细胞（节细胞）轴突，在穿过脉络膜前形成网盘状、白色的隆起，称为视神经盘或视神经乳头。盘的中央凹陷，有视网膜中央动、静脉穿过。因视神经盘仅有神经纤维，缺乏感光细胞，不能感光辨色，故称为盲点。在盲点的背外侧，约在视网膜的中央，有一小网形区，称视网膜中心，是感光最敏锐的地方，相当于人的黄斑。

(二)眼球内容物

眼球内容物没有血管分布，是眼球内的一些透明结构，包括晶状体、眼房水和玻璃体，它们与角膜一起组成眼球的折光系统，使物像呈现在视网膜上。

(1)晶状体　位于虹膜与玻璃体之间，周缘以睫状小带连接于睫状突上，不含血管、淋巴管和神经，主要为排列致密而整齐的晶状体纤维所构成。晶状体呈双凸透镜状，无色透明而富有弹性。看近物时睫状肌收缩，睫状小带放松，晶状体凸度变厚；看远物时睫状肌松弛，睫状小带将晶状体拉紧，使凸度变小，以便使光线聚焦于视网膜上。晶状体营养来自眼房水和玻璃体，以扩散方式与晶状体进行物质交换。晶状体混浊时光线不能透过，形成白内障。

(2)眼房和眼房水　眼房位于角膜与晶状体之间，被虹膜分为眼前房和后房。眼房内充满房水，两房经瞳孔相通。眼房水为无色透明液体，由睫状体上皮分泌产生，由后房经瞳孔流入前房，然后渗入巩膜静脉窦，而汇入眼静脉。房水具有折光、营养角膜和晶状体、维持眼内压等功能，若房水回流受阻，可引起眼内压升高，出现青光眼。

(3)玻璃体　填充于晶状体与视网膜之间，为无色透明的半流动胶状物质，具有折光和支撑视网膜的作用。当玻璃体萎缩时，对视网膜的支撑功能减弱，则易导致视网膜剥脱症。当玻璃体发生变性或混浊时，影响光线通过，可致视力下降。

光线经过角膜、房水、晶状体和玻璃体而到达视网膜，由视锥细胞和视杆细胞感受光刺激，形成神经冲动，再经过双极细胞和节细胞，沿视神经传入脑的视觉中枢。

二、眼球的辅助器官

眼球的辅助器官包括眼睑、泪器、眼球肌和眶骨膜等，对眼球有支持、保护、控制运动和营养的功能（图 12-3）。

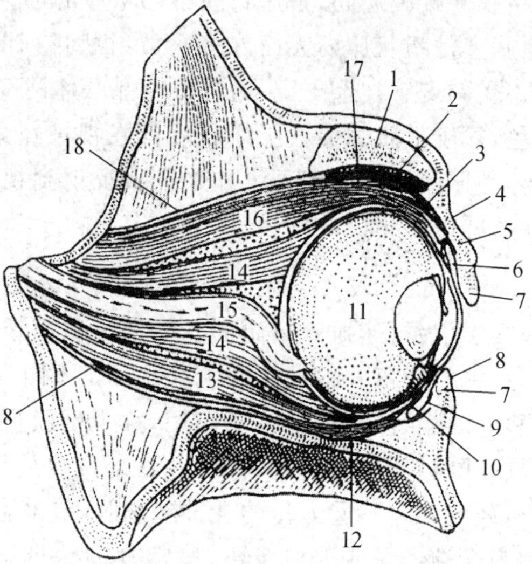

1.额骨眶上突 2.泪腺 3.上眼睑提肌 4.上眼睑 5.眼轮匝肌 6.结膜囊 7.睑板腺 8.下眼睑 9.睑结膜 10.球结膜 11.眼球 12.眼球下斜肌 13.眼球下直肌 14.眼球退缩肌 15.视神经 16.眼球上直肌 17.眼球上斜肌 18.眶骨膜

图 12-3 眼的辅助器官

(程会昌,2014,动物解剖学与组织胚胎学,第 2 版)

1.眼睑

眼睑位于眼球前面,分为上眼睑和下眼睑,其游离缘长有睫毛,在上、下眼睑之间的裂隙称睑裂。眼睑的外面被覆皮肤,中间为眼轮匝肌,近游离缘有一排睑板腺,腺导管开口于睑缘,分泌物为脂性,有润滑睑缘的作用。眼睑内面的黏膜为睑结膜,正常情况下呈淡红色,在患某些疾病时,常发生变化,可作为诊断的依据。睑结膜折转覆盖于巩膜前部为球结膜,折转处形成结膜穹隆,在睑结膜与球结膜之间的裂隙称为结膜囊。

第 3 眼睑又称瞬膜,为位于眼内侧角的半月状结膜褶,内有一块软骨,软骨后部在眼球内侧,被包裹于腺体和脂肪内。第 3 眼睑并无肌肉控制,仅在眼球被眼肌向后拉时,挤压眼球周围组织才可使其被动露出。检查马的眼结膜时,轻压眼球,第 3 眼睑则被眶内脂肪推移到眼球的前面。动物在闭眼后或转动头部时,第 3 眼睑可覆盖至角膜中部,但随即迅速恢复原位。

2.泪器

泪器包括泪腺和泪道两部分。

(1)泪腺 位于眼球背外侧与额骨眶上突之间,有 10～20 条排泄小管开口于眼睑结膜囊内。泪腺分泌的泪液借眨眼动作涂抹于眼球表面,湿润眼球,以防角膜干燥,并冲洗眼球表面的微尘,有利于眼球的运动。泪液内含有溶菌酶,可溶解眼球表面的病原体,起到杀灭细菌的作用。

(2)泪道 为泪水排出的管道,包括泪点、泪小管、泪囊和鼻泪管。泪点为泪道的起始处,是位于上、下睑缘内侧端的小孔。泪小管是连接泪点和泪囊的小管,有两条,位于眼内侧角。泪囊是位于泪囊窝内的一个膜性囊,呈漏斗状,为鼻泪管的起始端膨大部。鼻泪管是泪囊下端与鼻腔相通的膜性管道,向下开口于下鼻道后部外侧壁。猪无泪囊,鼻泪管开口于下鼻道后部。泪液排到鼻腔,借呼吸运动而蒸发。

3.眼球肌

眼球肌在眶骨膜内，包围在眼球和视神经周围，起于视神经孔周围的眼眶壁，止于眼球巩膜，均属骨骼肌，为眼球的运动装置，有眼球退缩肌、眼球直肌和眼球斜肌(图 12-4)。

眼球缩肌一块，包于视神经和眼球后部的外面，收缩时可后退眼球；眼球直肌四块，包括上直肌、下直肌、内直肌、外直肌，共同起自视神经管周围的总腱环，向前分别止于巩膜前部的上、下、内、外方；眼球斜肌两块，在上直肌与内直肌之间有上斜肌，下直肌下方有下斜肌。

4.眶骨膜

眶骨膜又称眼鞘，为致密坚韧的纤维膜，略呈圆锥形，包围在眼球、眼球肌、神经、血管和泪腺等周围。圆锥基底附着于眶缘，锥顶附着于视神经附近。在眶骨膜内、外有许多脂肪，与眶骨膜共同起着保护眼球的作用。

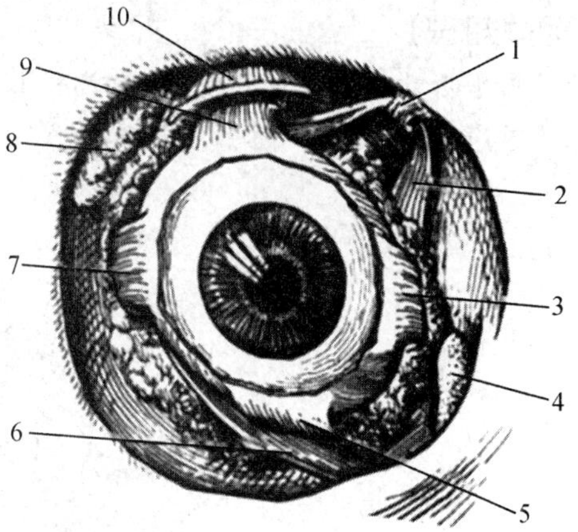

1.滑车　2.上斜肌　3.内直肌　4.泪囊　5.下直肌
6.下斜肌　7.外直肌　8.泪腺
9.上直肌　10.上眼睑提肌

图 12-4　眼球外肌

(程会昌，2012，动物解剖与组织胚胎)

任务 12-2　听觉器官

【学习任务单】

一、学习目标

1.熟悉听觉器官的结构及功能。
2.掌握听觉器官的外部形态及内部构造。
3.熟练组装听觉器官的模型标本。

二、学习资源

1.听觉器官的标本、模型和图片。
2.教材。
3.信息化教学资源。

三、学习任务

1.掌握耳的结构。
2.掌握听小骨的结构及其功能。
3.熟悉感觉器的结构及其功能。
4.了解声波传导途径的原理。

【相关知识】

耳是听觉和平衡觉感受器,分为外耳、中耳和内耳三部分(图 12-5)。外耳和中耳是收集和传导声波的结构,内耳是听觉感受器和平衡觉感受器存在的部位。

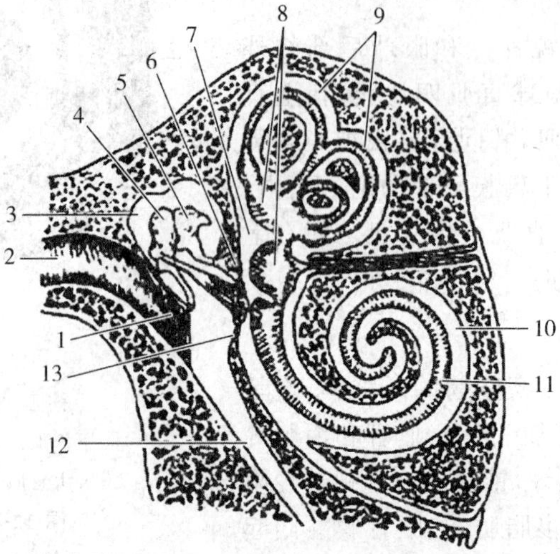

1.鼓膜　2.外耳道　3.鼓室　4.锤骨　5.砧骨　6.镫骨及前庭窗　7.前庭　8.椭圆囊和球囊
9 骨半规管和膜半规管　10.耳蜗　11.耳蜗管　12.咽鼓管　13.蜗窗

图 12-5　耳的结构模式图

(程会昌,2012,动物解剖与组织胚胎)

一、外耳

外耳由耳郭、外耳道和鼓膜三部分组成。

1.耳郭

耳郭位于头的两侧,其大小和形状因动物种类和品种不同而异,形似漏斗,上端较大,开口向前;底端较小,附着于岩颞骨的外耳道突。耳郭前后两缘向上延伸形成耳尖,基部称耳根,隆凸的背面称为耳背,与耳背相对应的凹面称为耳舟。耳郭主要以弹性软骨为支架,外覆皮肤构成,皮下组织很少。内面的皮肤长有长毛,但在耳郭基部毛很少而含有很多皮脂腺。耳郭软骨基部外侧面包有脂肪垫,并附着有许多耳肌,故耳郭转动灵活,便于收集声波。另外耳郭还具有保护外耳道的作用。

2.外耳道

外耳道是耳郭基部至鼓膜间的弯曲管道,其外侧部为软骨部外耳道,内侧部为骨部外耳道。外耳道的皮下组织很少,使皮肤与软骨膜和骨膜结合紧密。外耳道有传播声波的作用。

3.鼓膜

鼓膜位于鼓室和外耳道之间,为卵圆形半透明纤维膜,质地坚韧而具有弹性。基中心呈凹陷,为锤骨柄末端附着处,内表面出来隆凸。鼓膜一般分三层:外层为表皮层,来自外耳道皮肤;中层为纤维层,由胶原纤维和弹性纤维构成;内层为黏膜层,为鼓室黏膜的延续部分。鼓膜受声波作用可产生振动,其作用是将声波传给听小骨和鼓室。

二、中耳

中耳大部分位于颞骨岩部内,是含气的不规则腔隙,包括鼓室、听小骨和咽鼓管。中耳是传导声波的主要部分。

1.鼓室

鼓室位于鼓膜和内耳之间,是颞骨岩部内的含气小腔。鼓室内覆有黏膜,与咽鼓管的黏膜相延续。外侧壁大部分是鼓膜,分隔鼓室与外耳道,鼓膜与锤骨柄相连。内侧壁为内耳的外侧壁,又称迷路壁,凹凸不平。其后上方有卵圆形的孔称前庭窗,被镫骨底及其环状韧带封闭;内侧壁的后下方有圆形的孔称蜗窗,被结缔组织膜封闭,称第 2 鼓膜。鼓室的前下方有孔通向咽鼓管。

2.听小骨

听小骨有三块,位于鼓室内,由外向内依次为锤骨、砧骨和镫骨。锤骨在外附着于鼓膜内面,镫骨在内借韧带连于前庭窗,砧骨借关节连接在两者之间,以此形成听骨链。当鼓膜的振动经听骨链传到前庭窗时,便由高幅低强的振动转化为低幅高强的振动。听小骨对声波的传导有增压、放大的作用,能提高传导效率。锤骨和镫骨分别有鼓膜张肌和镫骨肌附着。两肌同时收缩,可以减弱较强的振动再传至耳蜗,对感音器官起保护作用(图 12-6)。

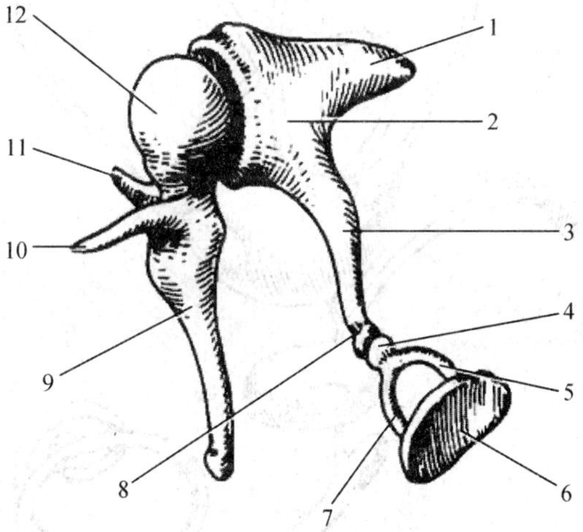

1.短脚　2.砧骨　3.长脚　4.镫骨头　5.后脚　6.镫骨底　7.前脚　8.豆状突
9.锤骨柄　10.前突　11.外侧突　12.锤骨头

图 12-6　听小骨(右侧)

(程会昌,2012,动物解剖与组织胚胎)

3.咽鼓管

咽鼓管为一衬有黏膜的软骨管，又称耳咽管，其一端开口于鼓室的前下壁，另一端开口于咽侧壁。空气从咽腔经此管到鼓室，可以保持鼓膜内、外两侧大气压力的平衡，防止鼓膜因外侧压力差过大而破裂。马属动物咽鼓管的黏膜向外突出，形成咽鼓管囊，位于颅底腹侧与咽的后上方之间，左、右两囊沿正中矢状面相接。

三、内耳

内耳又名迷路，是盘曲于岩颞骨内的管道系统，介于鼓室与内耳道底之间，由套叠的两组管道组成，在外部的骨管称骨迷路，套于骨迷路内的膜管为膜迷路，二者之间形成间隙，腔内充满外淋巴。膜迷路内充满内淋巴，内、外淋巴互不相通。内耳是听觉和平衡觉感受器的所在部位，其内、外淋巴液起着传递声波刺激和动物体位置变动刺激的作用。

1.骨迷路

骨迷路由致密骨质构成，包括前庭、骨半规管和耳蜗(图12-7，图12-8)。

(1)前庭　位于骨迷路中部，是骨迷路的扩大部分，为一小而不规则的卵圆形腔。其前下方有一椭圆形小孔与耳蜗管的前庭阶相通，后上方有5个小孔与骨半规管相连。前庭的外侧壁(鼓室的内侧壁)上有前庭窗和蜗窗。前庭的内侧壁相当于内耳道底，壁上有前庭嵴。嵴的前下方有一球囊隐窝；后上方有一椭圆囊隐窝；后下方有一前庭小管内口。球囊隐窝较小，位置靠前，容纳膜迷路的球囊。椭圆囊隐窝较大，位置靠后，容纳膜迷路的椭圆囊。

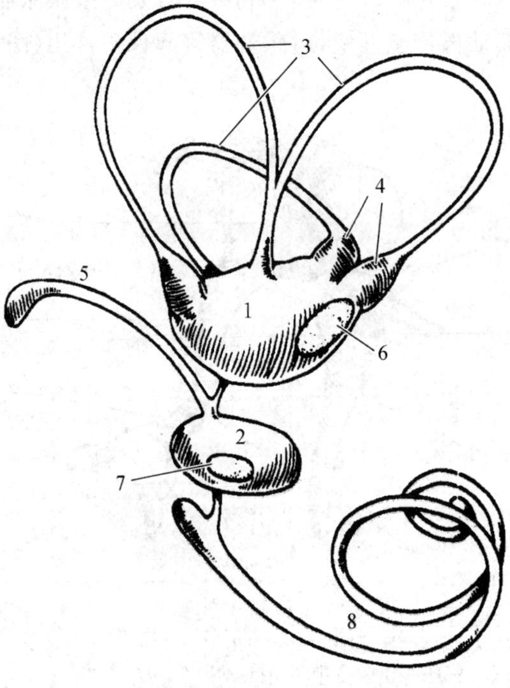

1.椭圆囊　2.球囊　3.膜半规管　4.壶腹嵴　5.内淋巴管　6、7.位觉斑　8.蜗管

图12-7　骨迷路

(程会昌，2012，动物解剖与组织胚胎)

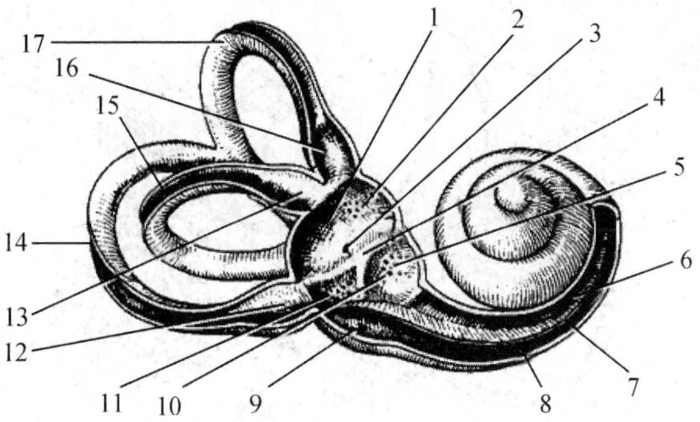

1.椭圆囊隐窝　2.上筛板　3.前庭水管内口　4.前庭嵴　5.中筛板　6.前庭阶　7.骨螺旋板
8.鼓阶　9.蜗窗　10.球囊隐窝　11.下筛板　12.后骨壶腹　13.外骨壶腹
14.后骨半规管　15.外骨半规管　16.前骨壶腹　17.前骨半规管

图 12-8　骨迷路剖析

（程会昌，2012，动物解剖与组织胚胎）

（2）骨半规管　位于前庭的后背侧，为 3 个互相垂直的半环形骨性管道（其弧度约占圆周的 2/3），根据其位置分别为前骨半规管（又称上骨半规管）、后骨半规管和外骨半规管。半规管与前庭相通，每个半规管较细的一端称为单骨脚，膨大的一端称为壶腹骨脚。前、后骨半规管的单骨脚合成总骨脚。

（3）耳蜗　为骨迷路的前部，位于前庭的前下方，由球状隐窝部起始，形似蜗牛壳。耳蜗尖端称为蜗顶，朝向外耳道；耳蜗底部称为蜗底，位于内耳道底部；蜗顶至蜗底之间锥形的部分称为蜗轴，蜗轴为骨松质，呈水平位圆锥形。耳蜗由中央的蜗轴和绕轴旋转的螺旋管（骨耳蜗管）组成，螺旋管由蜗底绕蜗轴至轴顶。轴底凹陷并有许多小孔供耳蜗神经、血管出入，蜗轴内有耳蜗神经、血管穿行。骨螺旋管是围绕蜗轴盘旋的中空骨管，其圈数因动物种类不同而不同：牛 3.5 圈，猪 4 圈，马、羊 2.25 圈，犬 3.25 圈。管的起端与前庭相通，盲端终止于蜗顶。自蜗顶至蜗底由蜗轴的骨组织向螺旋管内延伸形成的螺旋形薄板，称骨螺旋板，骨螺旋板的游离缘呈镰刀样的薄骨片，在蜗顶处与蜗轴之间形成一孔，称为蜗孔。螺旋管下部外侧壁骨膜局部增厚，称为螺旋韧带，与骨螺旋板之间连以由结缔组织形成的膜，称为膜螺旋板或称基底膜。从骨螺旋板内侧面的骨膜增厚处伸向螺旋韧带上部的结缔组织薄膜称前庭膜。因此，通过蜗轴的垂直切面上有三个腔：上为前庭阶，与前庭相通；中间为三角形的膜耳蜗管；下为鼓阶，借蜗窗与鼓室相隔。前庭阶与鼓室阶表面均被以单层扁平上皮，内腔充以外淋巴。前庭阶和鼓阶在蜗顶处经蜗孔相通。

2.膜迷路

膜迷路为套于骨迷路内的封闭的膜性小管和小囊，包括椭圆囊、球囊、膜半规管和蜗管。膜迷路由纤维组织构成，内面衬有单层上皮。椭圆囊、球囊、膜半规管的内壁有平衡觉感受器，在蜗管内壁有听觉感受器（图 12-9）。

（1）椭圆囊和球囊　为位于前庭内的两个小囊，椭圆囊位于椭圆囊隐窝内，向前借椭圆囊球囊管与球囊相通，向后有 5 个孔与 3 个膜半规管相通。球囊比椭圆囊小，在椭圆

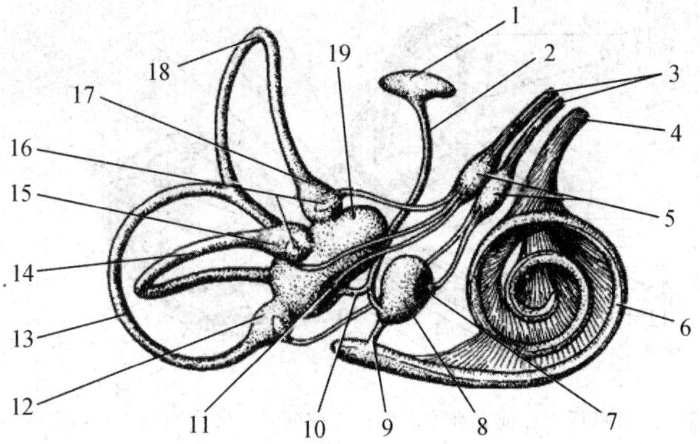

1.内淋巴囊　2.内淋巴管　3.前庭神经　4.耳蜗神经　5.前庭神经节　6.蜗管　7.球囊斑　8.球囊　9.联合管　10.椭圆囊球囊管　11.椭圆囊斑　12.后膜壶腹　13.后膜半规管　14.外膜半规管　15.外膜壶腹　16.壶腹嵴　17.前膜壶腹　18.前膜半规管　19.椭圆囊

图 12-9　膜迷路

(程会昌,2012,动物解剖与组织胚胎)

囊的前下方,位于球囊隐窝内,其前下方以联合管与蜗管相通,后部接椭圆囊球囊管,此管延续为内淋巴管,穿经前庭至脑硬膜间的内淋巴囊,内淋巴由此渗出至周围血管丛。椭圆囊和球囊附着于前庭壁刺激起反应,球囊斑对垂直方向的加速和减速位移及重力刺激起反应。

(2)膜半规管　位于骨半规管内,由 3 条膜性小管构成,分别称为前、后、外膜半规管,其形状与骨半规管类似,与椭圆囊相通,管壁黏膜由单层扁平上皮与皮下薄层结缔组织构成。在膜壶腹处管壁局部黏膜呈乳白色的半月形增厚(增厚处几乎占据骨壶腹管腔,膜半规管其余部分仅占据骨半规管腔的 1/4),呈嵴状突入壶腹称壶腹嵴,由支持细胞和毛细胞构成。支持细胞呈高柱状,基部较宽,位于基膜上,游离面有微绒毛,顶部胞质内有分泌颗粒,能分泌糖蛋白,形成胶质的壶腹帽盖于嵴的表面。毛细胞为感觉细胞,夹于支持细胞之间,基部与前庭神经末梢构成突触。壶腹嵴也是平衡觉感受器,它对头部的角度运动,即非直线运动刺激起反应。

(3)蜗管　是位于耳蜗内的螺旋形膜性管道,附着于骨螺旋板的游离缘,两端均为盲端,一端借联合管与球囊相通,另一端位于蜗顶。蜗管的纵断面呈三角形,可分为外侧壁、顶壁和底壁。外侧壁是骨膜的增厚部分,上皮下的结缔组织含有丰富的血管,称血管纹,是产生内淋巴的结构;顶壁为斜走的前庭膜,从骨螺旋板斜向伸至蜗螺旋管外侧壁,分隔耳蜗管和前庭阶;底壁由骨螺旋板和螺旋膜(又称基底膜)构成,分隔耳蜗管和鼓阶(图 12-10)。

听觉感受器称螺旋器或柯蒂器,位于基底膜上,由高低不等的毛细胞(神经上皮细胞)和支持细胞组成,呈带状,由耳蜗底伸延至耳蜗顶,上方覆有一片胶质盖膜。毛细胞成行排列,固定于支持细胞之间,游离缘有许多微绒毛,伸入盖膜内。毛细胞基底部与耳蜗神经末梢形成突触,分别接受低、高声波的刺激。

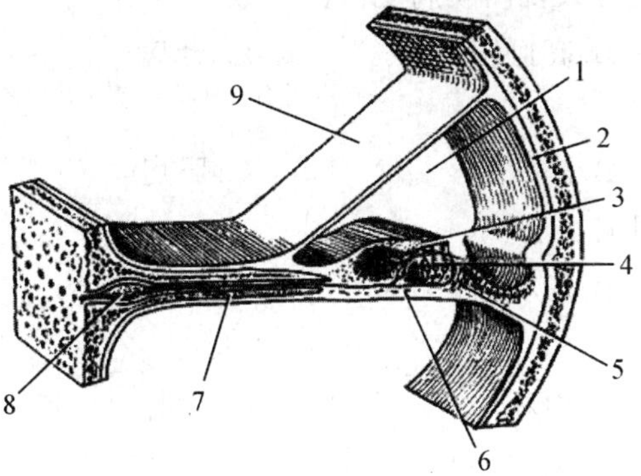

1.膜蜗管　2.血管纹　3.盖膜　4.外毛细胞　5.螺旋器　6.骨壁(螺旋膜)
7.骨螺旋板　8.螺旋神经节　9.前庭膜

图 12-10　蜗管横切面

(程会昌,2012,动物解剖与组织胚胎)

四、声波的传导途径

声波的传导途径主要有空气传导和骨传导。空气传导是声波经耳郭、外耳道、鼓膜、听骨链推动前庭窗引起前庭阶外淋巴振动,再经前庭膜使耳蜗管内淋巴产生相应振动。前庭阶外淋巴的振动也经蜗孔传到鼓阶,使基底膜发生共振,基底膜的振动使盖膜与毛细胞的纤毛接触,引起毛细胞兴奋,兴奋性冲动经耳蜗神经传至中枢,产生听觉及听觉反射,这是正常情况下声波最主要的传导途径。此外,鼓膜的振动也可引起鼓室内空气振动,经过蜗窗传入内耳,这一传导途径当在听小骨链发生损伤时,也可发挥一定的作用。

【测试题】

一、名词解释

球结膜　盲点　内耳　中耳　鼻旁窦

二、选择题

1.瞬膜又叫(　　)。

A.睑结膜　　B.第三眼睑　　C.眼轮匝肌　　D.视网膜盲点

2.晶状体浑浊会造成(　　)。

A.青光眼　　B.白内障

C.肾小球有效滤过压改变　　D.低氧

3.眼睑包括(　　)。

A.眼轮匝肌　　B.眼球肌　　C.泪囊　　D.膜迷路

4.瞳孔位于哪个血管膜?(　　)

A.巩膜　　B.角膜　　C.脉络膜　　D.虹膜

5.以下哪种情况不会导致视网膜病变？(　　)

A.糖尿病　　B.高血压　　C.肾病　　D.阳光直射

6.玻璃体属于(　　)。

A.晶体　　B.晶状体　　C.眼房　　D.眼内容物

7.以下哪一结构不具有血管？(　　)

A.脉络膜　　B.睫状体　　C.视网膜　　D.角膜

8.耳蜗属于(　　)。

A.外耳　　B.内耳　　C.中耳

9.平衡感觉器包括(　　)。

A.球囊　　B.耳蜗　　C.鼓膜　　D.听小骨

10.听觉感受器是(　　)。

A.骨半规管　　B.鼻泪管　　C.耳蜗管　　D.骨咽管

三、简答题

1.简述眼球的基本结构。

2.试述内耳感受器的结构与功能。

项目十三

被皮系统

【知识目标】

- 熟悉被皮系统的组成。
- 掌握皮肤的基本结构特点。
- 掌握皮肤衍生物的形态、结构及功能。

【能力目标】

- 能在皮肤模型上认清皮肤各层构造。
- 掌握皮内注射和皮下注射的区别，并能利用模型进行技术操作。

【素质目标】

- 通过不同部位皮肤和不同皮肤衍生物的学习，帮助学生建立多角度、全方位观察事物的观点。
- 通过皮肤和皮肤衍生物模型、标本的认知，培养学生自我学习、自我总结的能力素养。

被皮系统包括皮肤和皮肤衍生物，如哺乳动物的蹄、角、毛、枕、爪、皮肤腺（汗腺、皮脂腺及乳腺）以及禽类的羽毛、冠、肉髯、爪和喙等。

任务 13-1　皮　　肤

【学习任务单】

一、学习目标

1. 掌握皮肤的结构。
2. 掌握临床皮内注射和皮下注射的部位区别。
3. 了解皮肤的功能。

二、学习资源

1.皮肤模型。
2.教材。
3.信息化资源。

三、学习任务

1.在皮肤模型上认识表皮、真皮和皮下组织的三层构造。
2.了解表皮、真皮和皮下组织的生理功能。

【相关知识】

皮肤覆盖于动物体表，直接与外界环境接触，在自然孔处与黏膜相延续。皮肤的厚薄因动物的种类、品种、年龄、性别以及身体的不同部位而有差异。一般来说，牛的皮肤最厚，绵羊的皮肤最薄；幼年动物的皮肤比老年动物的薄；雄性动物的皮肤比雌性的厚；同一个体四肢外侧和背部的皮肤比四肢内侧和掌(跖)侧的厚。

皮肤虽然厚薄不同，但基本结构相似，均由表皮、真皮和皮下组织三层构成。皮肤具有保护体内器官组织、抵抗病原体侵入、防止体液丢失、储藏营养物质、分泌排泄、调节体温、感受外界刺激以及参与免疫应答等功能(图 13-1)。

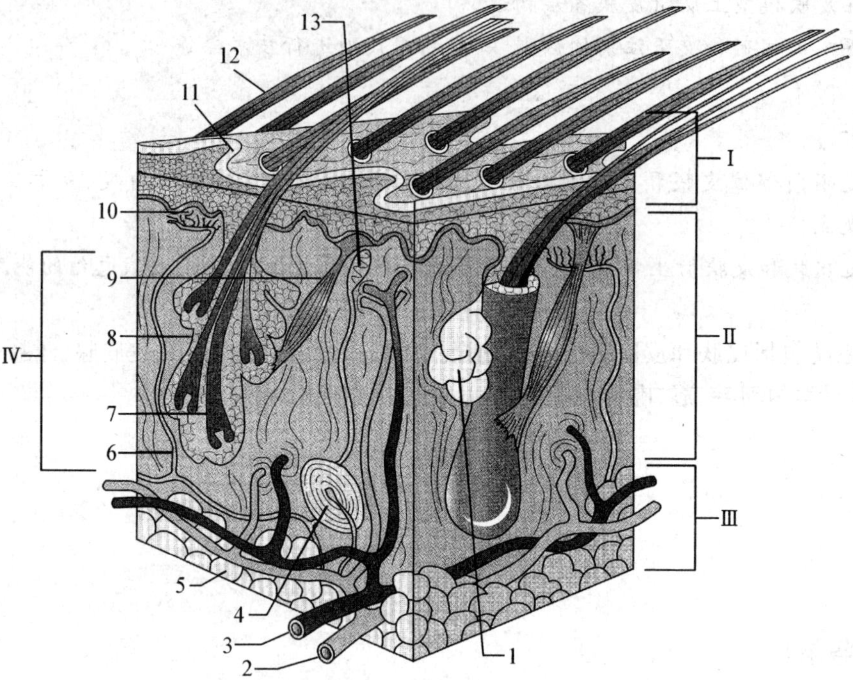

Ⅰ.表皮　Ⅱ.真皮　Ⅲ.皮下组织　Ⅳ.毛囊复合体
1,8.皮脂腺　2.静脉　3.动脉　4.环层小体　5.脂肪组织　6.神经　7.毛根
9.立毛肌　10.游离神经末梢　11.鳞状褶　12.毛干　13.触觉小体

图 13-1　皮肤结构的半模式图

(陈耀星,2010,畜禽解剖学,第3版)

一、表皮

表皮是皮肤的浅层，由角化的复层扁平上皮组成，厚薄不一。长期受摩擦和压力的部位表皮较厚，角化也明显。构成表皮的细胞分两类，一类是角质形成细胞，为构成表皮的主要细胞成分，占表皮细胞的绝大多数，细胞在分化过程中逐步合成大量角蛋白，角化并脱落；另一类是非角质形成细胞，数量较少，散在于角质形成细胞之间，包括黑色素细胞、朗格汉斯细胞和默克尔细胞，此类细胞各有其特殊功能，与表皮角化无关。表皮中无血管和淋巴管分布，营养物质的供应和代谢废物的排出是由真皮组织液透过基底膜经表皮细胞间隙来完成的。表皮中有丰富的神经末梢，故感觉敏锐。表皮由内向外依次为生发层、颗粒层和角质层。在无毛的皮肤内，颗粒层和角质层之间还有透明层。

1. 角质形成细胞

角质形成细胞构成表皮的四层结构。

(1)生发层　位于表皮的最深层，与真皮相连。其细胞增殖能力很强，可不断产生新的细胞，以补充表层角化脱落的细胞。生发层又分为基底层和棘细胞层。

(2)颗粒层　由 3～5 层长梭形细胞或扁平细胞组成。细胞器趋于退化，胞核逐渐固缩并逐渐解体，细胞丧失分裂增生能力并开始角化。

(3)透明层　是无毛皮肤特有的一层，位于颗粒层外侧，由 2～3 层界限不清的扁平细胞构成。此层仅存在于乳头、牛的鼻镜、肉食动物的足垫等无毛的部位，而其他部位则较薄或不存在。

(4)角质层　为表皮的最外层，一般由 4～5 层无生命的扁平无核的角质细胞相互嵌合组成，细胞器、细胞核均已消失，细胞轮廓不清，HE 染色呈粉红色均质状。角质层耐摩擦，构成皮肤重要的保护层，其保护作用表现在角质细胞所含的角蛋白和加厚的细胞膜以及细胞间隙充填的物质，它们对多种物理和化学性刺激有很强的耐受力，能够阻挡异物和病原侵入，并能防止组织液外渗。近年发现，适当刺激角质形成细胞可产生多种细胞因子，参与炎症反应，调节免疫功能，为局部免疫反应创造良好的微环境。

2. 非角质形成细胞

非角质形成细胞通常分散在表皮的深部，具有细胞突起。

(1)黑色素细胞　主要散在于表皮基底层细胞间，因其能产生黑色素，故得此名。细胞内的黑色素除决定皮肤和毛的颜色外，还能防止日光中紫外线的照射损伤深部组织。

(2)朗格汉斯细胞　是有树枝状突起的细胞，主要散在于棘细胞层内。它们能接受和处理侵入皮肤的抗原，并将信息传递给皮下的淋巴细胞，从而激起一系列的免疫反应。

(3)默克尔细胞　呈卵网形或网形，有短的指状突起，散在于表皮基底层内，数目较少。细胞基底面与感觉神经末梢形成类似突触的结构，能感受触觉或其他机械刺激。

二、真皮

真皮位于表皮的深层，由不规则的致密结缔组织构成，深部与皮下组织接连，两者之间无明显界线。真皮的厚度因身体部位不同而异，一般厚 1～2 mm，内含有大量的胶原纤维和弹性纤维，细胞成分少。因此，皮肤的韧性和弹性较强，皮革是由真皮鞣质而成的。真皮有毛囊、汗腺、皮脂腺、血管、淋巴管和神经等分布，具有感觉和输送营养的作用。真皮由浅向深可分为乳头层和网状层，但两层之间并无明显的界限。

1. 乳头层

乳头层位于真皮浅层，紧靠表皮。此层组织向表皮凸出，形成许多嵴状或乳头状隆起，称真皮乳头，以扩大表皮与真皮的接触面，有利于两者牢固连接以及真皮对表皮的营养供应。乳头层中含有丰富的毛细血管、淋巴管和神经末梢。真皮乳头的高低与皮肤的厚薄有关，一般表皮较厚，无毛或少毛的皮肤乳头高而细。表皮薄和多毛的皮肤（羊皮）真皮乳头很小，甚至没有。马和牛的真皮乳头层较厚，真皮乳头也较发达。

2. 网状层

网状层位于乳头层深部，较厚，是真皮的主要组成部分，与乳头层无明显分界。网状层由致密结缔组织组成，粗大的胶原纤维束交织成网，其间有许多弹性纤维，因而皮肤有较大的韧性和弹性，其细胞成分较乳头层少。网状层内有丰富的血管、淋巴管、竖毛肌和神经，毛囊、皮脂腺和汗腺也多位于此层内，并常见环层小体。临床上皮内注射就是把药物注入真皮内。

三、皮下组织

皮下组织又称浅筋膜，位于真皮深部，主要由疏松结缔组织和脂肪组织构成。分布到皮肤的血管和神经由此层通过，毛囊和汗腺也常延伸到此层。皮下脂肪组织的含量因动物种类、营养状况及部位不同而异。猪的皮下脂肪特别发达，形成皮下脂肪膜。皮下组织将皮肤与深部的组织连接在一起，使皮肤具有一定的活动性，能形成皱褶。在骨突起的部位，皮下组织常形成皮下黏液囊，内含少量黏液，可减少活动时骨与该部位皮肤的摩擦。在某些部位的皮下组织中含有皮肌。皮下脂肪具有保温、储藏能量和缓冲机械压力等作用。临床上做皮下注射就在此层。

任务 13-2　皮肤衍生物

【学习任务单】

一、学习目标

1. 知道何为皮肤衍生物。
2. 熟悉乳房的形态和结构。
3. 熟悉蹄和皮肤腺的结构特征。

二、学习资源

1. 皮肤模型、皮肤标本、乳房标本、蹄标本、角标本。
2. 教材。
3. 信息化资源。

三、学习任务

1. 学习毛的类型和分布、毛的结构、动物换毛的原理。

2. 学习汗腺的分布与生理功能。

3. 学习皮脂腺的分布和生理功能。

4. 学习乳房的结构、不同动物乳房形态的区别、泌乳期和静止期的区别。

5. 学习蹄的形态、结构与功能。

6. 学习角的形态、结构和功能。

【相关知识】

一、毛

动物体表除鼻面、足垫以及黏膜与皮肤连接处等个别部位外，都有毛生长。毛由表皮演化而来，是一种角化的丝状物，坚韧而有弹性。对动物来说，毛覆盖于皮肤表面，具有保持体温、防御机械性损伤等作用。同时，有些动物的毛或皮毛还有很高的经济价值。

1. 毛的类型和分布

动物的毛遍布全身，并有粗毛与细毛之分。牛、猪和马的被毛多为短而直的粗毛，绵羊的被毛多为细毛，粗毛多分布于头部和四肢。在动物体的某些部位还有一些特殊的长毛，如马颅顶部的鬣、颈部的鬃，尾部的尾毛和系关节后部的距毛（图 13-2），公山羊颏部的髯、猪颈背部的猪鬃。牛、马唇部的长毛根部富有神经末梢，称触毛。牛和马的被毛是均匀分布的，绵羊的被毛常以 10～20 根为一簇分布，猪常是以 3 根为一簇分布，其中较长的一根称主毛。

图 13-2　马颅顶部的鬣、颈部的鬃，尾部的尾毛和系关节后部的距毛

毛在动物体表面成一定方向排列，称毛流。在动物体的不同部位，毛流排列的形式也不相同。如毛的尖端向一点集合，称为点状集合性毛流；尖端从一点向周围分散，称为点状分散性

毛流；毛干围绕一中心点以旋转方式向四周放射排列的，称旋毛；尖端从两侧集中成一条线，称线状集合性毛流；向两侧分成一条线的，称线状分散性毛流。毛流的方向一般来说与外界气流和雨水在体表流动的方向相适应，但在特殊部位，可形成特殊方向的毛流。

2. 毛的结构

毛伸出皮肤外表的部分称毛干，埋在皮肤内部的部分称毛根。包在毛根外的上皮和结缔组织构成的鞘称为毛囊。毛根下端与毛囊下部相连，形成膨大的毛球，毛球是毛和毛囊的生长点。毛球底部内凹，内有真皮的结缔组织、血管和神经纤维伸入，称为毛乳头。毛乳头对毛的生长起诱导作用，并供给营养。在毛囊的一侧，自毛囊下 1/3 处斜伸向表皮的一束平滑肌，称为竖毛肌。竖毛肌受交感神经支配，收缩时使毛竖立，并可帮助皮脂腺排出分泌物。动物毛的竖立是恐惧和准备攻击行为的表现。

3. 换毛

毛长到一定时期就衰老脱落，重新长出新毛，这一过程称换毛。身体各部位毛的生长周期长短不等。换毛的方式有两种：一种是持续性换毛，换毛不受季节的限制，如马的鬣毛和尾毛、猪的鬃、绵羊的细毛等；另一种是季节性换毛，一般在每年春、秋两季换毛。无论哪种类型，换毛过程中的形态学变化大都相同。生长期的毛囊较长，毛球和毛乳头较大，血液供应充分，毛母质细胞分裂活跃；由生长期转入退化期是换毛的开始，此时，毛乳头的血管衰退，血流停止，毛球及毛乳头萎缩变小，毛母质细胞停止增生，旧毛与毛乳头分离并向表皮推移，再由毛囊底部形成新的毛乳头，由其表面的毛母质细胞增殖形成新毛，长入原有的毛囊内，并向上生长。最后旧毛被新毛推出而脱落（图 13-3）。

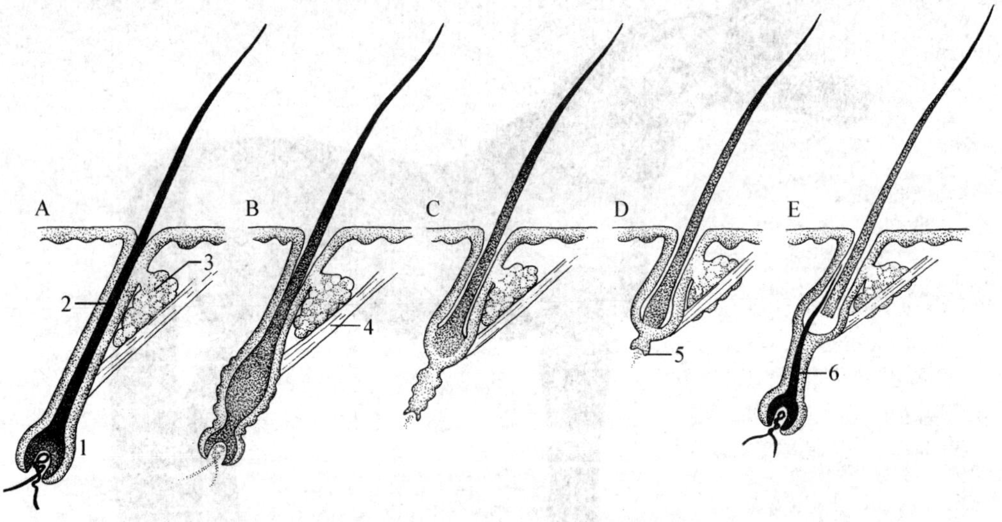

A. 功能性毛囊，生长期阶段　B. 毛囊开始萎缩，早期退行阶段　C. 毛囊进一步萎缩，晚期退行阶段　D. 毛囊萎缩，毛发向远端迁移，新生毛球开始生长，休止期阶段　E. 新毛球形成，新毛囊开始生长，早期生长阶段

1. 毛囊　2. 毛根　3. 皮脂腺　4. 立毛肌　5. 新生毛球　6. 新毛

图 13-3　毛发育周期模式图

（陈耀星，2010，畜禽解剖学，第 3 版）

二、皮肤腺

1. 汗腺

汗腺为盘曲的单管状腺，由分泌部和导管部构成。分泌部常深入到真皮网状层，有时可直达皮下组织内，其周围分布有丰富的毛细血管。腺上皮呈矮柱状或立方形。导管部为细长且较直的上皮管道，管壁由两层染色较深的矮立方形细胞构成，由真皮深部上行，穿过表皮，导管一般开口于毛囊，无毛的皮肤则直接开口于皮肤的表面。在腺细胞和基膜之间，有一层梭形的肌上皮细胞分布。当肌上皮细胞收缩时，有助于汗液的排出。汗液的主要成分是水，还含有钠、钾、氯、乳酸盐和尿素等。在高温环境下汗腺分泌旺盛，对调节体温、湿润皮肤、排泄代谢产物等起重要作用，另外，导管除了排出分泌物，还能吸收分泌物中的一部分钠和氯。

汗腺在动物机体上并非均匀地分布，种间也有较大差异，如牛的汗腺以面部和颈部最显著，其他部位则不发达；水牛的汗腺不如黄牛的发达；马和绵羊的汗腺发达，分布广泛；猪的汗腺也比较发达，但以趾间分布最为密集；犬的汗腺不发达，汗腺集中在鼻尖及足跖部；兔的汗腺集中在唇边。家畜的汗腺一般为顶浆分泌型。此外，还有局浆分泌型汗腺，如犬的足枕、猪的腕部，以及猪和反刍动物的鼻唇部等处，其分泌部由立方上皮细胞组成，分泌细胞外有肌上皮细胞分布，导管比较直，直接开口于皮肤的表面。

2. 皮脂腺

皮脂腺位于真皮内，在毛囊和竖毛肌之间，为分枝泡状腺或复泡状腺，分为分泌部和导管部。分泌部由一个或几个大的腺泡构成，但几乎没有腺腔，中央充满多角形细胞，胞质内含有大量类脂颗粒，细胞体积较大而且透明，胞核较小并位于细胞中央，呈固缩状态，浓染并逐渐消失。皮脂腺分泌细胞属全浆分泌，腺细胞逐渐长大、崩解破裂，细胞碎片连同细胞内含的脂类物一起排出，构成皮脂。分泌物排出后，由腺泡的最外一层靠近基膜的较小的呈立方形幼稚细胞(基细胞)不断分裂增殖产生新细胞，来补充因分泌而丧失的细胞。导管部短，管壁由复层扁平上皮构成，在有毛的部位其导管开口于毛囊，在无毛部位，则直接开口于皮肤的表面。动物除少数部位(如角、蹄、爪、乳头及鼻唇镜的皮肤)无皮脂腺外，几乎遍布全身。绵羊和马的皮脂腺最发达，牛的次之，猪的皮脂腺不发达。绵羊的皮脂与汗液混合成脂汗，对羊毛的影响很大，它可影响羊毛的弹性及坚固性。皮脂腺分泌的皮脂有滋润皮肤和被毛的作用，能使皮肤和被毛保持柔韧，防止干燥和水分的渗入。

有的汗腺和皮脂腺变态衍生而成为特殊皮肤腺。由皮脂腺衍生的，如肛门腺、阴唇腺、包皮腺、睑板腺等。由汗腺衍生而来的，如外耳道皮肤内的耵聍腺，牛的鼻唇镜腺和猪的腕腺。绵羊内眼角的眶下窦、腹股沟窦、两指(趾)间窦的壁内均分布有很多皮脂腺和汗腺。

3. 乳腺

乳腺为哺乳动物所特有的皮肤腺，为复管泡状腺。雌、雄动物均有，但只有雌性动物的乳腺能充分发育，形成发达的乳房，分娩后具有分泌乳汁的能力。乳腺的基本结构特征与动物的年龄、性周期有很大关系。各种动物乳房的数目、位置形态均不同。

(1)乳房的位置和形态

①牛的乳房　位于腹后耻骨部的腹下部、两股之间(图 13-4)。母牛乳房呈倒置的圆锥形，尽管母牛的乳房有各种不同的形态，如圆形乳房、山羊形乳房、发育不均衡的乳房和扁平形

乳房等，但均由4个乳腺结合而成一个整体。乳房分为紧贴于腹壁的基底部、中间的体部和游离的乳头部。乳房由纵行的乳房间沟分为左、右两半，每半又被浅的横沟分为前、后两部，共分为4个乳丘，每个乳丘上有1个乳头，乳头呈圆柱形或圆锥形，每个乳头上有1个乳头管。乳头管内衬黏膜，形成许多纵嵴，黏膜下有平滑肌和弹性纤维。平滑肌在乳头管开口处形成括约肌，控制乳头管的开放。乳头的大小与形态，决定是否适合机器挤奶，具有实际意义。有时在乳房的后部还有1对发育不全的副乳头，无分泌乳汁的功能。

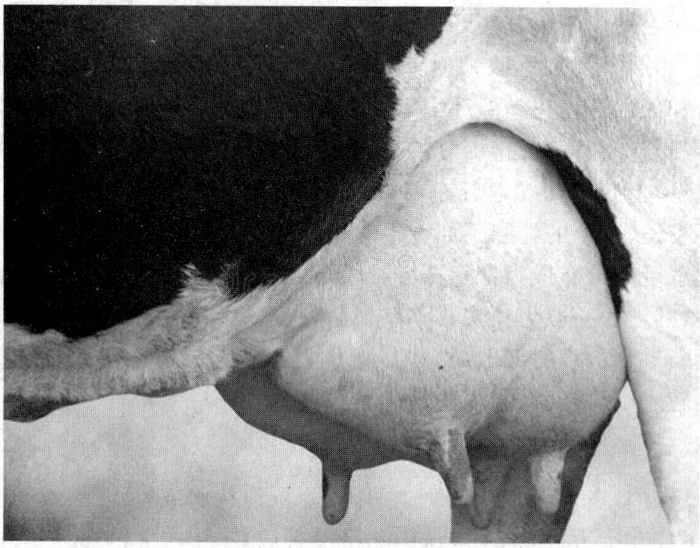

图 13-4　牛的乳房

②羊的乳房　位于两股之间，呈倒置圆锥形（图 13-5），分为左、右2个乳房，每个乳房有1个圆锥形乳头，基部有较大的乳池，每个乳头有1个乳头管的开口。

图 13-5　羊的乳房

③猪的乳房　位于胸部和腹正中部的两侧。乳房数目依品种而异，一般5～8对，多的达10对，少的有4对。乳池小，每个乳房有1个乳头，每个乳头上有2～3个乳头管的开口。

④马的乳房　位于两股之间，呈扁圆形，被纵沟分为左、右两部分，每个乳房有1个左右扁平的乳头，乳头较小。乳池小，并被隔成前后两部分，每个乳头上有2个乳头管的开口。

⑤犬的乳房　犬在哺乳期乳房非常发达，而在非哺乳期乳房并不明显。乳房一般形成4～5对乳丘，对称排列于胸、腹部正中线两侧，乳头短，每个乳头有2～4个乳头管开口，每个乳头管开口有6～12个小的排泄孔。

⑥兔的乳房　位于胸部及腹部正中线两侧，乳房一般是3～6对，每个乳房有1个乳头，每个乳头约有5个乳头管开口。

(2)乳房的结构　牛的乳房由皮肤、筋膜和实质构成(图13-6)。

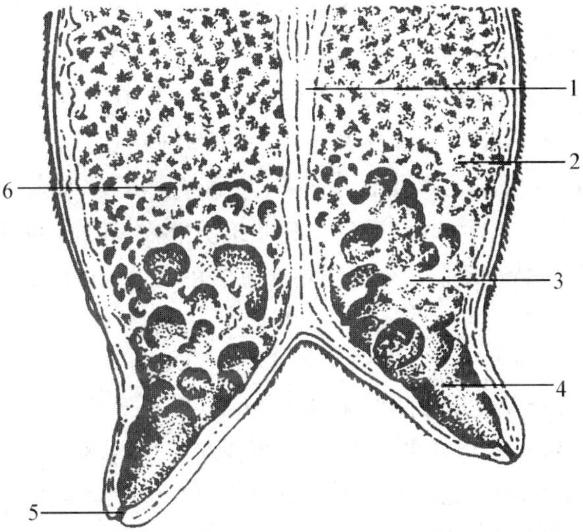

1.乳房中隔　2.腺叶　3.乳池腺部　4.乳池乳头部　5.乳头管　6.乳道

图13-6　牛乳房的结构(横切面)

(陈耀星，2010，畜禽解剖学，第3版)

乳房的皮肤薄而柔软，除乳头外，均有稀疏的细毛，皮肤内有皮脂腺和汗腺。在乳房的后部至阴门裂之间，有明显的线状毛流的皮肤褶，称乳镜。乳镜在鉴定产乳能力时，是很重要的参考指标。乳镜越大，乳房越能舒展，容纳的乳汁就越多。

筋膜位于皮肤的深层，分浅筋膜和深筋膜。浅筋膜由疏松结缔组织构成，为腹壁浅筋膜的延续，乳头皮下无浅筋膜；深筋膜位于浅筋膜的深层，含有大量的弹性纤维，在两侧乳房之间形成乳房中隔，即乳房悬韧带，向上与腹黄膜相连，同皮肤一起悬吊乳房。深筋膜的结缔组织深入乳房实质，将乳腺分隔成腺小叶。

乳房实质由许多腺小叶构成，每个腺小叶是一个复管泡状腺，由分泌部和导管部组成，小叶的结缔组织称为乳腺间质组织。乳腺腺泡由单层立方或柱状上皮构成，上皮和基膜之间有一层肌上皮细胞。导管包括小叶内导管、小叶间导管、输乳管、乳池和乳头管。小叶内导管为单层立方上皮；小叶间导管为单层柱状上皮；输乳管又称总导管，反刍动物的输乳管在乳头基部扩大形成乳窦或乳池，最后由乳头管开口于乳头。输乳管和乳池的管壁为双层矮柱状上皮。乳头管为复层扁平上皮，与皮肤的表皮相连续。

乳房是哺育后代的重要器官，其组织结构因动物的年龄和生理状况的变化而异，妊娠后期和哺乳期的乳腺分泌乳汁，称为活动期乳腺（又称泌乳期乳腺）。性成熟前和两个泌乳期之间无分泌功能的乳腺，称为静止期乳腺。

①活动期乳腺　妊娠期在雌激素和孕激素的作用下，乳腺的腺泡和导管迅速增生，腺泡增大，结缔组织和脂肪组织相对减少。妊娠后期，在催乳素的作用下，腺细胞增高呈锥形乃至高柱状，胞质内聚集了大量脂滴和蛋白颗粒，以顶浆分泌的形式排出分泌物。刚分娩后分泌的乳汁称为初乳，内含脂滴、乳蛋白、乳糖、抗体以及吞噬脂滴的巨噬细胞等，能增强幼体的免疫力。乳腺细胞分泌后，细胞变低呈立方形或扁平形，腺泡腔增大，其中含有乳汁。哺乳期腺泡更发达，腺泡腔扩大，结缔组织和脂肪组织更少；腺细胞富含粗面内质网、线粒体、分泌颗粒和脂滴等；腺泡处于不同的分泌状态，腺泡腔内充满乳汁。乳腺的间质组织由血管、神经、淋巴管及大量结缔组织构成，对腺泡起支持营养作用。在结缔组织中含有浆细胞和淋巴细胞。

②静止期乳腺　性成熟前的乳腺体积较小，主要是间质组织，导管相对较发达，腺泡很少，整个乳腺也较小。断乳后催乳激素水平下降，乳腺停止分泌，储存于腺泡及导管中的乳汁被吸收，腺组织逐渐萎缩，由增生的结缔组织、脂肪组织取代，乳腺转入静止期。

目前，利用乳腺的泌乳特性研制的乳腺生物反应器在现代生物技术中具有广泛的应用前景。

三、蹄

蹄是牛、羊、猪、马等有蹄类动物指（趾）端着地的部分，是皮肤表皮层高度角质化的衍生物。蹄分为外部的蹄匣和内部的肉蹄，蹄匣和肉蹄按部位一般可划分为缘、冠、壁、底和枕五部分。蹄由表皮、真皮和皮下组织构成。蹄表皮因角化称为角质蹄又叫蹄匣，蹄匣坚硬，无血管、神经；蹄真皮又称肉蹄，富含发达的乳头和丰富的血管、神经，呈鲜红色，感觉灵敏。蹄壁和蹄底真皮直接与远指（趾）节骨的骨膜结合，无皮下组织，但蹄缘和蹄冠部仍有少量的皮下组织。根据蹄数可划分为奇蹄（马）和偶蹄（牛、羊、猪）两类。蹄具有利于行走和承受体重的作用。

（一）牛（羊）蹄

牛、羊为偶蹄动物，每肢的指（趾）端有 4 个蹄，从内向外分别称第 2、3、4 和 5 指（趾）蹄，其中第 3、4 指（趾）端蹄发达，直接与地面接触，称主蹄。内侧主蹄稍宽于外侧主蹄，主蹄的前蹄总宽度大于后蹄。第 2、5 指（趾）端蹄很小，不着地，附着于系关节掌（跖）侧面，称悬蹄（图 13-7）。

1. 主蹄

两个主蹄并列对称，结构相似，呈三面棱锥形，形状与远指（趾）节骨相似，按部位分为蹄缘、蹄冠、蹄壁、蹄底和蹄枕五部分。蹄与皮肤相连的部分称蹄缘；蹄缘的下方，蹄壁的上缘称蹄冠；位于远指（趾）节骨轴面和远轴面的部分称蹄壁；位于远指（趾）节骨底面前部的称蹄底；位于蹄骨底面后部的称蹄枕。蹄由蹄匣（表皮）、肉蹄（真皮）和皮下组织构成。

（1）蹄匣　为蹄的角质层，由表皮衍生而成，是蹄的最外层，质地坚硬，分为蹄缘角质、蹄冠角质、蹄壁角质、蹄底角质和蹄球角质五部分。

①蹄缘角质　是蹄角质近端与皮肤连接的无毛部分，宽 0.5 cm，呈半环形窄带，柔软而有

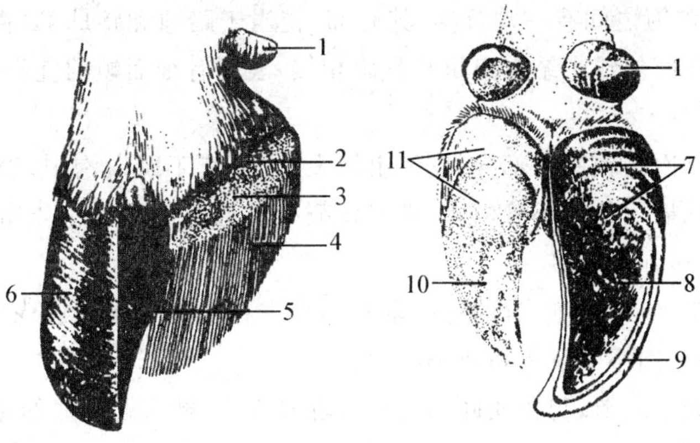

1.悬蹄 2.肉缘 3.肉冠 4.肉壁 5.蹄壁角质的轴面 6.蹄的远轴面
7.蹄球角质 8.蹄底角质 9.白线 10.肉底 11.肉球

图 13-7 牛蹄

（陈耀星，2010，畜禽解剖学，第3版）

弹性，可减轻蹄匣对皮肤的压迫。内面有许多角质小管的开口，蹄缘真皮乳头伸入其中。

②蹄冠角质 为蹄缘表皮下方灰白色的环状角质带，宽 2～3 cm，其内面凹陷成沟，称蹄冠沟，沟底有无数角质小管的开口，蹄冠真皮乳头伸入其中。蹄冠角质较软，在一定条件下易发生外伤。

③蹄壁角质 厚 0.72～0.80 cm。蹄壁整体由后上方向前下方倾斜，表面横向隆凸，有数条与冠状缘平行的角质轮（也称为嵴），每轮表明一个生长期。另外，还有很细的相互平行的纵纹，自上缘伸至下缘，表明角质小管的方向。蹄匣由轴面（内侧面）和远轴面（外侧面）组成。轴面即指（趾）间面，轴面凹，仅后部与对侧蹄接触。远轴面凸，与地面夹角为 35°～ 50°，呈弧形弯向轴面，远轴面可分为三部分，前方为蹄尖壁，后方为蹄踵壁，两者之间为蹄侧壁。蹄壁角质下缘与地面接触的部分称底缘。

蹄壁角质由外向内分为外层、中层和内层。外层又称釉层，位于蹄壁角质最表层，由角化的扁平细胞构成，有保持蹄壁角质内水分的作用。幼年明显，成年时常部分或完全脱落。中层又称冠状层，是蹄壁角质最厚、最坚固的一层，富有弹性和韧性，主要由平行排列的角质小管构成，有保护蹄内组织和负重的作用。内层又称小叶层，是蹄壁角质的最内层，厚约 0.2 cm，由许多向蹄底缘排列的角质小叶构成，该小叶较柔软，与肉小叶牢固嵌合。小叶之间的空隙称小叶间隙。

④蹄底角质 为蹄匣底面的前部，与地面接触，表面微凹，呈三角形，与蹄壁角质底缘之间以浅黄色的白线为界。白线由蹄壁实质中的无色素角质小管和角质小叶向底缘延伸而成。白线是确定蹄壁角质厚度的标准，也是装蹄铁时下钉的定位标志。蹄底角质的背面凸，有许多角质小管的开口，容纳肉底上的真皮乳头。

⑤蹄球角质 位于蹄底角质的后方，较柔软，常成层裂开，其裂缝可成为蹄病的感染途径。

(2)肉蹄 为蹄的真皮层，富含血管和神经，颜色鲜红，形状与蹄匣相似，分为蹄缘真皮（肉缘）、蹄冠真皮（肉冠）、蹄壁真皮（肉壁）、蹄底真皮（肉底）和蹄球真皮（肉球）五部分。

①蹄缘真皮 位于蹄缘沟中的半环带状组织，上方延接皮肤的真皮，下方延为肉冠，其前

部宽约 0.65 cm,与肉冠之间有一沟分界;其后部(相当于蹄踵和蹄球部)宽约 0.9 cm,与肉冠无明显界限。肉缘深面的致密结缔组织与骨膜相接,表面有细而短的乳头,插入角质缘的小孔中,以滋养蹄缘。

②蹄冠真皮　是肉蹄较厚的部分,皮下组织发达,填充于蹄冠沟中,表面有毛状乳头经蹄冠沟中的漏斗状小孔插入角质小管内,以滋养角质壁。肉冠的静脉丛丰富,呈网状分布;皮下组织不太厚,含有许多弹性纤维。

③蹄壁真皮　与远节指(趾)骨的骨膜紧密结合。在肉冠下缘到底缘之间的部分,其表面的乳头突起称肉小叶,肉小叶嵌入角质小叶中。

④蹄底真皮　为半网形,与角质底相适应。乳头很小,插入角质底的小孔中,血管丰富,深面接骨膜。

⑤蹄球真皮　表面有密集的乳头,与肉底之间无明显的界限。

(3)蹄的皮下组织　蹄缘和蹄冠部的皮下组织薄;蹄壁和蹄底无皮下组织,肉壁和肉底直接与远指(趾)节骨骨膜紧密结合,运动时不致松动;蹄枕(蹄球)的皮下组织发达,是三层中最厚的一层,弹性纤维丰富,当四肢着地时有减轻冲击和振动的作用。

2. 悬蹄

位于主蹄的后上方,附着于系关节掌(跖)侧面,结构和主蹄相似,也分蹄匣、肉蹄和皮下组织。蹄匣为锥状角质小囊,角质壁也有角质轮,角质较软,内表面也有角质小管的开口和角小叶。肉蹄内含有发达的弹性纤维。

(二)猪蹄

结构与牛蹄相似,有 2 个主蹄和 2 个悬蹄,蹄底较小,蹄球较牛的发达。一般前肢蹄较后肢蹄短、宽而且壮,内侧的主蹄或悬蹄都比外侧的短而且小。

(三)马蹄

马只有第 3 指(趾)着地,没有主蹄、悬蹄之分。蹄可分为蹄匣、肉蹄和皮下组织。马蹄与牛蹄的结构基本相似,但有以下特点:

(1)蹄白线位于底缘与蹄底之间,呈半环形线,由蹄壁冠状层的内层与角小叶及填充于角小叶间的叶间角质构成,因缺乏色素而呈白色。角质较软,是装蹄时下钉的标志。

(2)蹄软骨为略呈前后轴长的椭圆形软骨板,内外侧各一块,位于蹄骨和肉叉两侧的后上方,由皮肤覆盖,软骨以韧带与蹄骨、远籽骨、冠骨和系骨相连接,使得蹄软骨弹性较强,与蹄叉真皮共同构成指(趾)端的弹力结构。起缓冲作用,可防止或减轻骨和韧带的损伤。

(四)犬的爪

爪是指(趾)端被皮特化器官,结构与蹄相似。犬前肢有 5 个爪,后肢有 4 个爪。犬爪锋利,可分为爪轴、爪冠、爪壁和爪底,均由表皮、真皮和皮下组织构成。犬爪具有钩取、挖穴和防卫等功能。犬有腕(跗)枕、掌(跖)枕和指(趾)枕。

四、角

牛、羊等反刍动物头上生有不同形态的角。其大小和形状取决于品种、年龄和性别。角的基础是额骨的骨质角突。

角分为表皮层和真皮层。表皮高度角质化，形成坚硬的角质鞘。由角质小管和管间角质构成。牛的角质小管排列非常紧密，角真皮乳头伸入此小管中，管间角质很少。角的真皮位于角表层深层，直接与角突的骨膜相连，是额部皮肤真皮的延续，其厚度由角根部向上逐渐变薄，其表面有很多乳头。在角基部的乳头短而密，向角尖部则逐渐变长变稀，至角顶部又变密（图13-8）。这些乳头伸入角质小管中，使角质鞘和角真皮紧密结合。乳头表面生发层不断增生角质。角无皮下组织，因此角鞘与角突结合牢固。

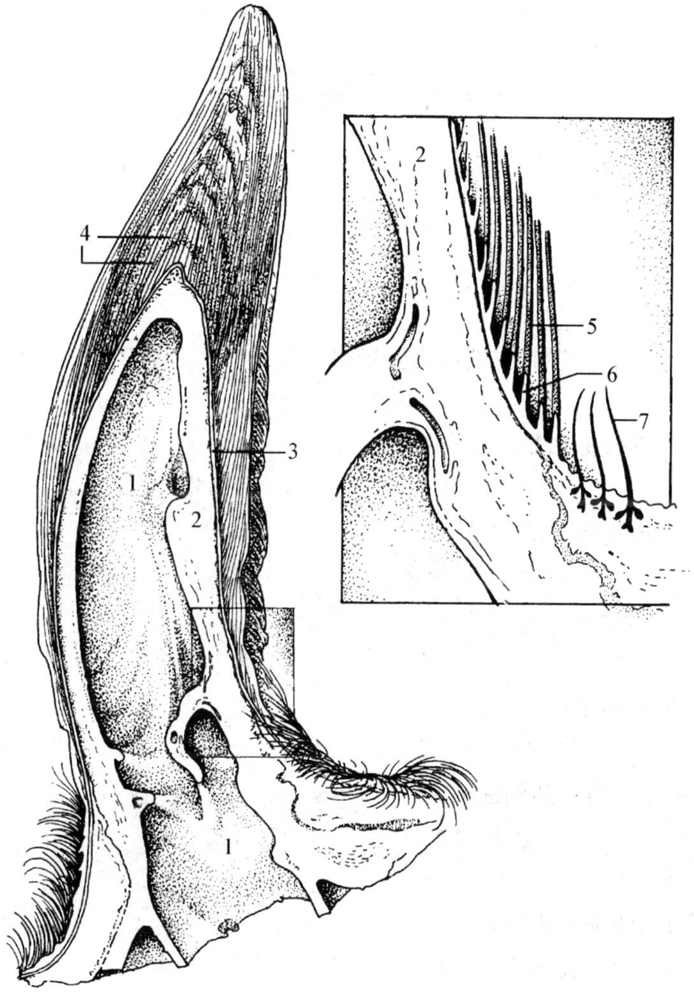

1.额窦向角内延伸形成角憩室　2.额骨角突　3.真皮与表皮的非角质层融合成骨膜

4.被内角管分开的角小管　5.嵌入的角小管　6.真皮乳头　7.毛

图 13-8　牛角纵切面

（陈耀星，2010，畜禽解剖学，第 3 版）

角分为角根（角基）、角体和角尖三部分。角根与额部皮肤相连。角质薄而软，有稀疏的毛，并有环状的角轮出现。角体为角的中部，由角根生长延续而来，角质逐渐变厚。角尖由角体延续而来，角质最厚，甚至成为实体。角的表面具有呈环状的隆起，称角轮，角轮之间的部分称轮节。牛的角轮在角根部最明显，向角尖部则逐渐消失。羊的角轮较明显，几乎遍及全角。

成年牛的角一般呈半圆形，水牛角一般比其他牛的角长而粗壮。公牛角粗长，母牛角较细短。角的大小、形状和弯曲度决定于骨质突的外形和角质不均衡的生长。如角一面生长旺盛，角顶就将向相反的一面倾斜，因而形成各种弯曲状甚至螺旋状的角。

【测试题】

一、填空题

1. 被皮包括________和________。
2. 皮肤是由________、________和________组成的。
3. 真皮有外向内可分为________和________两层。
4. 乳房是由________、________和________组成的。
5. 乳腺小叶是由________和________组成。
6. 乳房形态分为________、________和________三部分。
7. 蹄由________、________和________构成。
8. 乳腺中乳汁通过输乳管流到乳道，乳道开口于________，最后通过乳头管流到外面。

二、选择题

1. 给牛马装蹄的下钉标志是(　　)。

A. 冠状层　　B. 蹄白线　　C. 角质壁　　D. 蹄叉

2. 加固蹄匣与肉蹄连接的结构是(　　)。

A. 皮肤和蹄缘　　B. 小叶层和肉小叶　　C. 冠状层和肉冠　　D. 蹄缘和肉缘

3. 汗腺最不发达的动物是(　　)。

A. 马　　B. 牛　　C. 犬　　D. 猪

4. 有四个乳丘的动物是(　　)。

A. 马　　B. 牛　　C. 犬　　D. 猪

5. 临床上，皮内注射是将药物注射到(　　)内。

A. 表皮　　B. 皮下组织　　C. 真皮　　D. 肌肉

三、判断题

1. 羊有两个乳丘，两个乳头管。(　　)
2. 牛有两个乳丘，四个乳头管。(　　)
3. 马的蹄负缘是负担体重的。(　　)
4. 蹄壁和蹄底的皮下组织最发达。(　　)

四、简答题

简述奶牛乳的生成与排出的途径。

项目十四

家禽的解剖

【知识目标】

- 了解家禽身体结构的特点。
- 掌握家禽运动、消化、呼吸、泌尿、生殖、心血管和淋巴系统的组成和各主要器官的位置、形态和结构。

【能力目标】

- 能划分家禽体表各部位和并说出各部分名称。
- 能在家禽实体解剖中准确找出各器官并能描述其大小、形态、位置，能说出其内部结构。
- 能在鸡整体模型上指出各部分结构名称，并能快速组装模型。
- 能总结家禽各系统与家畜相比的不同特征。

【素质目标】

- 通过家禽模型和器官标本的认知，培养学生自主探究、自我总结的能力素养。
- 通过家禽与家畜解剖特点的比较，培养学生小组内团结协作的能力素养。

鸡、鸭、鹅和鸽等禽类在系统发生上均属脊椎动物鸟纲，因适应飞翔本能，在漫长的进化过程中形成了身体构造的一系列特征。在人类长期饲养和驯化下，有些禽类已丧失了飞翔能力，但身体构造仍保留其原有特点。

任务 14-1 运动系统

【学习任务单】

一、学习目标

1. 熟悉家禽运动系统的组成。
2. 掌握主要骨、骨连结的名称、形态、位置，并了解其功能。
3. 了解主要肌肉的名称、形态、位置。

二、学习资源

1.禽类骨骼标本。

2.鸡全身肌肉标本。

3.信息化教学资源。

三、学习任务

1.利用信息化教学资源学习家禽运动系统的组成，全身主要骨的名称、形态、位置，了解其功能；学习主要肌肉的名称、形态、位置；全身主要骨连结的的名称、形态和结构。

2.通过观察禽类骨骼标本认识家禽全身骨。

3.在鸡全身肌肉标本上观察鸡主要肌肉。

【相关知识】

家禽运动系统由骨、骨连结和肌肉组成。

一、骨

家禽骨的特点是强度大、质量轻。强度大是由于骨质无机盐中钙盐含量较多，骨密质非常致密，而且有的骨块愈合成一个整体，如颅骨、腰荐骨和盆带骨等。质量轻表现在成年时大多数骨髓腔内充满着与气囊相通的含气腔，称为含气骨。

雌禽的长骨，在产蛋前形成类似松质骨的髓质骨，随着蛋壳形成的周期而增生或吸收，可储存或释放钙盐。

家禽的全身骨按部位可分为躯干骨、头骨、前肢骨和后肢骨（图 14-1）。

1.躯干骨

躯干骨由脊柱、肋和胸骨构成。

(1)脊柱　脊柱由颈(C)椎、胸(T)椎、腰(L)椎、荐(S)椎、尾(Cy)椎 5 部分组成。各部分的椎骨数在鸡为 C_{14}，T_7，L_3，S_5，Cy_{11}～Cy_{13}；或 C_{14}，T_7，LS_{14}，Cy_5～Cy_6；鸭 C_{14}～C_{15}，T_9，L_4，S_7，Cy_{10}；鹅 C_{17}～C_{18}，T_9，L_{12}～L_{13}，S_2，Cy_8；鸽 C_{12}～C_{13}，T_7，L_6，S_2，Cy_8。

①颈椎　数目较多，各颈椎间伸屈和转动灵活。寰椎和枢椎形状特殊。寰椎小，呈狭环状。枢椎棘突明显，椎体前方有大的齿状突。第 3～14 颈椎的形态基本相似，椎体较长，横突短厚，基部有横突孔。

②胸椎　数目少，鸡的第 1 和第 6 胸椎游离，第 2～5 胸椎愈合成一整体，第 7 胸椎与腰荐椎和前 6 枚尾椎愈合。

③腰荐椎　鸡的全部腰椎、荐椎和第 1～6 尾椎在发育早期愈合成单块的腰荐骨。

④尾椎　鸡的游离尾椎有 6 枚(鸭有 7 枚)，有时为 5 枚。最后 1 枚尾椎呈三棱形，称尾综骨，是由多枚尾椎愈合而成，为尾羽的支架。

(2)肋　肋的对数与胸椎数目一致，鸡有 7 对，第 1、第 2 对肋为浮肋，不与胸骨相接，其余各肋分为背侧的椎肋和腹侧的胸肋。椎肋与胸椎相接，除第 1 和最后 2～3 个外，椎肋中部均发出一支斜向后上方的钩突，覆盖在后一肋骨的外侧面，起着加固胸廓侧壁的作用。胸肋的长度由前向后逐渐增大。

(3)胸骨　非常发达,腹侧正中有纵行的胸骨嵴。胸骨的前缘有一对关节骨面,与乌喙骨相连接;侧缘具有与肋相接的关节面。胸骨向后有一对后胸外侧突,鸡和鸽还有一对胸突。

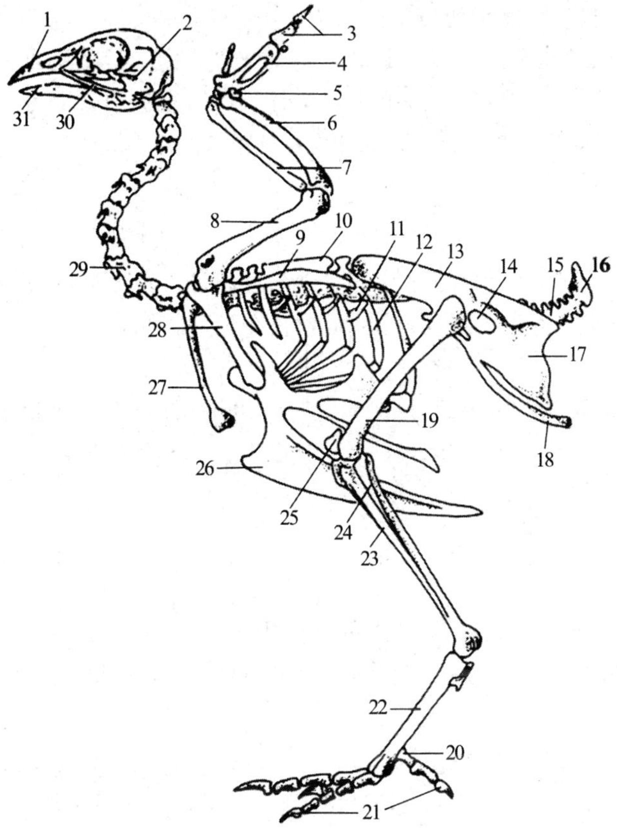

1.切齿骨　2.方骨　3.指骨　4.掌骨　5.腕骨　6.尺骨　7.挠骨　8.肱骨　9.肩胛骨　10.胸椎
11.钩突　12.椎肋　13.髂骨　14.坐骨孔　15.尾椎　16.尾综骨　17.坐骨　18.耻骨
19.股骨　20,21.趾骨　22.跖骨　23.胫骨　24.腓骨　25.膝盖骨　26.胸骨
27.锁骨　28.乌喙骨　29.颈椎　30.颧弓　31.下颌骨

图 14-1　鸡的骨胳

(陈耀星,2010,畜禽解剖学,第3版)

2.头骨

头骨以大而明显的眼眶为界,分为颅骨和面骨。

(1)颅骨　呈圆形,在发育过程中愈合为一个整体,为含气骨。由不成对的枕骨、蝶骨和成对的顶骨、额骨和颞骨形成。

(2)面骨　位于颅骨前方,鸡呈尖圆锥形体,鸭呈前方钝圆的长方形。面骨中除筛骨外,都是对骨。由筛骨和颌前骨、上颌骨、鼻骨、泪骨、犁骨、腭骨、翼骨、颧骨、方骨、下颌骨、舌骨、鼻甲骨、巩膜骨构成。其中颌前骨、下颌骨和舌骨发达,其余各骨较小;方骨与下颌骨、颧骨、翼骨等均以关节相连。

3. 前肢骨

（1）肩带部　由肩胛骨、乌喙骨和锁骨组成。肩胛骨狭长而扁，位于胸廓背侧壁；乌喙骨呈长柱状，斜位于胸前口两侧；锁骨较细，两侧锁骨的下端在体中线处愈合，又称叉骨。鸡、鸽的呈“V”形，鸭、鹅的呈“U”形，位于胸前口前方。

（2）游离部　前肢游离部形成翼，静止时，折曲成“Z”形，紧贴胸部。由肱骨、前臂骨（桡骨、尺骨）和前脚骨（腕骨、掌骨和指骨）组成。腕骨只保留桡腕骨和尺腕骨两块。掌骨仅保留第2、3、4掌骨，并互相愈合。指有第2、3、4指，在鸡第2、3、4指分别有2、2、1枚指节骨，鸭、鹅则分别有2、3、2枚指节骨。

4. 后肢骨

（1）盆带部　包括髂骨、坐骨和耻骨三骨，愈合成髋骨。家禽为适应后肢的支持作用，髋骨与腰荐骨形成牢固的连接。为了适应产蛋，两髋骨在骨盆腹侧相距较远，呈现禽类特有的开放性骨盆。

（2）游离部　由股骨、髌骨、小腿骨（胫骨、腓骨）和后脚骨（跖骨和趾骨）组成。跖骨有大、小两块。家禽一般有4个趾，第1、2、3、4趾分别有2、3、4、5个趾节骨，末端趾节骨呈爪状。

二、骨连结

1. 头骨和躯干骨的连结

禽类头部连接中，除颞下颌关节外，大部分属于不动关节，部分属于微动关节。脊柱的椎体之间，除愈合椎骨为不动关节外，其他各部分椎骨间的连接是微动关节。

2. 前肢骨连结

前肢肩关节由肩胛骨、乌喙骨和肱骨头形成。主要起内收和外展翼的作用，也有一定的转动和屈伸作用。肘关节、腕关节、掌指关节和指间关节主要作屈伸运动。

3. 后肢骨连结

后肢髂骨与腰荐骨形成骨性结合和韧带连接。髋关节由髋臼和股骨头组成，主要进行屈伸运动，内收及外展运动有限。膝关节包括股髌关节、股胫关节和股腓关节，在髌骨和胫骨之间有髌韧带。此外，还有胫跖关节、跖趾关节和趾间关节，能做屈伸运动。

三、肌肉

禽类的肌肉分为皮肌、头部肌、脊柱肌、胸壁肌、腹壁肌、前肢肌和后肢肌（图14-2）。

（1）皮肌　禽类的皮肌薄而广泛，一部分皮肌是平滑肌网，止于皮肤羽区的羽囊，控制羽毛活动；另一部分皮肌终止于翼的皮肤褶（翼膜），称翼膜肌，飞翔时起着紧张翼膜的作用。一部分皮肌起着支持嗉囊的作用。

（2）头部肌　禽类因缺唇、颊和耳郭，面肌大多退化；但开闭上下喙的肌肉则比较发达，还有一些作用于方骨的肌肉。舌的固有肌虽不发达，但有一系列舌骨肌，使舌在采食和吞咽过程中做灵敏而迅速的运动。

（3）脊柱肌　禽类颈部长而灵活，肌肉特别发达，多裂肌、棘突间肌和横突间肌等肌束也相应较多。但颈部缺臂头肌和胸头肌，颈静脉直接位于颈部皮下。胸、腰、荐椎因大多愈合，此段肌肉也大大退化。尾部肌肉则较发达，能使尾向各方运动。

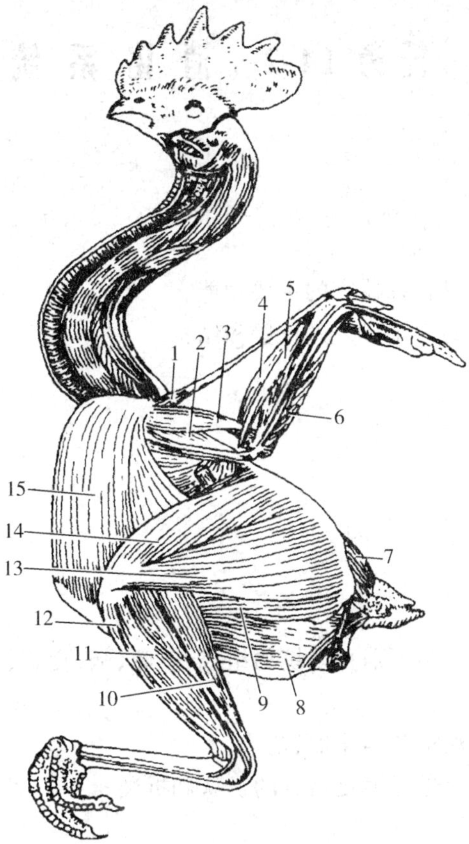

1. 长翼膜张肌　2. 臂三头肌　3. 臂二头肌　4. 腕桡侧伸肌　5. 旋前浅肌　6. 腕尺侧屈肌　7. 尾提肌　8. 腹外斜肌　9. 半膜肌　10. 腓肠肌　11. 腓骨长肌　12. 胫骨前肌　13. 股二头肌　14. 股阔筋膜张肌　15. 胸浅肌

图 14-2　鸡全身浅层肌

（程会昌，2012，动物解剖与组织胚胎）

(4)胸壁肌　胸壁肌包括肋间外肌和肋间内肌。肋间外肌位于肋间隙，是吸气肌；肋间内肌位于肋间外肌深层，是呼气肌。

(5)腹壁肌　腹壁肌很薄弱，分为 4 层，由外向内依次为：腹外斜肌、腹内斜肌、腹直肌和腹横肌。主要参与呼气作用，此外也协助排粪和产蛋。

(6)前肢肌　前肢肩带肌中最发达的是胸肌（又称胸浅肌、胸大肌）和乌喙上肌（又称胸深肌、胸小肌）两块胸部肌，善飞的禽类可占全身肌肉总重的一半以上。胸肌的作用是将翼向下扑动；乌喙上肌则是将翼上举。位于臂部和前臂部的翼部肌肉，主要起着展翼和收翼的作用。前臂外侧面的腕桡伸侧肌和指总伸肌是重要的展翼肌，如在腕部切断两肌的腱，可以限制禽的飞翔活动。

(7)后肢肌　后肢盆带肌不发达，腿部肌肉是禽体内第二群最发达的肌肉。大部分位于股部，作用于髋关节和膝关节，小腿部肌肉作用于跗关节和趾关节。趾屈肌腱在跖部常骨化。由于趾屈肌腱的经路，当髋关节、膝关节在禽下蹲栖息而屈曲时，跗关节和所有趾关节也同时被屈曲，从而牢固攀持栖木。参与此作用的还有小的耻骨肌，起于耻骨突，沿股部内侧向下行，细长的腱由膝关节内侧面经前面绕至外侧面，再转到小腿后面，加入趾浅屈肌腱，此肌称迂回肌或栖肌。

任务14-2 消化系统

【学习任务单】

一、学习目标

1.掌握消化系统的组成和各器官的主要功能；
2.掌握主要消化器官的大小、形态、位置和结构。

二、学习资源

1.消化系统标本。
2.鸡全身结构模型。
3.信息化教学资源。

三、学习任务

1.利用信息化教学资源学习消化系统的组成，口腔、咽、食管、胃、小肠、大肠、泄殖腔和肝、胰等器官的形态、位置和结构。
2.在消化系统标本上观察各消化器官。
3.在鸡全身结构模型上进行消化器官的辨认和拆装。

【相关知识】

家禽的消化系统由口腔、咽、食管、胃、小肠、大肠、泄殖腔和肝、胰等器官构成(图14-3)。

一、口腔

禽类没有软腭、唇和齿，颊不明显，上、下颌形成喙。鸡、鸽的喙为尖锥形；鸭、鹅的喙长而扁，边缘形成许多横褶，在水中采食时可将水滤出。硬腭后部及咽顶壁的中线上有一鼻后孔，向前延续为腭裂，鸡、鸽的硬腭长，鸭、鹅的很短。舌的形状与喙相似，舌体和舌根之间有一列乳头，鸭、鹅舌的侧缘还有角质和丝状乳头。舌肌不发达，黏膜上缺乏味觉乳头。味蕾分布于舌根、咽和食管口处的黏膜内，但构造简单，数量较少。

二、咽

口腔与咽没有明显的界限，常合称口咽。顶壁鼻后孔后部正中有咽鼓管漏斗，两咽鼓管开口于漏斗内；咽底壁为喉。咽黏膜血管丰富，可使血液冷却，有维持体温的作用。

家禽的唾液腺虽不大，但分布很广，在口腔和咽的黏膜下几乎连成一片，导管直接开口于黏膜表面，主要分泌黏液。

三、食管和嗉囊

食管较宽，易扩张。其颈段长，开始位于气管背侧，然后与气管一同偏于颈的右侧而行，直接在皮下。鸡、鸽的食管在叉骨前形成嗉囊；鸭、鹅无真正嗉囊，但食管颈段可扩大成纺锤形，有括约肌与胸段为界。胸段短，末端变窄，与腺胃相接。食管黏膜分布有食管腺，为黏液腺。食管的肌层一般有两层，食管后端黏膜内含有淋巴组织，形成淋巴滤泡，有时称食管扁桃体，以鸭的较明显，如图 14-3 所示。

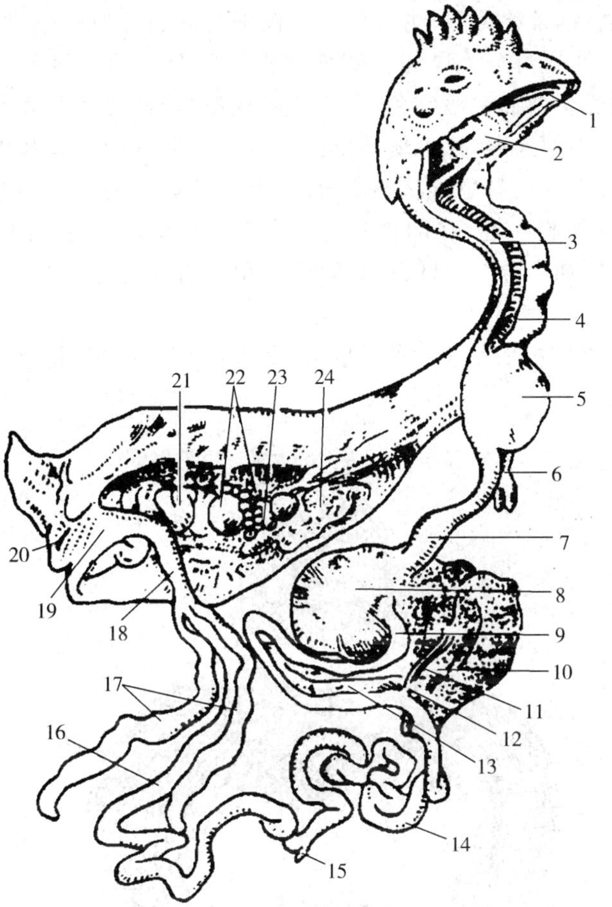

1.口腔　2.咽　3.食管　4.气管　5.嗉囊　6.鸣管　7.腺胃　8.肌胃　9.十二指肠
10.胆囊　11.肝管及胆管　12.胰管　13.胰　14.空肠　15.卵黄囊憩室　16.回肠
17.盲肠　18.直肠　19.泄殖腔　20.肛门　21.输卵管　22.卵巢　23.心　24.肺

图 14-3　鸡消化系统模式

（程会昌，2012，动物解剖与组织胚胎）

嗉囊为食管的膨大部，鸡的偏于右侧，鸽的分为对称的两叶。嗉囊的前后两开口相距较近，有时食料可经此直接进入胃内。嗉囊主要有储存和软化食料的作用。鸽在育雏期，嗉囊的黏膜上皮细胞增生、脂肪变性而脱落，与分泌的黏液形成嗉囊乳（鸽乳），用以哺乳幼鸽。

四、胃

禽胃分前、后两部，前部为腺胃，后部为肌胃（图 14-4）。

1.腺胃

腺胃又称前胃，呈短纺锤形，位于腹腔左侧，在肝左右两叶之间的背侧。前以贲门与食管相通，后以峡与肌胃相接，两者间的黏膜形成胃中间区。腺胃壁较厚，内腔不大，黏膜表面分布有30～40个圆形宽的乳头，乳头上有深层腺导管的开口。腺胃黏膜内有两种腺体，浅层为单管状腺，分泌黏液；深层为复管状腺，兼有分泌盐酸和胃蛋白酶原的功能。

2. 肌胃

肌胃紧接腺胃之后，常称为肫，为近圆形或椭圆的双凸体，壁厚而坚实，位于腹腔左侧，在肝后方两叶之间。肌胃可分为厚的背侧部和腹侧部及薄的前囊和后囊。其壁主要由平滑肌构成，因富含肌红蛋白而呈暗红色，相应地组成背、腹两块厚肌和前、后两块薄肌，四肌在胃两侧以厚的腱中心相连接，形成所谓腱镜或腱面。肌胃的入口和出口（幽门）都在前囊处。肌胃黏膜固有层内排列有单管状的肌胃腺，开口于黏膜表面的隐窝。腺及黏膜上皮的分泌物与脱落的上皮细胞一起，在酸性环境中硬化，而形成一层厚的类角质膜，称胃角质层，俗称肫皮，中药名“鸡内金”，起保护黏膜的作用。肌胃内经常含有其吞食的沙砾，又称沙囊。

肌胃内的沙砾以及粗糙而坚韧的角质层，在发达的肌层强力收缩作用下，对食物起机械性磨碎作用。

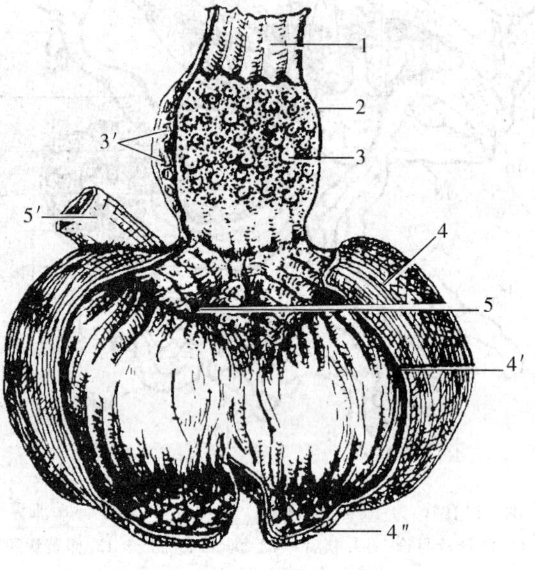

1. 食管　2. 腺胃　3. 乳头及前胃深腺开口　3′. 深腺小叶　4. 肌胃的厚肌
4′. 胃角质层　4″. 肌胃后囊的薄肌　5. 幽门　5′. 十二指肠

图 14-4　鸡的胃（纵剖开）

（程会昌，2012，动物解剖与组织胚胎）

五、肠和泄殖腔

1. 小肠

小肠分为十二指肠、空肠和回肠。十二指肠位于腹腔右侧，形成“U”形的肠袢，分为降支和升支。鸭的十二指肠形成双层马蹄铁状弯曲。升支在幽门附近移行为空肠。空肠形成许多肠袢，由肠系膜悬挂于腹腔的右侧。空肠的中部有一小突起，叫卵黄囊憩室，是胚胎期卵黄囊柄的遗迹。回肠短而直，以回盲韧带与盲肠相连。小肠黏膜形成绒毛，黏膜内有小肠腺，但无十二指肠腺。

2. 大肠

大肠分为盲肠和直肠。盲肠有两条，可分为盲肠基、体和尖三部分。盲肠基较狭，壁内分布有丰富的淋巴组织，常称盲肠扁桃体，以鸡的最明显；盲肠体较粗；盲肠尖为细的盲端。鸽的盲肠很不发达，如芽状。禽类没有明显的结肠，只有一短的直肠，也称结直肠。大肠肠壁有较短的绒毛和较少的肠腺。

3. 泄殖腔

泄殖腔是消化、泌尿和生殖三个系统后端的共同通道，略呈椭圆形。泄殖腔以黏膜褶分为三部分。前部为粪道，较宽大，与直肠直接相连。中部为泄殖道，较短，向前以环形褶与粪道为界，向后以半月形褶与后部的肛道为界。输尿管、输精管或输卵管开口于泄殖道。肛道背侧有腔上囊的开口，向后以泄殖孔开口于体外，通常也称肛门，由背侧唇和腹侧唇围成。在肛道背侧和外侧壁内有背侧肛腺和外侧肛腺（图 14-5）。

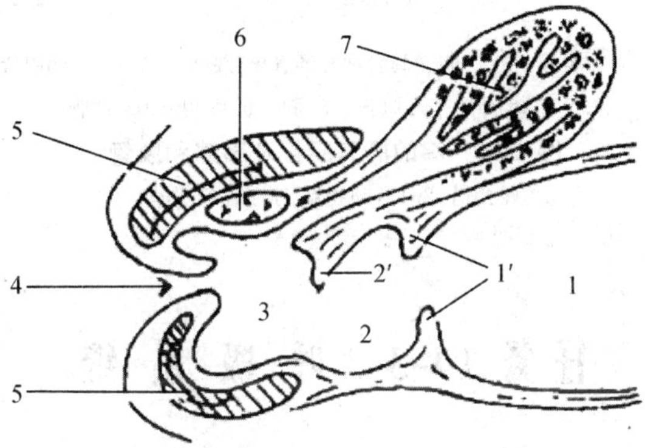

1. 粪道　1′. 粪道泄殖道壁　2. 泄殖道　2′. 泄殖道肛道壁　3. 肛道　4. 肛门
5. 括约肌　6. 肛道背侧腺　7. 腔上囊

图 14-5　幼禽泄殖腔正中矢面示意图

（程会昌，2012，动物解剖与组织胚胎）

六、肝和胰

1. 肝

肝较大，位于腹腔前下部，分为左、右两叶，以峡相连。右叶有一胆囊，但鸽无胆囊。成禽的肝一般呈暗褐色，但肥育的禽因肝内含有脂肪而为黄褐色或土黄色；刚孵出的雏禽因吸收卵黄色素而为鲜黄色，约两周后色泽转深。肝的两叶各有一肝门，每叶肝动脉、门静脉和肝管等由此进出。左叶的肝管直接开口于十二指肠终部；右叶肝管注入胆囊，由胆囊发出胆囊管开口于十二指肠终部。

2. 胰

胰位于十二指肠袢内，呈淡黄色或淡红色，长条形，可分为背叶、腹叶和很小的脾叶。胰管在鸡一般有 2～3 条，鸭、鹅有 2 条，与胆管一起开口于十二指肠终部（图 14-6）。

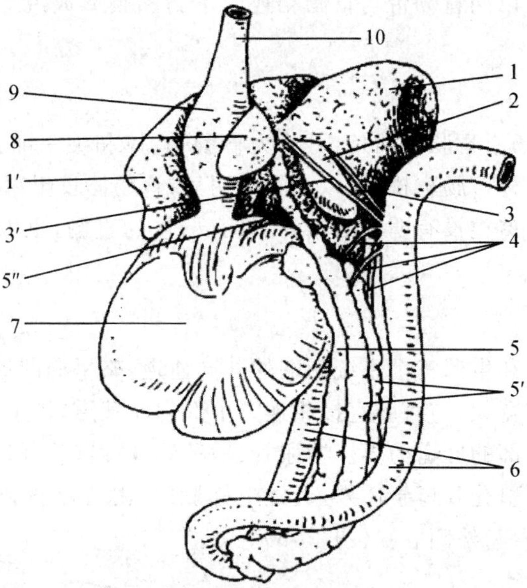

1、1′. 肝右叶和左叶　2. 胆囊　3、3′. 胆囊肠管和肝肠管　4. 胰管　5、5′、5″. 胰腺背叶、腹叶和脾叶
6. 十二指肠袢　7. 肌胃　8. 脾　9. 腺胃　10. 食管

图 14-6　鸡的肝和胆管及胰腺和胰管

（程会昌，2012，动物解剖与组织胚胎）

任务 14-3　呼吸系统

【学习任务单】

一、学习目标

1. 掌握消呼吸统的组成和各器官的主要功能。
2. 掌握主要呼吸器官的大小、形态、位置和结构。

二、学习资源

1. 呼吸系统标本。
2. 鸡全身结构模型。
3. 信息化教学资源。

三、学习任务

1. 利用信息化教学资源学习呼吸系统的组成，学习鼻腔、咽、喉、气管、鸣管、支气管、肺和气囊等器官的形态、位置和结构。

2. 在呼吸系统标本上观察各呼吸器官。

3. 在鸡全身结构模型上进行呼吸器官的辨认和拆装。

【相关知识】

家禽呼吸系统由鼻腔、咽、喉、气管、鸣管、支气管、肺和气囊等器官构成。

一、鼻腔

禽鼻腔较狭，鼻孔位于上喙基部。鸡鼻孔上缘形成膜质鼻孔盖，内有软骨支架。鸽的上喙基部在两孔之间形成隆起的蜡膜。水禽鼻孔周围为被覆蜡膜的软骨板。鼻中隔大部分由软骨构成。每侧鼻腔侧壁上有三个以软骨为支架的鼻甲：前鼻甲正对鼻孔，为略弯的薄板；中鼻甲较大，向内卷曲；后鼻甲位于后上方，呈圆形或三角形小泡状，黏膜有嗅神经分布。鸽无后鼻甲。一对鼻后孔一同开口于咽顶壁前部正中，两边的黏膜褶在吞咽时因肌肉的作用而关闭。

眶下窦是禽唯一的鼻旁窦，位于眼球前下方，为三角形腔，鸡的较小，鸭、鹅的较大。外侧壁为皮肤等软组织，窦的后上方有两个开口，分别通鼻腔和后鼻甲腔。

鼻腺位于眶鼻角附近的额骨凹陷处，鸡的鼻腺不发达，长而细；鸭、鹅的较发达，呈半月形，又分内侧和外侧两腺。导管沿鼻腔侧壁向前，最后开口于鼻前庭的鼻中隔或前鼻甲上。鼻腺有分泌盐分的作用，又称盐腺。对生活于海洋上的禽类很重要。

二、喉

喉位于咽底壁，在舌根后方，约与鼻后孔相对。喉口呈缝状，喉腔内无声带。喉软骨仅有环状软骨和勺状软骨，无会厌软骨和甲状软骨。喉软骨上分布有扩张和闭合喉的肌肉，吞咽时喉肌收缩，喉口反射性地关闭。

三、气管

气管较长而粗，伴随食管后行，到颈后半部，一同偏至右侧，入胸腔前又转到颈的腹侧。进入胸腔后在心基上方分为两条支气管，分叉处形成鸣管。气管支架是由“O”形的软骨环所构成，骨化较早。相邻气管环互相套叠，可以伸缩，以适应颈的灵活性。沿气管两侧附着有气管肌，从鸣管向上一直延伸到喉。气管黏膜下层富含血管，可借蒸发散热调节体温。

四、鸣管

鸣管是禽类的发音器官，其支架为几个气管环和支气管环以及一块楔形鸣骨。鸣骨位于气管叉的顶部，在鸣管腔分叉处，将气管环形成的鸣腔分为两部。鸣管有两对弹性薄膜，分别叫内侧鸣膜和外侧鸣膜。两鸣膜形成一对狭缝，当禽呼气时，空气振动鸣膜而发声（图 14-7）。鸭鸣管主要由支气管构成；公鸭鸣管在左侧形成一个膨大的骨质鸣管泡，无鸣膜，故发声嘶哑（图 14-8）。

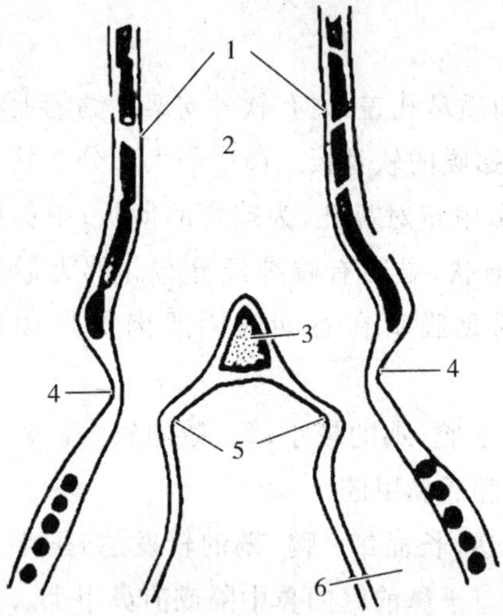

1. 气管　2. 鸣腔　3. 鸣骨　4. 外鸣膜
5. 内鸣膜　6. 支气管

图 14-7　鸡的鸣管(纵切面)

(程会昌,2012,动物解剖与组织胚胎)

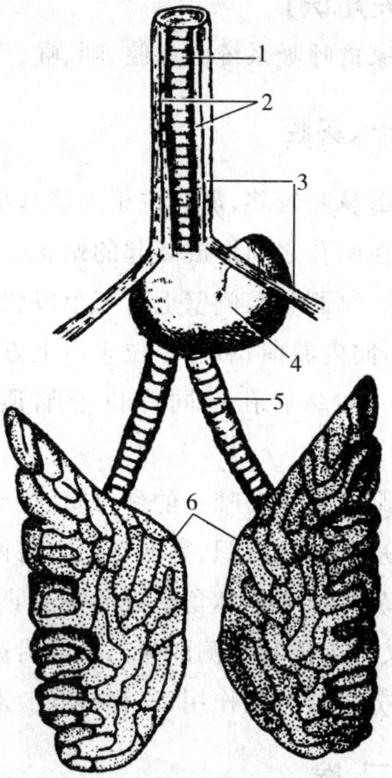

1. 气管　2. 气管肌　3. 胸骨气管肌
4. 鸣管泡　5. 支气管　6. 肺

图 14-8　公鸭的气管和肺(背面观)

(程会昌,2012,动物解剖与组织胚胎)

五、支气管

支气管经心基背侧进入两肺,其支架为"C"形软骨环,内侧壁为结缔组织膜。

六、肺

禽类的肺不大,呈鲜红色,不分叶,两肺位于胸腔背侧部,背侧面有椎肋骨嵌入,形成几条肋沟。肺门位于腹侧面中部稍前方。肺上有通气囊的开口。

支气管入肺后纵贯全肺,称为初级支气管,后端出肺而连接于腹气囊。从初级支气管分出四群次级支气管。从次级支气管上又分出许多三级支气管,又叫旁支气管,呈袢状连接于每两群次级支气管之间。相邻旁支气管之间,还有许多横的吻合支。每条三级支气管壁被许多辐射状排列的肺房所穿通。肺房是不规则的球形腔,其底壁形成一些小漏斗,漏斗再分出许多直径 7～12 μm 的肺毛细管,相当于家畜的肺泡。在禽类,一条三级支气管及其所分出的肺房、漏斗和肺毛细管,构成一个呈六面棱柱体的肺小叶。

七、气囊

气囊是禽类特有的器官,由支气管的分支出肺后形成,外面仅被覆浆膜,因此壁很薄。多数禽类只有 9 个气囊,可分前、后两群。前群有 5 个气囊:一对颈气囊、一个锁骨气囊和一对胸前气囊。一对颈气囊的中央部在胸腔前部背侧左右相通，分出几支管状部沿颈椎的椎管和横突管向前延伸达第2颈椎。锁骨气囊位于胸腔前部腹侧，并有分支延伸到胸部肌之间、腋部和肱骨内形成一些憩室。胸前气囊位于两肺的腹侧。后群气囊有4个：一对胸后气囊和一对腹气囊。胸后气囊位于肺腹侧的后部。腹气囊最大，位于腹腔内脏两侧，并形成肾周、髋臼和髂腰等憩室。前群气囊与腹内侧次级支气管直接相通，胸后气囊与腹外侧次级支气管直接相通，腹气囊直接与初级支气管相通。此外，除颈气囊外，所有气囊还与若干三级支气管相通，称为返支气管(图14-9)。

气囊的容积很大，比肺大5～7倍，主要功能是储存气体。前群气囊储存已经过气体交换的气体，于呼气时，经支气管、气管排出体外。后群气囊储存新鲜气体送入肺内的呼吸毛细管，从而使肺在吸气或呼气时都能进行气体交换，以适应禽体强烈的新陈代谢需要。此外，气囊还有减轻体重，平衡体位和调节体温等作用。

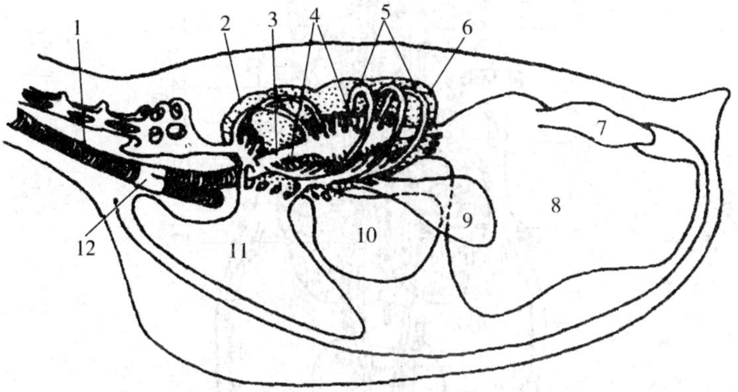

1.气管　2、6.肺　3.初级支气管　4.次级支气管　5.三级支气管　7.肾憩室　8.腹气囊
9.胸后气囊　10.胸前气囊　11.锁骨间气囊　12.鸣管

图14-9　禽气囊及支气管分支模式图

（程会昌，2012，动物解剖与组织胚胎）

任务14-4　泌尿系统

【学习任务单】

一、学习目标

1.掌握消泌尿统的组成和各器官的主要功能。

2.掌握泌尿系统各主要器官的形态、位置和结构。

二、学习资源

1.鸡内脏器官标本。

2.信息化教学资源。

三、学习任务

1. 利用信息化教学资源学习泌尿系统的组成，学习肾和输尿管的位置和结构。

2. 在鸡内脏器官标本上观察肾和输尿管的位置、形态和结构。

【相关知识】

禽泌尿系统由成对的肾和输尿管组成，无膀胱和尿道（图 14-10）。

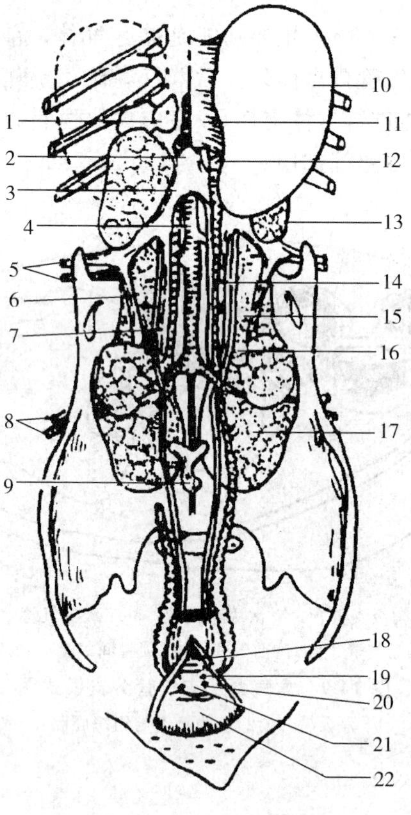

1. 肾上腺　2. 后腔静脉　3. 髂总静脉　4. 主动脉　5. 髂外动、静脉　6. 后肾门静脉　7. 肾后静脉　8. 坐骨动、静脉　9. 肠系膜后静脉　10. 睾丸　11. 睾丸系膜　12. 附睾　13. 肾前叶　14. 输精管　15. 肾中叶　16. 输尿管　17. 肾后叶　18. 粪道　19. 输尿管口　20. 输精管乳头　21. 泄殖道　22. 肛道

图 14-10　公鸡的泌尿生殖系统（腹面观）

（程会昌，2012，动物解剖与组织胚胎）

一、肾

禽肾较大，占体重的 1% 以上。位于腰荐骨两旁和髂骨的内面，前端达最后椎肋骨，背侧面与骨之间有腹气囊的憩室。肾呈红褐色，质软而脆，狭长，周围无脂肪囊，可分为前、中、后三部分。

禽肾没有肾门，血管、神经和输尿管在不同部位直接进出肾脏。输尿管在肾内不形成肾盂或肾盏，而是分支为初级分支（鸡约 17 条）和次级分支（鸡的每一初级分支上有 5～6 条）。肾实质由许多肾小叶构成，轮廓可在肾表面看到。肾小叶也分皮质和髓质，但由于肾小叶的分布有浅有深，因此整个肾不能区分出皮质和髓质。肾的血管除肾动脉和静脉外，还有肾门静脉。

二、输尿管

输尿管从肾中部走出，沿肾的腹侧面向后延伸，最后开口于泄殖道顶壁两侧。输尿管壁很薄，有时可看到管腔内有白色尿酸盐晶体。

任务14-5　生殖系统

【学习任务单】

一、学习目标

1. 掌握公禽和母禽生殖系统的组成和各器官的主要功能；
2. 掌握公禽和母禽生殖系统各主要器官的形态、位置和结构。

二、学习资源

1. 鸡内脏器官标本。
2. 信息化教学资源。

三、学习任务

1. 利用信息化教学资源学习公禽生殖系统的组成，学习睾丸、附睾、输精管和交配器的位置、形态和结构。
2. 利用信息化教学资源学习母禽生殖系统的组成，学习卵巢和输卵管的位置、形态和结构。
3. 在鸡内脏器官标本上观察公禽和母禽生殖系统各主要器官的形态、位置和结构。

【相关知识】

一、公禽生殖器官

公禽生殖器官由睾丸、附睾、输精管和交配器组成（图14-11）。

1. 睾丸和附睾

睾丸呈豆形，左、右对称，位于腹腔内，以短的系膜悬于肾前部的腹侧，约在最后两个椎肋上部，与胸、腹气囊相接触，邻近后腔静脉、髂总静脉等大血管。雏鸡的睾丸有米粒大，淡黄色。成鸡在生殖季节可达鸽蛋大小，颜色变为白色。

睾丸外面包有浆膜和一层薄的白膜；睾丸内的间质不发达，不形成睾丸小隔和纵隔。实质也是由许多精曲小管构成。睾丸增大主要是由于精曲小管的加长和增粗，以及间质细胞增多。精曲小管汇合为一些精直小管，后者注入睾丸背内侧缘处的睾丸网。

附睾小，呈长纺锤形，位于睾丸的背内侧缘，由睾丸输出管和短的附睾管构成。附睾管出附睾后延续为输精管。

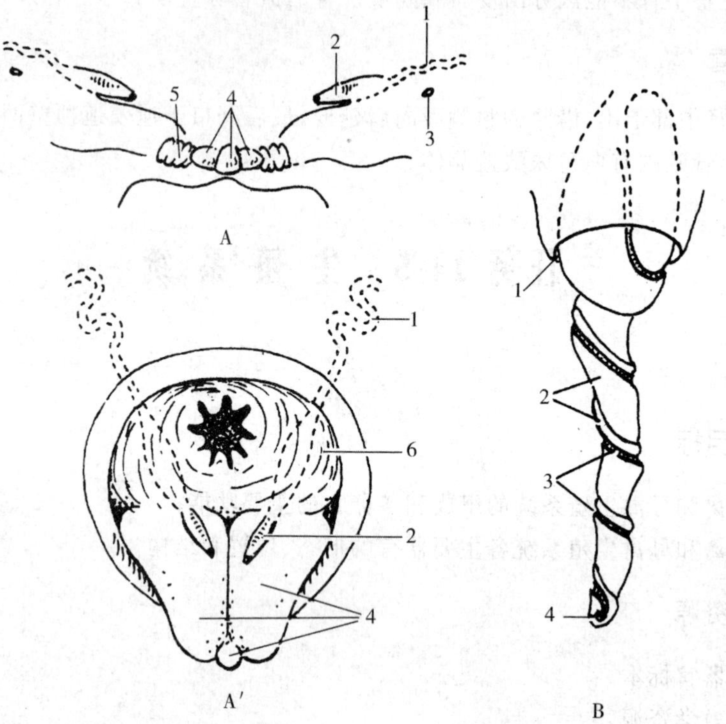

A. 成年公鸡（A′为勃起时）：1. 输精管　2. 输精管乳头　3. 输尿管口　4. 阴茎体　5. 淋巴褶　6. 粪道泄殖道壁
B. 成年公鸡勃起时的阴茎：1. 肛门　2. 纤维淋巴体　3. 阴茎沟　4. 阴茎腺部的开口

图 14-11　公禽交配器官

（程会昌，2012，动物解剖与组织胚胎）

2. 输精管

输精管是一对弯曲的细管，与输尿管并行，向后因壁内平滑肌逐渐增多而增粗，输精管的终部变直，然后略扩大成纺锤形，进入泄殖腔内，末端形成输精管乳头，突出于输尿管口的外下方。

输精管是精子成熟和主要储存处，在生殖季节增长变粗，弯曲密度增大，此时常因储有精液而呈乳白色。公禽无副性腺，精液主要由精曲小管、输出管及输精管的上皮细胞所分泌。

3. 交配器

公鸡的交配器不发达，由位于肛门腹侧唇内侧的三个小阴茎体、一对淋巴褶和位于泄殖道侧壁内输精管附近的一对泄殖腔旁血管体构成。刚出壳的雏鸡阴茎体较明显，可用来鉴别雌雄。交配时，一对外侧阴茎体因充满淋巴液而增大，中间形成阴茎沟，插入母鸡阴道内，精液由阴茎沟导入阴道。

公鸭和公鹅有较发达的阴茎，位于肛道腹侧偏左，长达 6～9 cm，但和哺乳动物并非同源器官，它由两个长而弯曲的纤维淋巴体和一个产生黏液的腺部构成。两个纤维淋巴体之间在阴茎表面形成螺旋形的阴茎沟。阴茎平时被肌肉拉入泄殖腔壁的腔内；交配时，因纤维淋巴体充满淋巴液而勃起伸出，阴茎沟则闭合成管，将精液导入母鸭和母鹅阴道内。

二、母禽生殖器官

母禽生殖器官由卵巢和输卵管组成，但仅左侧发育正常，右侧在胚胎早期发生过程中即停滞而至退化（图 14-12）。

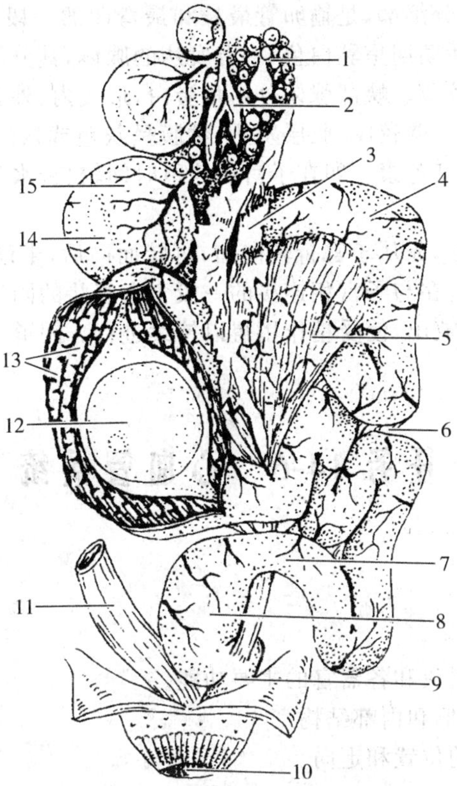

1. 卵巢　2. 排卵后的卵泡膜　3. 漏斗部　4. 膨大部　5. 输卵管腹侧韧带　6. 背侧韧带
7. 峡部　8. 子宫　9. 阴道　10. 肛门　11. 直肠　12. 在膨大部的卵
13. 黏膜褶　14. 卵泡斑　15. 成熟卵泡

图 14-12　母鸡生殖器官

（程会昌，2012，动物解剖与组织胚胎）

1. 卵巢

卵巢以短的系膜附着在左肾前部及肾上腺的腹侧。幼禽的为扁平椭圆形，灰白或白色，表面呈颗粒状，被覆生殖上皮。皮质内有卵泡，髓质为疏松结缔组织和血管。随着年龄的增长和性活动，卵泡不断发育生长，卵泡逐渐储积卵黄，并突出于卵巢表面，直至以细柄相连，因而卵巢呈葡萄状。在产蛋期，卵巢经常保持 4～5 个较大的卵泡。停产时，卵巢萎缩，直到下次产卵期，卵泡再开始生长。排卵时，卵泡膜在薄弱无血管的卵泡斑处破裂，将卵子释放出。禽卵泡没有卵泡腔和卵泡液，排卵后不形成黄体，卵泡膜于排卵两周内退化消失。

2. 输卵管

输卵管是一条长而弯曲的管道，从卵巢向后延伸到泄殖腔。幼禽的输卵管较细而直，成禽的在停止产卵期间萎缩。其以背侧韧带悬挂于腹腔背侧偏左，腹侧附着有游离的腹侧韧带，向后固定于阴道。

输卵管根据结构和功能，由前向后可顺次分为五部分：漏斗部、膨大部、峡部、子宫和阴道。

（1）漏斗　前端呈漏斗状，中央有缝状的输卵管腹腔口。边缘薄而呈伞状，漏斗迅速变细，形成漏斗颈。漏斗的功能是收取卵子，并将其纳入输卵管腹腔口，受精作用也在此进行，其腺体的分泌物参与形成卵黄系膜。

（2）膨大部　又称蛋白分泌部，是输卵管最长和最弯曲的一段，管径大，管壁厚，腔面黏膜形成高且宽大的皱襞。在活动期呈乳白色，内有发达的腺体，其分泌物形成蛋白。

（3）峡　细而短，管壁较薄。峡部腺体分泌角蛋白，形成内、外壳膜。

（4）子宫　又称壳腺部。壁较厚，肌层发达，黏膜呈灰色或灰红色，形成小而密的皱襞，腺体分泌碳酸盐，形成蛋壳及其色素。卵在子宫内停留时间较长，水分和盐类可透过壳膜进入浓蛋白周围，形成稀蛋白。

（5）阴道　弯曲成“S”形，先从子宫折转向前，再转而向后，末端开口于泄殖道的左侧。黏膜呈白色，形成细而低的褶，在与子宫相连接的一段含有管状的阴道腺，常叫精小窝，交配后可储存部分精子，以后陆续释放出，使受精作用得以持续进行。阴道的作用是储存精子和形成壳外角质薄膜。

任务14-6　心血管系统

【学习任务单】

一、学习目标

1.掌握心血管系统的组成和各器官的主要功能。

2.掌握心脏的位置、外形和内部结构。

3.掌握全身主要血管的位置和走向。

二、学习资源

1.鸡心脏标本。

2.信息化教学资源。

三、学习任务

1.利用信息化教学资源学习禽类心血管系统的组成，学习心的位置、外形和内部结构，学习全身主要血管的位置和走向。

2.在鸡心脏标本上观察心脏的形态、位置和结构。

【相关知识】

一、心脏

禽类心脏占身体的比例较大，位于胸腔前下方，心基朝向前方，心尖夹于肝脏两叶之间。禽心脏也有两个心房和两个心室。右心房具有静脉窦，其与心房之间以窦房瓣为界。右房室瓣不是三尖瓣，而是一片半月形的肌肉瓣。右心室壁内较平滑，缺乳头肌和腱索结构。

心脏的传导系统除窦房结、房室结、房室束和左、右脚外，右脚尚分出一支到肌肉瓣；房室束又分出一返支，环绕主动脉口，而与房室结发出并环绕左房室口的一支相连接，形成右房室环。禽的房室束及其分支无结缔组织鞘包裹，和心肌纤维直接接触，兴奋易扩散到心肌。

二、血管

1.动脉

右心室发出肺动脉干，分为左、右肺动脉进入左、右肺。

左心室发出主动脉，形成右动脉弓，延续为降主动脉。主动脉弓分出左、右臂头动脉；每一臂头动脉又分为颈总动脉和锁骨下动脉。两颈总动脉出胸前口后，沿颈椎腹侧的中线在颈肌内向前并行，到颈前部从肌肉间走出，分向两侧延伸至头部。锁骨下动脉延续为翼部动脉。

降主动脉沿体壁背侧中线向后伸延，分出的壁支有成对的肋间动脉、腰动脉和荐动脉；脏支有腹腔动脉、肠系膜前动脉、肠系膜后动脉和一对肾前动脉。降主动脉在肾前部与中部之间分出一对髂外动脉至后肢；在肾中部与肾后部之间分出一对较粗的坐骨动脉，穿过髂坐孔到后肢，是后肢的主要动脉。在坐骨动脉上还分出肾中和肾后动脉。降主动脉最后分出一对细的髂内动脉后，延续为尾动脉(图 14-13)。

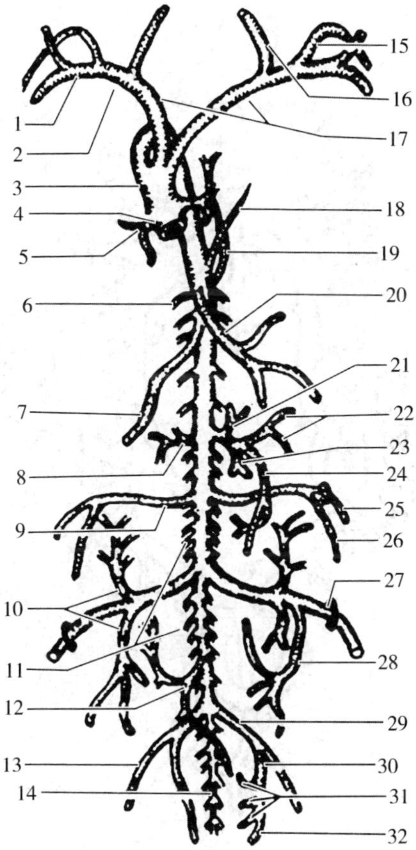

1.右胸动脉干　2.锁骨下动脉　3.升主动脉　4.主动脉球　5.右冠状动脉　6.第三肋间背动脉　7.肠系膜前动脉　8.肾前动脉　9.髂外动脉　10.肾中和肾后动脉　11.荐节间动脉　12.肠系膜后动脉　13.尾外侧动脉　14.尾中动脉　15.腋动脉　16.左颈总动脉　17.臂头动脉　18.主动脉韧带　19.到颈腹侧肌的动脉　20.腹腔动脉　21.肾上腺动脉　22.肾前动脉　23.卵巢动脉　24.输卵管前动脉　25.股动脉　26.趾骨动脉　27.坐骨动脉　28.输卵管中动脉　29.髂内动脉　30.阴部动脉　31.输卵管后动脉　32.泄殖腔支

图 14-13　母鸡主动脉分支（腹侧观）

（程会昌，2012，动物解剖与组织胚胎）

睾丸或卵巢动脉由肾前动脉分出。输卵管动脉有前、中、后三支，分别从左侧的肾前动脉、坐骨动脉和髂内动脉分出。

2. 静脉

肺静脉有左、右两支，注入左心房。

全身静脉汇集于两条前腔静脉和一条后腔静脉，开口于右心房的静脉窦。但鸡的左前腔静脉则直接开口于右心房。前腔静脉由同侧的颈静脉和锁骨下静脉汇合而成。两颈静脉在皮下沿气管两侧而行，右颈静脉较粗。后腔静脉由两髂总静脉汇合而成。髂内静脉穿行于肾的后部和中部成为后肾门静脉，与同侧的髂外静脉汇合成髂总静脉。肝门静脉有左、右两干，入肝的两叶。右干较粗，由肠系膜后静脉汇入，后者并与盆腔内的髂内静脉相连。体壁静脉和内脏静脉借髂内静脉相沟通。肝静脉直接注入后腔静脉。肾门静脉有两支：前肾门静脉位于肾前部内，联系髂总静脉和椎内静脉窦；后肾门静脉位于肾中部和肾后部内，为髂内静脉的延续，并有坐骨静脉注入。髂总静脉内有肾门静脉瓣，可调节血流量(图 14-14)。

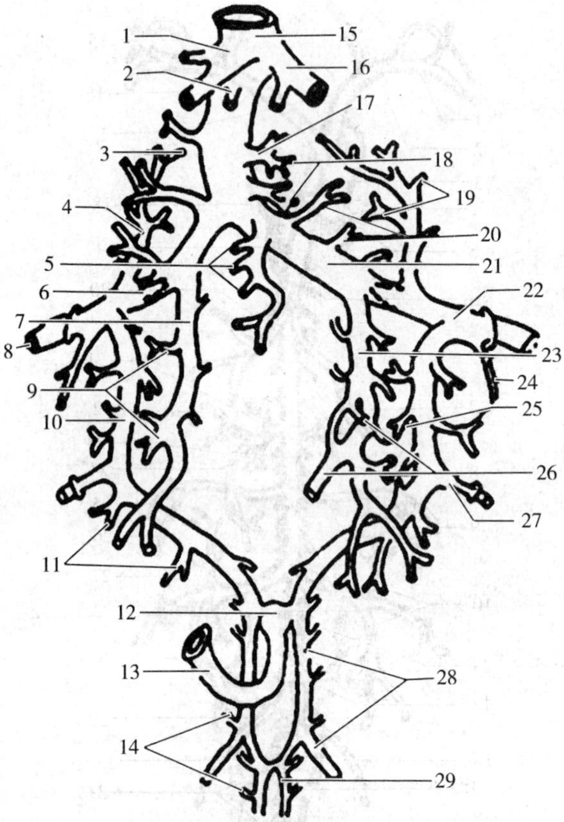

1. 右肝静脉　2. 中肝静脉　3. 和椎内静脉窦吻合　4. 前肾门静脉　5、18. 卵巢静脉　6. 肾门静脉瓣　7. 肾后静脉　8. 股静脉　9. 出肾静脉　10. 后肾门静脉　11、19、25. 入肾静脉　12. 髂间吻合　13. 肠系膜后静脉　14. 节间静脉　15. 后腔静脉　16. 左肝静脉　17. 肾上腺静脉　20. 肾前静脉　21. 左髂总静脉　22. 髂外静脉　23. 肾后静脉　24. 耻骨静脉　26. 输卵管中静脉　27. 坐骨静脉　28. 髂内静脉　29. 尾中静脉

图 14-14　鸡的后腔静脉和肾门静脉系统

(程会昌，2012，动物解剖与组织胚胎)

任务 14-7　淋巴系统

【学习任务单】

一、学习目标

1. 掌握淋巴系统的组成和各器官的主要功能。
2. 掌握腔上囊、胸腺、脾等淋巴器官的位置、形态和结构，了解其功能。

二、学习资源

1. 鸡内脏器官标本。
2. 信息化教学资源。

三、学习任务

1. 利用信息化教学资源学习禽类淋巴系统的组成，学习腔上囊、胸腺、脾等淋巴器官的位置、形态和结构。

2. 在鸡内脏器官标本上观察腔上囊、胸腺和脾的形态、位置和结构。

【相关知识】

一、淋巴管

禽体内的淋巴管常与血管伴行，管内的瓣膜较少。胸导管有一对，沿主动脉两侧前行，最后注入两前腔静脉。有的禽类（如鹅）在骨盆部的淋巴管上形成一对淋巴心，壁内有肌组织，其收缩搏动可推动淋巴向胸导管流动。鸡在胚胎发育期也有一对淋巴心，但孵出后不久即消失（图 14-15）。

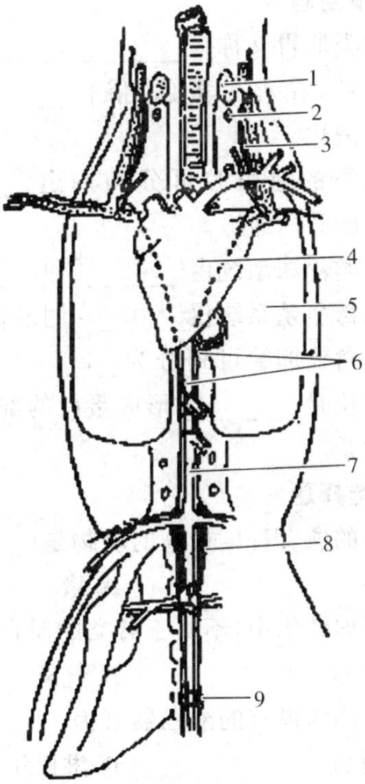

1. 甲状腺　2. 甲状旁腺　3. 颈胸淋巴结　4. 心　5. 肺
6. 胸导管　7. 主动脉　8. 腰淋巴结　9. 淋巴心

图 14-15　鹅淋巴管和淋巴结模式图

（程会昌，2012，动物解剖与组织胚胎）

二、淋巴器官

1. 胸腺

胸腺位于颈部气管两侧的皮下，从颈前部沿颈静脉延伸到胸腔入口的甲状腺处。每侧一般有 7（鸡）或 5（鸭、鹅、鸽）叶，呈淡黄色或淡红色。性成熟前发育至最大，此后逐渐萎缩，但常保留一些痕迹。

2.腔上囊

腔上囊又称法氏囊，是禽类特有的淋巴器官，呈圆形（鸡）或长椭圆形（鸭、鹅），位于泄殖腔背侧，开口于泄殖道。黏膜形成纵褶，固有层分布有大量排列紧密的淋巴小结。在禽孵出时腔上囊已存在，性成熟前发育最大（3～5月龄，鹅稍迟），此后即逐渐萎缩为小的遗迹（鸡10月龄，鸭1年，鹅较迟），直至完全消失。

3.脾

脾位于腺胃右侧，鸡的为圆形，鸭、鹅的为钝三角形，鸽的为长形，褐红色。外包薄的被膜，脾实质的红髓与白髓分界不甚明显。

4.淋巴结和淋巴组织

淋巴结仅见于鸭、鹅等水禽，有两对。一对颈胸淋巴结，呈长纺锤形，位于颈基部，紧贴颈静脉；一对腰淋巴结，呈长条形，位于腰部主动脉两侧。

淋巴组织广泛分布于禽体的器官内，如许多实质性器官、消化道壁以及神经干、脉管壁内。有的为弥散性，有的呈小结状；在盲肠基和食管末端壁内的淋巴集结，又称为盲肠扁桃体和食管扁桃体。

【测试题】

一、填空题

1.禽类肌胃又称为________，________发达，黏膜面被覆一层角质膜称为________，此膜在鸭呈白色，在鸡呈黄色，俗称________，可入药，该角质层有利于研磨食物，主要执行________消化。

2.禽类的泄殖腔可分为粪道、________和________三部分，是________、________和________的共同通道。

3.禽类泌尿系统由________和________构成，没有________和________。

4.雌禽生殖系统仅________侧发育，________侧退化，由________和________组成。

5.家禽输卵管可划分为________、________、________、________和________。其中受精和卵裂部位是________，形成蛋白的部位是________，形成蛋壳膜的部位是________，形成蛋壳的部位是________。

二、选择题

1.骨的愈合程度最高的动物是（　　）。

A.牛　　B.猪　　C.鸡　　D.羊

2.下列结构中，不属于禽类的器官有（　　）。

A.鸣管　　B.气囊　　C.唇　　D.膈肌

3.鸡体内没有的淋巴器官为（　　）。

A.脾脏　　B.淋巴结　　C.胸腺　　D.腔上囊

4.鸡体内性成熟后逐渐退化并消失的器官是（　　）。

A.脾脏　　B.淋巴结　　C.盲肠扁桃体　　D.腔上囊

5.脾脏呈卵圆形的动物为（　　）。

A.牛　　B.猪　　C.马　　D.鸡

6.下列结构中不属于禽类输卵管的有(　　)。

A.卵巢　　B.膨大部　　C.峡部　　D. 子宫部

三、简答题

1.简述禽类消化系统的组成特点。

2.简述母鸡生殖系统的组成特点。

3.简述禽类骨骼的组成特点。

参 考 文 献

[1] 陈耀星.畜禽解剖学[M].3 版.北京:中国农业大学出版社,2010.

[2] 陈耀星,崔燕.动物解剖学与组织胚胎学[M].北京:中国农业出版社,2019.

[3] 陈耀星.动物解剖学彩色图谱[M].北京:中国农业出版社,2013.

[4] 程会昌.动物解剖与组织胚胎学[M].2 版.北京:中国农业大学出版社,2014.

[5] 程会昌,黄立.动物解剖与组织胚胎[M].郑州:河南科学技术出版社,2012.

[6] 董常生.家畜解剖学[M].北京:中国农业出版社,2009.

[7] 董常生.家畜解剖学[M].5 版.北京:中国农业出版社,2015.

[8] 马仲华.家畜解剖学及组织胚胎学[M].3 版.北京:中国农业出版社,2001.

[9] Horst Erich Konig, Hans-Georg Liebich.家畜兽医解剖学教程与彩色图谱[M].陈耀星,刘为民,译.3 版.北京:中国农业大学出版社,2009.

[10] 滕可导.家畜解剖学与组织胚胎学[M].北京:高等教育出版社,2006.

[11] Hnig H E,Leibich H G.Veterinary Anatomy of Domestic Mammals.Stuttgart:Scattauer,2005.